Samuel Leopold Schenk

Lehrbuch der vergleichenden Embryologie der Wirbeltiere

Samuel Leopold Schenk

Lehrbuch der vergleichenden Embryologie der Wirbeltiere

ISBN/EAN: 9783743687608

Hergestellt in Europa, USA, Kanada, Australien, Japan

Cover: Foto ©berggeist007 / pixelio.de

Weitere Bücher finden Sie auf **www.hansebooks.com**

LEHRBUCH

DER

VERGLEICHENDEN EMBRYOLOGIE

DER

WIRBELTHIERE.

VON

DR. S. L. SCHENK

PROFESSOR AN DER K. K. UNIVERSITÄT IN WIEN.

MIT 81 HOLZSCHNITTEN UND EINER LITHOGRAPHIRTEN TAFEL.

WIEN, 1874.
WILHELM BRAUMÜLLER
K. K. HOF- UND UNIVERSITÄTSBUCHHÄNDLER.

MEINEM HOCHVEREHRTEN MEISTER

HERRN

PROFESSOR DR ERNST VON BRÜCKE

K. K. HOFRATHE, WIRKLICHEM MITGLIEDE DER KAISERLICHEN AKADEMIE DER
WISSENSCHAFTEN, RITTER HOHER ORDEN ETC.

IN DANKBARKEIT GEWIDMET.

LITERATUR.

Agassiz. Contrib. to the nat. hist. of the United States, t. II, p. 574.
Afanasiev. Zur Entwickelungsgeschichte des embryonalen Herzens, in: Bull. de l'Acad. impér. d. Sciences de St. Pétersbourg. Tome 13. 1869. p. 321—335, mit 1 Tafel.
Afanasieff. Ueber die Entwickelung der ersten Blutbahnen im Hühnerembryo. Sitzungsber. d. kais. Akad. d. Wissensch. in Wien. 1866.
Ammon. Die Entwickelungsgeschichte des menschlichen Auges. Græfe's Archiv für Ophthalmologie Bd. IV, Abth. I. Berlin. 1858.
Aristoteles. De generatione animalium.
Arnold. (Milz.) Salzburger med. Zeitung. 1831. IV, p. 301.
— — Untersuchungen über das Auge des Menschen. Heidelberg. 1832.
— — Ein Beitrag zur normalen und pathologischen Entwickelungsgeschichte der Vorhofscheidewand des Herzens. Virchow's Archiv. 1870. Mit 1 Tafel.
Aubert. Zeitschrift für wissenschaftliche Zoologie. V. Bd. 1854.
— — Beiträge zur Entwickelungsgeschichte der Fische. Zeitschrift für wissenschaftliche Zoologie. 1856 Bd. VII.
Auerbach L. Ueber die Einwirkung des Lichtes auf befruchtete Froscheier. Centralblatt für die med. Wissensch. 1870. Nr. 23.
Babuchin. (Auge.) Würzburger Verhandlungen. Bd. IV, p. 83. 1863.
— — Vergleichend histologische Studien nebst einem Anhange zur Entwickelungsgeschichte der Retina. Naturw. Zeitschrift V. Bd. Würzburg, 1865.
— — Entwicklung der elektrischen Organe und Bedeutung der mot. Endplatten. Med. Centralblatt, 1870. Nr. 16 u. 17.
Bambecke v. Recherches sur le développement du pelobate brun. Acad. de Belgique Mémoires coronés, t. XXXIV. 1868.
Bambecke Ch. van. Sur les trous vitellins que présentent les oeufs fécondés des Amphibiens. Jahresberichte v. Hofmann u. Schwalbe. I. Bd. 1872.
— — Premiers effets de la foecondation sur les oeufs de poisson: sur l'origine et la signification du feuillet muqueux ou glandulaire chez les poissons osseux. comt. rend. LXIV. 1872. 15 Avril.
Banks Will. Mitchel. On the Wolffian bodies of the foetus and their remains in the adult; including the developement of the generativ system. Edinburgh, 1864.

Barkan A. Beiträge zur Entwickelungsgeschichte des Auges der Batrachier. Kais. Akad. der Wissensch. Sitzungsber. 1866. Bd. LIV.
Barry Martin. Researches in Embryology. Philos. trans. 1838. 1839. 1840.
Barth. Beitrag zur Entwickelung der Darmwand. Sitzungsber. der kais. Akad. d. Wissensch. in Wien. 1868.
Baecker v. (in Helsingfors) Grafe's Archiv. Bd. IX. 1863.
Baer Carl Ernst v. Epistola de ovi Mammalium et hominis genesi. Lipsiae. 1827.
— — Entwicklungsgeschichte etc. (Beobachtung und Reflexion). Königsberg, 1828—1834.
— — Entwickelungsgeschichte der Fische. Leipzig, 1838.
Beneden P. J. van. Note sur le développement de la queue des poissons plagiostomes. Bull. Acad. Belgique. XI. 1861. Annales des sc. nat. zool. XV. 1861.
Beneden E. v. Sur la composition et la signification de l'oeuf. Bruxelles. 1870.
Bernard Claud. Revue scientifique. 19. oct. 1872. Paris. (Glycogen im Amnion.)
Bernhardt. Symbole ad ovi avium historiam ante praegnationem. Wratislav. (Disertat. inaug.) 1834.
Bidder u. Kupfer. Untersuchungen über das Rückenmark. Leipzig, 1857.
Bischoff Th. L. W. Beiträge zur Lehre von den Eihüllen. Bonn, 1833.
— — Entwickelungsgeschichte des Kanincheneies. Braunschweig, 1842.
— — Entwickelungsgeschichte d. Säugethiere und d. Menschen. Leipzig, 1842.
Bischoff. Entwickelungsgeschichte d. Hundeeies. Braunschweig, 1845.
— — Entwickelungsgeschichte des Meerschweinchens. Giessen, 1852.
— — Entwickelungsgeschichte des Rehes. Giessen, 1854.
— — Die Ranzzeit des Fuchses und die erste Entwickelung seines Eies. Sitzungsber. der k. bair. Akademie d. Wissensch. 1863.
— — Artikel: Entwickelungsgeschichte in Rudolf Wagner's Handwörterbuch für Physiologie.
— — Die Grosshirnwindungen des Menschen mit Berücksichtigung ihrer Entwickelung bei dem Foetus und ihrer Anordnung bei den Affen, in: Abhandlungen d. königl. bairischen Akad. d. Wissensch. zu München. II. Cl. X. Bd. II. Abth. 1868. Mit 7 Tafeln.
Blainville. De l'organisation des animaux. 1822.
Bojanus. Observatio anatomica de foetu canino 24 dierum ejusque velamentis. Nov. act. academ. nat. curios. 1820. t. X.
Boll. Die Histologie und Histogenese der nervösen Centralorgane. Berlin, 1873.
— — Bemerkungen im Referate: „Ueber die Entwickelungsgeschichte des Pancreas" (Ausführungsgang). Centralblatt für med. Wissensch. Nr. 3. 1872. p. 34.
Bornhaupt Th. Untersuchungen über die Entwickelung des Urogenitalsystems beim Hühnchen. Riga, 1867. (Dissertatio inauguralis Dorpat.)
Borsenkow. Würzburger naturwissenschaftliche Zeitschrift. 1863.
— — Genitalanlage des Hühnchens. Bulletin de la société imp. des naturalistes de Moscou. 1871.
Böttcher. Bau und Entwickelung der Schnecke. Petersburg. med. Zeitschrift. Bd. XIV. p. 60.
— — Denkschriften d. kais. Leop. Carol. Akad. d. Wissensch. 35. Bd.

Bruch. Schreiben an Gegenbaur über das Schlüsselbein als knorpelig vorgebildetem Knochen. Zeitschr. f. wissensch. Zoologie. 1868.

Brücke E. v. Vorlesungen über Physiologie. II. Bd. Wien, 1873. (Verl. Braumüller.)

Brunn A. v. Ein Beitrag zur Kenntniss des feineren Baues und der Entwickelungsgeschichte der Nebennieren. Jahresberichte von Hoffmann u. Schwalbe Bd. I. p. 377.

Burdach. Physiologie II. Bd.

Burnett. On the signification of cellsegmentation and the relations of this process to the phenomena of reproduction proceed of the Americ. Akad. of arts and sciences. Vol. III. 1857.

Carbonier. Sur le mode de reproduction d'une espèce de poissons de la Chine, in: Comptes-rendus etc. Tome LXIX. 1869. p. 489—491.

Carus C. G. Auffindung des ersten Ei- oder Dotterbläschens in sehr frühen Lebensperioden des weiblichen Körpers. J. Müller's Archiv 1837.

Claparède. Annales des sc. nat. V. sér. zool. 1867.

Clarke. Embryologic of the turtle. (Agassiz: „Contributions to the natural hist. of the United States of North-America." Vol. II. Boston, 1857.)

Coste. Recherches sur la génération des mammifères. Paris, 1834.

— — Embryogénie comparée. Paris, 1837.

— — Histoire générale et particulière du développement des corps organisés. 2 vol. avec atlas. 1847—1859.

Cornalia. Sulle Branchie transitori dei feti. Giorn. d. istit. lomb. ven. 1857. IX. 3*liv*.

Le Courtois. Essai sur l'anatomie de la voûte du crâne pendant les périodes embryonnaire, foetale et infantile. Paris, 1870.

Cramer. Beitrag zur Kenntniss der Bedeutung und Entwickelung des Vogeleies. Verhandlungen der physik.-med. Gesellsch. in Würzburg. 1868.

Cruikshank. Ueber die Entwickelung des Kaninchens. Reil's Archiv. Bd. II. Bd. III. — Philosoph. transact. 1797.

Dareste. Recherches sur la dualité primitive du coeur et sur la formation de l'aire vasculaire dans l'embryon de la Poule. Comptes-rendus de l'Acad. des sciences. 1866. t. LXIII.

Dareste C. Nouv. rech. sur la production artificielle de l'inversion des viscères. Comptes-rendus. T. 70.

Diefenbach E. Questiones anat. physiol. de corporibus Wolffianis. Turici, 1836.

Dobrynin P. v., Ueber die erste Anlage der Allantois. Wiener akadem. Sitzungsberichte. 1871. Mit 1 Tafel.

Dohrn H. Ueber die Müller'schen Gänge und die Entwickelung des Uterus, in: Monatsschrift für Geburtskunde. Bd. 34. 1869. p. 382—384. (Aus den Verhandlungen der Section für Gynäkologie der 43. Versammlung deutscher Naturforscher und Aerzte in Innsbruck.)

Dönitz. Ueber das Remak'sche Sinnesblatt. Reichert und Du-Bois Reymonds Archiv f. Anat. u. Physiolog. 1869.

Dursy E. Ueber den Bau der Urnieren des Menschen und der Säugethiere. Henle und Pfeufer's Zeitschrift für rationelle Medicin. 1865.

— — Der Primitivstreif des Hühnchens. Lahn, 1866.

Dursy E. Zur Entwickelungsgeschichte des Kopfes des Menschen und der höheren Wirbelthiere. Tübingen, 1869.

Duvernoy. Particul. d. syst. sang. Ann. d. sciens. nat. 2 sér. Zool. III 1835 u. V. 1836.

Ebner Victor v. Untersuchungen über den Bau der Samenfäden und die Entwickelungsgeschichte der Spermatozoiden etc. Leipzig, Engelmann, 1871.

Eberth. Zur Entwickelung der Gewebe im Schwanze der Froschlarven. Archiv f. mikroskop. Anat. v. Max Schultze. II. Bd. p. 490.

Ecker A. Zur Entwickelungsgeschichte der Furchen und Windungen der Grosshirnhemisphären im Foetus des Menschen, in: Archiv für Anthropologie. Bd. 3. 1868. p. 203—225. Taf. I—IV.

— — Icones physiologicae. Leipzig, 1859. (Abbildungen junger Embryonen.)

Edwards. Siehe: Milne H.

Eimer. Untersuchungen über die Eier der Reptilien. VIII. Bd. Archiv für mikroskop. Anat. v. M. Schultze.

Einmert. Bemerkungen über die Hornhaut. Meckel's Archiv. 1818.

Elsberg. New-York. Centralblatt f. med. W. Nr. 5. 1871. (Ueber die Entwickelung der Stimmbänder.)

Emmert und **Hochstätter.** Untersuchung über das Nabelbläschen. Reil's Archiv für Physiol. t. X. 1811.

Engel. Ueber die Entwickelung des Auges und des Gehörorgans. VII. Bd.

— — Die ersten Entwickelungsvorgänge im Thierei und Foetus. Wiener Akad. Sitzungsbericht. XI. Bd. 1853.

— — Die ersten Entwickelungsvorgänge im Thierei und Foetus. (Sitzungsbericht der k. k. Wiener Akad. d. W. 1854.)

Engelmann G. J. aus St. Louis. Siehe Kundrat.

Ercolani J. B. Cav. Prof. Delle glandule otriculari del utero ett. Extratta della Serie II. Tom. VII delle Memorie dell' Accademia delle Scienze dell' Instituto di Bologna. Bologna, 1868.

— — Cav. Prof. Serie II, Tom. IX delle Memorie dell' Accademia delle Scienze di Bologna. Sul processo formativo della porzione glandulare materno della Placenta. Bologna, 1870.

Erdl. Die Entwickelung des Menschen und des Hühnchens im Ei. Leipzig, 1845.

Eschricht. De organis quae respirationi foetus mammalium inserviunt, Prolusio Hafniae. 1837. (Placenta.)

Exner. Leitfaden bei der mikroskopischen Untersuchung thierischer Gewebe. Leipzig. 1873. Verl. v. W. Engelmann.

Fabricius ab Aquapendente. De formatione ovi pennatorum pennati uterorum historia. De formatis foetis liber. Op. omnia ed. de Leyde. 1738.

Filippi Filpp de. Memmoria sullo sviluppo del griozzo d'aqua dolce (Gobius fluviatilis) in annali universali di Medicina compilati dal dott. Omodis 1841, V. XCIX.

Flourens. Cours sur la génération etc. Paris. 1836.

Follin. Recherches sur les corps de Wolff. Thèse. Paris, 1850.

Froschhammer. De Blenii vivipari formatione et evolutione. (Diss. inaug.) Kiliae, 1819.

Funke. Lehrbuch der Physiologie. Bd. II.

Gasser. Ueber Entwickelung der Müller'schen Gänge. Sitzungsberichte der Gesellschaft zur Beförderung der Naturwissenschaften zu Marburg. 1872.
— — Ueber Entwickelung der Allantois. Inauguraldissertation. Marburg, 1873.
— — Beiträge zur Entwickelungsgeschichte der Allantois, der Müller'schen Gänge und des Afters. (Mit 3 Tafeln.) Frankfurt a. M., 1874 (Dem Verf. nach Abschluss des Werkes zugekommen.)
Gegenbauer C. Vergleichende Anatomie. 1870.
— — Das Kopfskelet der Selachier als Grundlage zur Beurtheilung der Genese des Kopfskelets der Wirbelthiere. Mit 22 Tafeln. Leipzig. 1872.
— — Bemerkungen über die Milchdrüsenpapillen der Säugethiere. Jenaische Zeitschrift. Bd. 7. Heft 2.
— — Ueber den Bau und die Entw. der Wirbelthiereier mit Dotterst. Archiv f. Anat. u. Phys. 1861. Jenaische Zeitschr. f. Med. u. Naturw. 1864.
Gerbe J. Recherches sur la segmentation de la cicatricule et la formation des produits adventifs de l'oeuf de Plagiostomes et particulièrements des Raies. Journal de l'anatomie 1872. (609—618.)
Gervais P. Addition au mémoire de M. Turner. Journal de Zoologie. (P. Gervais.) T. I. Nr. 4.
Goodnir John. Anat. and path. researches. Edinb. 1845. p. 62.
Goette. Beiträge zur Entwickelungsgeschichte des Darmkanales im Hühnchen. Tübingen, 1867.
— — Ueber die Entwickelung des Bombinator igneus. Archiv. v. Max Schultze. V. Bd.
— — Morphologie der Haare. M. Schultze's Archiv IV. Bd.
— — Zur Entwickelungsgeschichte der Wirbelthiere (vorläufige Mittheilung). Centralbl. für medic. Wissensch. 1869. Nr. 26.
— — Kurze Mittheilungen aus der Entwickelungsgeschichte der Unke. Archiv f. mikr. Anat. Bonn. 1873. 2. Heft.
Golubev Alex. Beiträge zur Kenntniss des Baues u. Entwickelung der Capillargefässe des Frosches. Arch. f. mikr. Anat. V. 49.
Gottstein. Ueber die Entwickelung der Gehörschnecke.
Graaf de. De mulierum organis. Op. omn. Amstelod. 1705.
Günther. Bemerkungen über die Entwickelung des Gehörorgans. 1842.
— — Beobachtungen über die Entwickelung des Gehörorgans beim Menschen und bei höheren Säugethieren. Leipzig. 1842.
Haeckel E. Generelle Morphologie der Organismen etc. 1866. Berlin.
Haller. Elem. Physiol. VIII.
Hanuschke. De genitalium evolutione in embryone fem. observata. Dissertat. inaug. Wratislav. 1837.
Harvey. Exercit. de generatione animalium. (Opera omnia.)
Hasse C. Die Entwicklung des Atlas und Epistropheus des Menschen und der Säugethiere. Anatomische Studien v. C. Hasse. Mit 1 Tafel. Leipzig, 1872.
Hausmann. Ueber die Zeugung und Entstehung des wahren weiblichen Eies. Hannover. 1840.
Henle. Handbuch der system. Anatomie. Braunschweig.
Hensen. Virchow's Arch. Bd. 30. 1864. Zur Entwickelung des Nervensystems.
— — Embryologische Mittheilungen. Archiv f. mikr. Anat. III. Bd.

Hensen. Ueber eine Züchtung unbefruchteter Eier, in: Centralblatt für d. med. Wissenschaft. 7. Jahrgang. 1869. Nr. 26, p. 403—404.
— — Referat über Böttchers: Entwickelung und Bau des Gehörlabyrinths. Henle u. Meissner. 1871. p. 73.
— — Archiv f. Ohrenheilkunde. Bd. 6. 1872.
Hildebrandt. Anatomie, Bd. IV. E. H. Weber. Ueber den Bau der Placenta.
His W. Untersuchungen über die Anlage des Wirbelthierleibes. Leipzig, 1868.
— — Untersuchungen über das Ei und die Eientwickelung bei Knochenfischen. Leipzig, 1873.
Huschke. De pectinis in oculo ovium potestate. Jenae, 1827.
— — Ueber die Entwickelung des Auges und die damit zusammenhängende Cyclopie. In Meckels Arch. Jahrg. 1832.
Huss M. Beiträge zur Entwickelung der Milchdrüse beim Menschen und den Wiederkäuern. (Dissertation.) Jenaische Zeitschrift. Bd. 7. Heft 2.
Jacobson L. Die Oken'schen Körper oder die Primordialnieren. Kopenhagen, 1830.
Jassinsky. Zur Lehre über d. Structur der Placenta. Virchow. Arch. Octob. 1867. Structurlose Membran. (Zellen mit doppeltem Epithel.)
Joly M. Sur la rotation de l'embryon dans l'oeuf des Axolotis du Mexique Comptes-rendus. 1870.
Jones Warton. London and Edinburg. philos. Magz. Series III. Vol. VII. sept. 1835. Philosoph. Transact. 1837.
Julin. Recherches anat. sur la membran la minieuse etc. Arch. gén. de méd. Juillet 1865.
Ihering v. Die Entwickelung des menschlichen Stirnbeins. Archiv für Anatomie, Physiologie und wissenschaftl. Medicin. 1872.
Kamenev. Mikrkosop. Untersuchungen der Blutgefässe des Muttertheiles der Placenta. (Glatte Muskelfasern.) Medicinsky Wjestnik. Nr. 13. 1866.
Keferstein. Jahresberichte (Henle u. Meissner). Besondere Abtheilung der Zeitschrift f. rationelle Medicin.
Ketel H. Beiträge zur Entwickelungsgeschichte und Anatomie des Pharynx, in: Anatomische Studien, herausgegeben v. C. Hasse. Leipzig, 1870. 8°. p. 14—20. Taf. II. III.
Kessler. Untersuchungen über die Entwickelungsgeschichte des Auges am Hühnchen und Triton. Dorpat. 1871.
Kieser D. E. Der Ursprung des Darmkanals aus der vesicula umbilicalis, dargestellt im menschlichen Embryo. 1810.
Klein E. Das mittlere Keimblatt in seinen Beziehungen zur Entwickelung der ersten Blutgefässe und Blutkörperchen im Hühnerembryo. Sitzber. d. Wien. Akad. d. Wissensch. 63. Bd.
— — Recherches on the first of the development of the common trout (salmo fario). — Monthly microscopical Journal. Mai 1872.
Kobelt. Der Nebeneierstock des Weibes. Heidelberg, 1847.
Kollmann J. Beiträge zur Entwickelungsgeschichte des Menschen. Zeitschr. f. Biologie. Bd. IV. 1868.
Kölliker. Zeitschr. f. rat. Med. 1846. Bd. IV. (Gefässbildung.)
— — Zur Entwickelungsgeschichte der äusseren Haut. Zeitschr. f. wissensch. Zoologie. Bd. II. 1850.

Kölliker. Kritische Bemerkungen zur Geschichte der Untersuchungen über die Scheiden der Chorda dorsalis. Jahresber. v. Hoffmann u. Schwalbe. Bd. I. p. 378.
— — Ueber die Entwickelung der Linse. Zeitschr. f. wissensch. Zool. Bd. VI. 1855.
— — Von der Geruchsschleimhaut d. Pfag. Verhdl. med. phys. Gesell. Würzburg. VIII. 1857.
— — Entwickelungsgeschichte des Menschen u. der höheren Thiere. 1861.
— — Ueber die Entwickelung der Zahnsäckchen der Wiederkäuer. Zeitschr. f. wissensch. Zoologie. 1863.
Koster W. Remarque sur la signification du jaune de l'oeuf des oiseaux, comparée avec l'ovule des mammifères. Archives neerlandaises des Sc. exactes. I. 1860. p. 472—474. c. Fig.
Kowalevsky A. Entwickelungsgeschichte des Amphioxus lanceolatus. St. Petersburg, 1865. (In russischer Sprache.)
Kupfer (u. Bidder). Untersuchungen über das Rückenmark. Leipzig, 1857.
Kupfer. Die Entwickelung der Retina des Fischauges. Centralblatt f. d. med. Wissensch. Berlin, 1868.
— — Untersuchungen über die Entwickelung des Harn- u. Geschlechtssystems. Archiv f. mikr. Anat. Bd. I. Bd. II.
— — Beobachtungen über die Entwickelung der Knochenfische. Archiv f. mikroskop. Anat. IV. 209.
Kundrat Hans. Untersuchungen über die Uterusschleimhaut, mit Dr. Engelmann G. J. aus St. Louis. Medicinische Jahrbücher der Gesellschaft der Aerzte in Wien. Jahrg. 1873.
Kusnetzoff A. Beitrag zur Entwickelungsgeschichte der Cutis. Sitzungsber. d. kais. Ak. d. Wissensch. in Wien 1867.
Langer C. Ueber den Bau u. d. Entwickelung d. Milchdrüsen. Denkschrift d. k. Akad. d. W. Bd. III. Wien. 1851.
Langhans Th. Die Grundsubstanz d. mütterl. Pl. besteht aus sternförmigen mit langen Fortsätzen versehenen Zellen.
— — Zur Kenntniss der menschlichen Placenta Arch. f. Gynäk. I. 317—334. Centralblatt 1870. Nr. 30.
Laskovsky. Ueber die Entwickelung der Magenwand. Sitzungsber. d. kais. Akad. d. Wissensch. 1868.
Lereboullet. Recherches d'Embryologie comparée sur le développement du Brochet de la Perche, de l'Écrevisse. 1862. (Extrait des Mémoires de l'Acad. des sc. t. XVII.)
— — (Extrait des Ann. des sc. nat. 4e série, t. I, II, t. XVI, XVII, XVIII, XIX, XX.)
Leukart. Aeussere Kiemen der Embryonen v. Rochen und Haien. Stuttgart, 1836.
— — Ueber die allmälige Bildung der Körpergestalt bei den Rochen etc. Zeitschr. f. wissensch. Zoologie. Bd. 2. 1850.
— — Artikel, Zeugung in R. Wagner's Handbuch der Physiologie. 1853.
— — Archiv f. Anat. und Physiologie. 1855.
Leydig. Zur mikroskop. Anat. und Entwickelungsgeschichte der Rochen und Haie. 1852.
— — Lehrbuch d. Histologie. Frankfurt a. M. 1857.

Lieberkühn N. Ueber das Auge des Wirbelthierembryo. Schriften der Gesellschaft zur Beförderung der gesammten Naturwissenschaften zu Marburg. Bd. 10. Cassel, 1872.

Lindes. Ein Beitrag zur Entwickelungsgeschichte des Herzens. Inauguralschrift. Dorpat. 1865.

Lilienfeld. Beiträge zur Morphologie u. Entwickelungsgeschichte der Generationsorgane. Dissert. inaugur. Marburg. 1856.

Lombardini L. Intorno alla genesi delle forme organiche irregolari negli uccelli o nei batrachidi. Pisa 1869. 140 Seiten und 2 Tafeln.

Longet. Traité de Physiologie. Paris, 1869.

Margusen. Ueber die Entwickelung der Zähne der Säugethiere. Bullet. de la cl. phys. math. de l'Académie de St. Petersbourg, 1849.

Marshall. On the development of the great anterior veins in man and mammalia. In den philosoph. Transactions. Jahrgang. 1850. Theil 1.

Masslowsky. Cursus der Entwickelungsgeschichte der Thiere. 1. Liefer. Charkov 1865. (In russischer Sprache.)

Mauthner J. Ueber den mütterlichen Kreislauf in der Kaninchenplacenta etc. Sitzungsber. d. kais. Akad. d. Wissensch. in Wien. 1873.

Mayer. Untersuchungen über das Nabelbläschen. (Nova acta Acad. nat. curios. 1845. t. XVII.)

Meckel. (Entwickelung des Centralnervensystems) in dessen Archiv f. Physiologie. Bd. I. Halle und Berlin. 1815.

— — Bildungsgeschichte des Darmcanals der Säugethiere und namentlich des Menschen. (Deutsches Archiv f. die Physiologie. 1817. t. III.)

— — (v. Hemschach). Die Bildung für part. Furchung bestimmter Eier der Vögel verglichen mit den Graaf'schen Follikeln u. der Decidua des Menschen. Siebold u. Kölliker's Zeitschr. Bd. III. 1852.

Meyer H. Beitrag zu der Streitfrage über die Entstehung der Linsenfasern J. Müller's Archiv. 1851.

Miescher. Die Korngebilde im Dotter des Hühnereies. Hoppe-Seyler. med.-chem. Untersuchungen. II.

Mihalkovics Victor. Beiträge zur Anatomie und Histologie des Hodens. — Mathem. physical. Cl. d. kön. sächs. Akad. d. W. 1873.

— — Entwickelung des Gehirnanhangs. Centralblatt f. med. Wissensch. Nr. 20. 1874.

— — Entwickelung der Zirbeldrüse. Centralblatt f. med. Wissensch, Nr. 16. 1874.

— — Untersuchungen über den Kamm des Vogelauges. Archiv für mikroskop. Anatomie 1873.

Milne Edwards. Leçons sur la physiol. l'anat. compar. de l'homme et des animaux. Tome IX. Paris, 1870.

— — Observation sur l'embryologie des Lémuriens. Annal. d. sc. nat. T. V. 1872.

Moitessier A. Sur la châleur absorbée pendant l'incubation. Comptes rendus. Bd. 74.

Moleschott J. Zur Embryologie des Hühnchens. Untersuchungen zur Naturlehre des Menschen. Bd. X. 1866.

Müller J. Ueber die Wolff'schen Körper bei den Embryonen der Frösche und Kröten. Meckels Arch. 1829.

Müller J. De ovo humano atque embryone observ. anat. Bonne. 1830. (Habilitat. Programm.)
— — Bildungsgeschichte der Genitalien. Düsseldorf 1830.
— — Beschreibung eines Eies mit Allantois. Müller's Archiv 1834.
— — Ueber den glatten Hai des Aristoteles und über die Verschiedenheiten unter den Haifischen und Rochen in der Entwickelung des Eies. In den Abhandlungen der Akadem. d. Wissenschaften. 1840.
— — Ueber zahlreiche Porenkanäle in der Eikapsel der Fische. J. Müller's Arch. 1854.
— — Physiologie. Berlin.
— — u. **Henle.** (Plagiostom). Berlin, 1638—41. 60 Tafeln.
Müller W. Jenaische Zeitschrift Bd. VI. (Beobachtungen des path. anat. Institutes.)
— — Ueber die Entwicklung der Schilddrüse. Jenaische Zeitschrift Bd. VI. Heft 3.
— — Ueber den Bau der Chorda dorsalis. Jenaische Zeitschrift. Bd. VI. Heft 3.
Nathusius. Ueber die Hüllen, welche den Dotter des Vogeleies umgeben, v. Siebold u. Köllikers Zeitschr. f. w. Zoologie. Bd. 18.
Needham. De formatione foetus. 1607.
Neumann. Zur Anatomie der fötalen Leber. Berliner klin. Wochenschrift. 1872. Nr. 4.
Newport. On the impregnation of the ovum in the amphibia. London Philosoph. Transact. 1851.
Oken. Beiträge zur vergleichenden Zoologie, Anat. und Physiol. Bamberg und Würzburg 1806. Herausgegeben von Oken und Kieser.
Oellacher J. Untersuchungen über die Furchung und Blätterbildung im Hühnereie. Studien aus dem Institut für experiment. Pathologie, herausg. v. Stricker. Wien, 1869. (S. A.)
— — Ueber die erste Entwickelung des Herzens und der Pericardial oder Herzhöhle bei Bufo ciner. Arch. f. mikrosk. Anat. VII. Bd.
— — Beiträge zur Geschichte des Keimbläschens im Wirbelthierei. Arch. f. mikrosk. Anat. VIII. Bd.
— — Die Veränderungen des unbefruchteten Keimes etc. Leipzig. 1872. Zeitschr. f. wissensch. Zoologie. XXII. Bd. 2. Heft.
— — Berichte d. naturwissenschaftl. Vereines in Innsbruck, 1871.
— — Beitrag zur Entwickelungsgeschichte der Knochenfische. Leipzig, 1872. Zeitschr. f. w. Zoologie. XXII. Bd. 4 Lit. XXIV. Bd. 1. Heft.
— — Naturwissenschaftlich.-medicin. Verein 26. Juni 1872 zu Innsbruck.
Owen. Comparative Anat. u. Physiology of vertebrates. Vol. I, II, III. London. 1864—68.
Ovsjanikov. Petromyzon fluriatilis in seiner Entwickelung. (In russischer Sprache.) Mémoires de l'Académie de St. Petersbourg.
Pander. Beiträge zur Entwickelungsgeschichte des Hühnchens im Ei. Würzburg, 1817.
Pansch A. Ueber die typische Anordnung der Furchen und Windungen auf den Grosshirnhemisphären des Menschen und der Affen. Arch. f. Anthropologie. Bd. 3. 1868. p. 203—225. Taf. I—IV.

Parker K. W. Monograph on the structure and development of the shoulder, girdle and sternum in the Vertebrata. London, 1868. (Roy. Society.) 237 Stn. und 30 lith. Taf. in Folio.

Pearson. Foetus of Squalus mot. Journ. of the asiat. Society of Bengal. IV. 1835.

Peremeschko. Ueber die Bildung der Keimblätter im Hühnereie. Wiener akad. Sitzungsber. Bd. 57. 1868.

— — Ueber die Entwickelung der Milz. Sitzungsber. der kais. Ak. d. Wissensch. 1867.

Pernitza E. Bau und Entwickelung des Erstlingsgefieders des Hühnchens. Wiener Akad. Sitzungsber. 1871.

Philipeaux M. Experiences montrant l'influence de la température sur la rapidité du développement des Axolotis. Archiv de physiologie (Brown Séquard, Charcot et Valpiau) T. IV. 1871—72.

Pflüger, E. Die Eierstöcke der Säugethiere u. des Menschen. Leipzig 1863.

Polkels. Neue Beiträge zur Entwickelungsgeschichte des menschlichen Embryo. (Isis. 1825. T. XVII.)

Prevost und Dumas. Annales des sciences nat. Pr. Série. Tom. II.

— — Annales des sc. nat. Tom. III. p. 135. publiées en 1824—1827.

Prevost et Lebert. Ann. des sciences nat. 3ᵉ Serie. 1844. T. I, II, et III.

Purkinje. Symbole ad ovi avium histor. etc Breslau. 1825.

Quatrefages. Mémoires sur les embryons des Synguathes. (Synguatus Ophidion.) Annales des sciences naturelles, 2ᵉ Série. T. XVIII. 1842.

Radlkofer. Ueber die wahre Krystall-Natur der Dotterplättchen. Zeitschr. f. w. Zoologie. Bd. IX.

Ransom H. W. Observations on the ovum of osseous fishes, in: Philosoph. Transactions etc. for the year 1863. Vol. 157. Part. II. p. 431—501. Taf. XV.—XVII.

Rathke. Ueber die Entwickelung der Athmungswerkzeuge bei den Vögeln und Säugethieren. (Verhandlungen der Carol. Leopold. Akademie der Naturforscher vom J. 1828. Bd. XIV. Theil I.

— — Entwickelungsgeschichte der Natter. 1839.

— — „ der Schildkröten. 1848.

— — „ des Blennius viviparus. (Abhandlung zur Bildung und Entwickelungsgeschichte. 2 vol. 1833.)

— — Ueber die Entwickelung des Schädels der Wirbelthiere. Vierter Bericht des naturwissenschaftl. Seminars zu Königsberg. Königsberg, 1838.

— — Ueber die Aortenwurzeln und die von ihnen ausgehenden Arterien der Saurier. Denkschriften d. kais. Akad. d. Wissensch. Wien, 1857.

— — Entwickelungsgeschichte der Wirbelthiere. Leipzig, 1861.

— — Ueber die Bildung und Entwickelung der Oberkiefer und Geruchswerkzeuge. Abhandlungen zur Bildung zur Entwickelungsgeschichte.

— — Siehe Wittich. (Entwickelung der Krokodile.)

— — Beiträge zur Geschichte der Thierwelt. Halle, 1825.

Reichert. Ueber die Visceralbögen der Wirbelthiere. Müller's Archiv. 1837.

— — Das Entwickelungsleben im Wirbelthierreiche. Berlin, 1840.

— — Beiträge zur Entwickelungsgeschichte der Zahnanlage, in: Reichert und Du Bois-Reymond, Archiv für Anatomie und Physiologie. 1869. p. 539—578. Taf. XIII., XIV. A. (S. d. anat. Theil. dies. Ber. p. 66.)

Reichert. Ueber die Mikropyle der Fischeier. J. Müller's Arch. 1856.
— — Ueber Müller'sche und Wolff'sche Gänge bei Fischembryonen. J. Müller's Archiv. 1856.
— — Entwickelung des Meerschweinchens. Königl. Akad. d. Wissenschaften. Berlin, 1861.
Reichert B. Beschreibung einer frühzeitigen menschl. Frucht im bläschenförmigen Bildungszustande nebst vergleichenden Untersuchungen über die bläschenförmigen Früchte der Säugethiere. Berliner Akad. d. W. 1873. Februar-Heft.
Reissner. De auris internæ formatione. Dissert. inaugural. Dorpati, 1851.
Reitz, W., Beiträge zur Kenntniss des Baues der Placenta des Weibes. (Aus dem Inst. für exper. Path. für Wien) in: Sitzungsber. der k. Akad. der Wiss. in Wien. Math.-naturwiss. Cl. Bd. 57. 1868. p. 1009—1012, mit 1 Tafel.
Reitz. Placenta. Stricker's Handb. der Gewebslehre 1872.
Remak. Untersuchungen über die Entwickelung der Wirbelthiere. Berlin, 1855.
Retius. Froiep's Notizen. Nr. 283. (Beschreibt einen Fall, wo die Nabelgefässe vorhanden sein sollen, der Nabel hingegen fehlt.)
Richiardi S. Sopra il sistema vascolare sanguifero dell' occhio del feto umano e dei mammiferi in Richiardi Canestrini, Archivio per la zoologia, l'anatomia e la fisiologia. Ser. II. Vol. I. 1869. p. 193—210. Tafel I.
Riecke. Dissert. qua investigatur utrum funiculus umb. nervis polleat aut careat. Tubing. 1816.
Rienek. Ueber die Schichtung des Forellenkeimes. Archiv f. mikrosk. Anat. Bd. V.
Ritter C. Zur histologischen Entwickelungsgeschichte des Auges. Archiv f. Ophthalmologien. Bd. X. 1864.
Robin. Syst. sang. dos Plag. ibidem XIII. 1845.
— — Gland. vasc. (thyroide?) l'Institut XV. 1847.
Robin et Margitot. Journal de la Physiologie. 1860. T. III, IV. 1861.
Robin Ch. Mémoire sur les phénomènes qui se passent dans l'ovule avant la segmentation du vitellus. Brown Sequard, Journal de la Physiologie. 1862. T. V.
— — Anatomie et Physiologie cellulaire. Paris, 1873.
Rokitansky. Ueber Defect der Scheidewand der Vorhöfe. Med. Jahrbücher der k. Gesellschaft der Aerzte in Wien. 1871.
Rolando. Sur la formation du coeur. Journal complémentaire du dictionnaire des sciences médicales. T. XV. et XVI. 1823.
Rollet. Untersuchungen aus dem Institute für Physiologie u. Histologie in Graz. 1870—1871.
Romiti. Ueber den Bau und die Entwickelung des Eierstockes und des Wolff'schen Ganges. Archiv f. mikroskop. Anat. 1873. Bd. X.
— — Centralbl. f. medic. Wissensch. 1873. Berlin.
Rosenberg A. Untersuchungen über die Entwickelung der Teleostierniere. Dissert. Dorpat, 1867.
Rosenmüller. Quaedam de ovariis embryonum et humanorum. Lipsiae, 1802.
Rusconi. Ueber die Metamorphosen des Eies der Fische vor der Bildung des Embryo. Müller's Archiv f. Anat. u. Physiol. 1836.

Rusconi. J. Müller's Archiv. 1836. Ein Brief an E. H. Weber.
— — (Développement de la grenouille commune.) Paris, 1826.
Samter. Novella de ovi ovium evolutione. Halis. 1853.
Sanctis Leone de. Degli organi elettrici delle torpedini e degli organi pseudoelettrici delle Raie. Mit 4 Tafeln. Napoli. 1871. (1. Histologie.)
Sanson A. Mém. sur la théroie du développement précoce des animaux domestiques. Journal de l'anatomie et de la physiologie p. p. Ch. Robin. 1872.
Sassiusky. Zur Lehre über die Structur der Placenta. Virchow's Archiv. 1867.
Schapringer A. Ueber die Bildung des Medullarrohres bei den Knochenfischen. Sitzb. d. k. Akad. d. W. in Wien. II. Abthl. Novemberheft. 1871.
Schenk S. L. Untersuchungen über die erste Anlage des Gehörorgans der Batrachier. Sitzungsber. der k. Akad. d. Wissenschaften in Wien. 1864.
— — Ueber die Entwickelung des Herzens und der Pleuroperitonealhöhle in der Herzgegend. Sitzungsber. d. kais. Akad. d. Wissensch. in Wien. 1866.
— — Zur Physiologie des embryonalen Herzens, in: Sitzungsber. der k. Akad. der Wissenschaften zu Wien. Math.-naturwiss. Cl. Bd. 56. 2. Abtheil. 1867. p. 111—115.
— — Beiträge zur Lehre vom Amnion. Archiv für mikrosk. Anatomie. VII., mit 1 Tafel.
— — Ueber den Einfluss niederer Temperaturgrade auf einige Elementarorganismen. Sitzungsber. d. kais. Akad. der Wissensch. in Wien. 1869.
— — Ueber die Rotationen der Embryonen von Rana temporaria innerhalb der Eihülle. Pflüger's Archiv für Physiologie. 1870.
— — Protoplasmakörper der embryonalen Leber. Centralblatt f. d. medic. Wissensch. Berlin. 1869.
— — Zur Entwickelungsgeschichte des Auges der Fische. Sitzungsber. Wien Akad. math.-naturw. Cl. V. Abthl. 2. 1867. p. 480—492. 2. Taf.
— — Anatomisch-physiologische Untersuchungen. Wien. (Verl. von Braumüller.) 1872.
— — Beitrag zur Lehre von den Organanlagen im motorischen Keimblatt, in: Sitzungsberichte der k. Akad. der Wissenschaften zu Wien. Math.-phys. Cl. Bd. 57. 2. Abtheilung. 1868. p. 189—202, mit 3 Tafeln.
— — Der Dotterstrang der Plagiostomen. Sitzungsber. d. kais. Akad. der Wissensch. in Wien. 1874.
— — Die Eier von Raja quadrimaculata (Bonap.) innerhalb der Eileiter Sitzungsber. d. kais. Akad. d. Wissensch. in Wien. 1873.
Schmarda C. Zoologie. Wien. Braumüller. 1872.
Schoeler, H., De oculi evolutione in embryonibus gallinaceis. Dissert. inaug. Dorpati. 1848.
Schott. Die Controverse über die Nerven des Nabelstranges und seiner Gefässe. Frankfurt, 1836.
Schröder v. d. Kolk. Waarnemingen over het maaksel v; d menschlijke Placenta en over haven Bloedsamloop. Verhandlungen v. d. Eerst. Kl. van het k. Nederlandsche Instituut. 1851.
Schrön. Ueber das Korn im Keimfleck etc. Moleschott's Untersuchungen zur Naturlehre. Bd. 9.
Schultze S. B. Das Nabelbläschen ein constantes Gebilde der Nachgeburt des ausgetragenen Kindes Mit 16 Tafeln. Leipzig, 1860.

Schultze S. B. Die genetische Bedeutung der velamentalen Insertion des Nabelstranges. Erster Artikel. Jen. Zeitschr. III. 1867. p. 198—205.
— — Die Placentarrespiration des Foetus. Jenaische Zeitschrift für Med. u. Naturw. p. 541—552. (S. d. Bericht für 1868. p. 407.)
Schultze M. De ovarum ranarum segmentatione. Bonn, 1863.
— — Bemerkungen über Bau u. Entwickelung der Retina. Arch. f. mikrosk. Anat. Bd. III.
— — Die Entwickelungsgeschichte von Petromyzon Planeri. (Preisschrift.) Haarlem, 1856.
Schwarck W. Beiträge zur Entwickelungsgeschichte der Wirbelsäule bei den Vögeln. (Anatomische Studien von C. Hasse. Mit 1 Tafel.) Leipzig (Engelmann) 1872.
Schwammerdam. Bibel der Natur. Leipzig. 1752. (Deutsche Uebersetzung.)
Schweiger-Seidl. Ueber die Samenkörperchen u. ihre Entwickelung. Archiv f. mikrosk. Anat. Bd. I.
— — Zur Entwickelung des Praeputium. Archiv f. pathol. Anat. 37. 1866.
Seiler. Die Gebärmutter und das Ei des Menschen. Dresden, 1830.
Selenka, Emil. Beitrag zur Entwickelungsgeschichte der Luftsäcke des Huhns. Zeitschr. f. wissensch. Zoologie. 1866.
Semmer A. Untersuchungen über die Entwickelung des Meckel'schen Knorpels und seiner Nachbargebilde. (Dissertation.) Mit 2 Taf. Dorpat, 1872.
Sernoff D. Zur Entwickelung des Auges. Russische kriegsärztliche Zeitschrift. 1873. p. 45. (Auszug im Centralblatt f. med. Wissensch. 1872. Nr. 13.)
Sertoli. Entwickelungsgeschichte der Lymphdrüsen. Sitzgsber. der kais. Akad. d. W. Wien, 1866.
Sollingen. Embryologia. 1713.
Spiegelberg. Ueber die Entwickelung der Eierstockfollikel u. der Eier der Säugethiere. v. S. G. A. Univers. u. d. königl. Gesellschaft d. Wissensch. zu Göttingen, 1860.
Stannius. Lehrbuch der vergleichenden Anatomie.
Steinheim. Die Entwickelung der Frösche. Hamburg, 1820.
Stricker S. Entwickelungsgeschichte von Bufo ciner. bis zum Erscheinen der äusseren Kiemen. Wiener akad. Sitzb. Band 39. 1860.
— — Untersuchungen über die Entwickel. der Bachforelle. Sitzb. d. Wien. Akad. 1865. Wien. Sitzb. Bd. 49.
— — Untersuchungen über die ersten Anlagen in Batrachier-Eiern. Zeitschr. f. wiss. Zool. 1861.
— — Archiv f. Physiologie, 1864. (Ueber die Entwickelung des Kopfes der Batrachier.)
— — Beiträge zur Kenntniss des Hühnereies. Sitzungsber. d. kais. Akad. d. Wissensch. in Wien. 1866.
— — Mittheilungen über die selbstständigen Bewegungen embryoualer Zellen. Sitzungsber. d. kais. Akad. d. Wissensch. in Wien. 1864.
— — Untersuchungen über die Papillen in der Mundhöhle der Froschlarven. Sitzungsber. d. kais. Akad. d. Wissensch. in Wien. 1857.
Thomson. (Amnion am Rücken offen bei Katzen u. Hasen gesehen.) Edinb. Med. and surg. Journal. 1839. Nr. 140. Siehe A.

Tiedemann. Anatomie und Bildungsgeschichte des Gehirnes im Foetus des Menschen. Nürnberg, 1816.
— — Entwickelungsgeschichte der Schildkröte. Heidelberg u. Leipzig, 1828. (Enthält Bemerkungen über die Eihäute v. Emys amazonica.)
Tilesius. Seemäuse. (Eier d. Haie u. Rochen). Leipzig, 1802. 5 Tafeln.
Toldt C. Anzeiger der kais. Akad. d. Wissensch. Jahrg. 1874. Nr. X. Untersuchungen über d. Wachsthum d. Nieren d. Menschen und d. Säugethiere.
Török Aurel v. Beiträge zur Kenntniss der ersten Anlagen der Sinnesorgane u. d. primären Schädelformation bei den Batrachiern. Math.-naturw. Cl. d. kais. Akad. d. Wissensch. Wien, 1865.
— — Rolle der Dotterplättchen beim Aufbau der Gewebe. Centralbl. f. med. Wissensch. Nr. 17. 1874.
Trumau B. E. Observations on the development of the ovum of the pike, in: The monthly microscop. Journ. and Transact. roy. micr. Soc. Vol. II. 1869. p. 185—203. Taf. XXVIII—XXX. A.
Turner W. De la placentation des cétacés comp. à celle des autres mammifères. Journal de Zoologie. (P. Gervais.) T. I.
Urbautschitsch v. Ein Beitrag zur Entwickelungsgeschichte der Paukenhöhle. Sitzungsber. d. kais. Akad. d. Wissensch. in Wien. 1873.
Valenciennes et Fremy. Annales de chim. et de phys. III. sér. I.
Valentin G. Handbuch der Entwickelungsgeschichte d. Menschen mit vergleichender Rücksicht der Entwickelung der Säugethiere u. Vögel. Berlin, 1835.
— — Die doppelbrechenden Eigenschaften der Embryonalgewebe. Archiv f. mikroskop. Anat. VII. Bd.
De la Valette, St. George. Ueber die Genese der Samenkörperchen. Arch. f. mikrosk. Anat. Bd. I, Bd. III.
— — Ueber den Keimfleck u. die Deutung der Eitheile. Arch. f. mikrosk. Anat. Bd. II.
Velcker H. Ueber die Entwickelung und den Bau der Haut von Bradypus nebst Mittheilungen über eine im Inneren der Faulthierhaare lebenden Alge. Abhandl. der naturf. Gesellsch. zu Halle 1864.
Velpeau. Ovologie humaine.
Virchow. Ueber die Dotterplättchen bei Fischen und Amphibien. Zeitschr. f. w. Zoologie v. Siebold u. Kölliker. Bd. 1.
Vogt. Untersuchungen über die Entwickelungsgeschichte der Geburtshelferkröte (Hytes obstetricans).
— — Embryologie des Salmones (Agassiz poissons d'eau douce d'Europe. 1 vol. avec Atlas in fol.).
Volkmann. De colubri Natricis evolutione. Diss. inaug. Lipsiae. 1834.
Vulpian A. Expériences faites sur des embryons de grénouille. Archiv de physiologie (Brown-Séquard, Charcot et Vulpian), T. IV.
Wagner R. Müller's Arch. 1835 (macula germinativa).
— — Lehrbuch der Physiologie. Leipzig. 1839.
Waldeyer. Anatomische Untersuchung eines menschl. Embryo v. 28—30 Tagen. Studien des physiol. Institutes zu Breslau. Herausgegeben v. Heidenhain. 1865.
— — Ueber den Ossificationsprocess. Arch. f. mikrosk. Anat. Bd. I.

Waldeyer. Ueber die Keimblätter u. den Primitivstreifen bei der Entwickelung des Hühnerembryo. Henle u. Pfeufer's Zeitschr. f. rat. Med. 1869.
— — Bau u. Entwickelung der Zähne. Stricker's Handb. d. Lehre v. d. Geweben. 1869. (Die Literatur über die Zähne u. deren Entwickelung.)
— — Eierstock und Ei. Leipzig, 1870.
Weber E. H. R. Wagner's Physiologie 3. Aufl. u. Hildebrandt's Anatomie II.
— — Meckel's Arch. 1828.
Weil Carl. Beiträge zur Kenntniss der Entwickelungsgeschichte der Knochenfische. Sitzungsber. d. k. Akad. d. W. in Wien. 1872.
— — Medicinische Jahrbücher. Herausgegeben v. d. k. k. Gesellsch. d. Aerzte in Wien, redig. v. S. Stricker. 1873. Beiträge zur Kenntniss der Befruchtung und Entwickelung des Kaninchens.
Wilbrand. Berliner med. Centralzeitung. 1841.
Wild C. Zur Physiologie d. Placenta. Würzburg. 1849. Inaugural. diss.
Winkler F. N. Die Zotten des menschlichen Amnions, in: Jenaische Zeitschrift für Medicin und Naturwissenschaft. Bd. IV. 1868. p. 535—540.
Wittich v. Beiträge zur Entwickelung der Harn- und Geschlechtswerkzeuge der nackten Amphibien. (Siebold's u. Kölliker's Zeitschr. f. w. Zoologie. Bd. IV.)
— — Untersuchungen über die Entwickelung u. den Körperbau der Krokodile, v. Heinr. Rathke. Braunschweig, 1866.
Weinow. Ueber die Entstehung der bipolaren Anordnung der Linsenfasern. Math.-naturw. Cl. Bd. 60. 1869.
Wolff C. Fr. De formatione intestinorum. (Novi comment. Akad. Petrop. pro anno 1766. t. XII.) Deutsch von J. Fr. Meckel. Halle, 1812.
— — Theoria generationis. Halae, 1759.

Erstes Capitel.

Einleitung. Entwickelungsgeschichte der physiologischen Individuen. Anaplasis. Metaplasis. Kataplasis. Das Ei ein Elementar-Organismus. Präparationsmethode, um die Eier verschiedener Wirbelthiere zu demonstriren. Ei der Säugethiere. Ei der Vögel. Ei der Amphibien. Ei der Fische. Bildungsdotter und Nahrungsdotter. Holoblastische und meroblastische Eier. Entwickelungsdauer der Vögel und Säugethiere.

Die Vergänglichkeit ward als gemeinschaftliches Los der gesammten organischen Welt beschieden. Dieses Los hätte offenbar das Aussterben der organischen Welt nach sich geführt oder es hätte die Schöpfung von Neuem wirksam sein müssen, wenn nicht ein jedes Individuum ausser den physiologischen Functionen, die zur Erhaltung seiner Individualität nothwendig sind, noch mit einer besonderen Function ausgestattet worden wäre, vermöge welcher es im Stande ist, seine Gattung zu erhalten. Diese Function ist die Zeugung. — Durch die Zeugung ist ein Individuum im Stande, einen Theil seines Organismus entweder innerhalb oder ausserhalb des mütterlichen Bodens oder an demselben unter solche günstige Bedingungen zu bringen, dass dieser kleine Theil des mütterlichen Bodens sich fortentwickeln kann, bis er dem Mutterorganismus ähnlich ausgebildet ist und wie dieser selbstständig den Naturgesetzen sich unterwirft. Es möge der vom Mutterboden getrennte Theil durch Theilung oder durch Knospung oder auf geschlechtlichem Wege zur Entwickelung gelangen, in allen Fällen werden an ihm eine Reihe von Vorgängen beobachtet, deren Zusammenstellung uns eine Einsicht in den Aufbau des Organismus verschafft. Die Zusammenstellung dieser Vorgänge gibt uns die **Entwickelungsgeschichte der physiologischen Individuen oder die Ontogenie der Bionten (Haeckel)**. Mit ihr innig verbunden ist die Phylogenie oder die Entwickelungsgeschichte der genealogischen Stämme, welche wir aber nicht in's Bereich unserer Betrachtungen ziehen, sondern wir beschränken uns blos auf die Ontogenie der Bionten und werden von dieser auch nur einen Abschnitt zur Besprechung aufnehmen.

Die Ontogenie oder Entwickelungsgeschichte der organischen Individuen ist die Gesammtwissenschaft von den Formveränderungen, welche die Bionten oder physiologischen Individuen während der ganzen Zeit ihrer individuellen Existenz durchlaufen, von ihrer Entstehung an bis zu ihrer Vernichtung (Haeckel). Nach dieser Feststellung der Aufgabe der Ontogenie ist es bald zu ersehen, dass wir mit Haeckel dadurch der Entwickelungsgeschichte einen grösseren Umfang vindiciren, als dies bisher geschah, wobei wir drei Abschnitte in der Entwickelungsgeschichte der Individuen unterscheiden müssen. Von diesen drei Abschnitten werden wir nur den ersten, die Anaplasis oder Aufbildung, besprechen, welche die Entwickelungsgeschichte im engeren Sinne, die Embryologie, umfasst. Sie lehrt uns die Formveränderungen, welche der Organismus von seinem ersten Entstehen bis zur Beendigung der embryonalen Periode durchmacht. — Die beiden anderen Abschnitte, die Metaplasis oder Umbildung, die Kataplasis oder Rückbildung, bilden den Gegenstand anderer Zweigwissenschaften.

Die Embryologie der Thiere zerfällt entsprechend den beiden Hauptclassen des Thierreiches, in die Embryologie der Wirbelthiere und jene der Wirbellosen. — In der ersteren ist die Entwickelungsgeschichte des Menschen mitbegriffen.

Das Ei.

Sowohl der Mensch als auch die anderen Wirbelthiere sind in ihrer frühesten, der Beobachtung zugänglichen Bildungsperiode nichts anderes, als Zellen, als Elementarorganismen.

In diesem Zustande ist das Wirbelthier mit einem einzelligen Thiere zu vergleichen, wie wir selbe aus den niedrigsten uns bisher bekannten Thierreihen kennen. Es stellt uns, wie wir erwähnten, einen Elementarorganismus dar, der, wenn er auch in mancher Beziehung und Gestalt mit den anderen Elementarorganismen übereinstimmt, dennoch von den letzten bedeutend verschieden ist. Er unterscheidet sich von den anderen Elementarorganismen dadurch, dass er durch die Befruchtung den Impuls zu einer Reihe von Vorgängen erhält, die nur ihm allein und keinem anderen Elementarorganismus zukömmt.

Der Elementarorganismus dieser Art ist das Eichen. Von einer Reihe der Wirbelthierclassen, wie von den Fischen, Amphibien und Vögeln, war es uns seit jeher bekannt, dass sie in ihrem primitiven Zustande ein Eichen darstellen. Von den Säugethieren und dem Menschen konnte man das erst im Jahre 1827 aussagen, nachdem die Untersuchungen des genialen Meisters in der Embryologie, Ernst v. Baer's, es auf's Deutlichste dargethan haben, dass der Mensch und das Säugethier aus einem Ei entstehe.

Vor Baer's Entdeckungen vermuthete man bereits ein solches Eichen im Eierstocke und man war längere Zeit der Ansicht v. Graaf's, dass der sogenannte Graaf'sche Follikel dasselbe ausmache. Später war man der Meinung, welche Prevost und Dumas behaupteten, dass nicht der Graaf'sche Follikel als Ganzes das Eichen des Menschen und der Säugethiere darstellt, sondern die Flüssigkeit, welche sich im Graaf'schen Follikel vorfindet, das erste Bildungsmaterial des künftigen entwickelten Thieres sei. Nur die grosse Entdeckung des Menschen- und Säugethiereies konnte uns aller Zweifel entheben.

Die Eichen der Fische, Amphibien und Vögel verlangen keine besondere Vorsicht und Fertigkeit, um selbe leicht zu demonstriren, da ein Jeder bei der nöthigen Kenntniss der Anatomie der bezüglichen Thiere bald das eine oder andere Ei aus dem Eierstocke entfernen kann. — Nur ist zu beachten, dass man die kleinsten Eichen im Eierstocke der mikroskopischen Untersuchung erst dann unterziehen kann, wenn man die grösseren entfernt, wobei zuweilen eine Zertrümmerung derselben stattfindet. Um die einzelnen Trümmer nicht störend wirken zu lassen, ist es nothwendig, das Stück des Eierstockes sammt den Resten der Trümmer in 1% Kochsalzlösung auszuwaschen. Hierauf wird das Präparat ausgebreitet und in bekannter Weise der mikroskopischen Untersuchung unterzogen. — Das Eichen der Säugethiere und des Menschen präparirt man folgendermassen heraus.

Die grössten Follikel am Eierstocke, die ziemlich stark mit Flüssigkeit gefüllt sind — was man an frischen Eierstöcken nahezu durchgängig findet, werden seitlich mit einem spitzen Messer angeschnitten. Die austretende Flüssigkeit wird auf einem Objectträger gesammelt. Hierauf wird mit einer Lanzennadel sorgfältig über die Wandungen des Eifollikels gestreift, so dass man das Epithel sammt dem darin eingebetteten Eichen auf den Objectträger, zum *liquor folliculi* bringt. Mit einem Deckgläschen bedeckt, kann man dasselbe der Untersuchung unterziehen.

Wie man das Eichen im Graaf'schen Follikel sammt dem ihn auskleidenden Epithel auf Durchschnitten darstellt, so wie die Beschreibung der Untersuchungsmethode, welche in der Embryologie gegenwärtig geübt wird, ist ausführlicher in Exner's „Leitfaden" mitgetheilt, auf welchen wir hiermit verweisen.

Das frisch herauspräparirte Eichen von den verschiedenen Wirbelthierclassen sei hier zunächst beschrieben. Hierbei sei bemerkt, dass wir das vollendete zur Befruchtung und Entwicklung reife Eichen schildern. Mit dem Eichen des Menschen und der Säugethiere wollen wir beginnen:

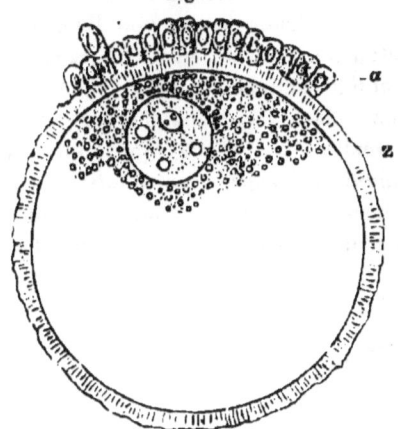

Figur 1.

Ein reifes Eichen vom Kaninchen nach Waldoyer. *a)* Epithel des Graaf'schen Follikels; *b)* Zona pellucida mit den radiären Streifen.

Dieses Eichen stellt ein rundliches bläschenförmiges Gebilde dar, welches in seinem befruchtungsreifen Zustande ungefähr 0·08''' im Durchmesser misst. (Fig. 1.) Um dasselbe herum findet man mehrere Reihen von Cylinderzellen (*a*), die radiär zum Eichen gestellt sind, und nur die Reste von jenen Gebilden darstellen, die innerhalb des Graaf'schen Follikels das Ei umgeben. Die Cylinderzellen haben ein feinkörniges Protoplasma und einen oblongen hellen Kern, in dem sich einige Körnchen finden. — Diese Gebilde verleihen dem Eichen bei schwacher Vergrösserung ein Aussehen, als wenn es mit einer radiär gestreiften Masse umgeben wäre. Gelingt es, diese Gebilde durch leichten Druck auf das Deckgläschen wegzuschaffen, so gelangt man auf eine bandartige, helle, gleichmässige Schichte, die das Ei umgibt, von Baer die *Zona pellucida* (*z*) genannt. Diese Schichte ist bei Beobachtung mit stärkerer Vergrösserung mit radiären Streifen versehen, welche als Porencanälchen der *Zona pellucida* aufgefasst werden. Bevor man die Zelle genauer kannte, und solange man mit dem Begriffe der Zelle eine Membran in allen Fällen vereinigte, war man bald entschlossen, die *Zona pellucida* als eine Zellenmembran anzusprechen. Doch wurde dies später allgemein aufgegeben, da man die *Zona pellucida* blos als eine Eikapsel angesehen hat, ähnlich den Eikapseln der Batrachier- und Fischeier. Gegenwärtig, wo man die Zellennatur des Eichen, im Sinne der heutigen Zellentheorie allgemein angenommen hat, kann man umsomehr die *Zona pellucida* nur als eine Umhüllungskapsel des Eies ansehen.

Auf die *Zona pellucida* folgt der Dotter, welcher die grösste Masse des Eichens ausmacht. Er besteht aus kleinen bläschenartigen Gebilden, zwischen welchen noch eine Menge kleiner Körnchen sich vorfinden. (Fig. 1.) Durch stärkeren Druck auf das Eichen kann bei einer Ruptur der Dotterhaut die Dottermasse ausfliessen. So weit war das Eichen schon von Baer gekannt. Später lernte man im Dotter noch ein excentrisch gestelltes rundliches, bläschenförmiges Gebilde kennen, welches heller als der Dotter ist. Dieses Bläschen heisst das Keimbläschen (*vesicula germinativa*). In diesem findet man öfters einen kleinen rundlichen, dunkeln Fleck, Keimfleck (*macula germinativa*) genannt. Die Natur des Keimfleckes ist sehr wenig gekannt. Schrön hält ihn beim reifen Eichen für eine Vacuole, in welcher ein festeres Gebilde sein soll.

Figur 2, *a*).

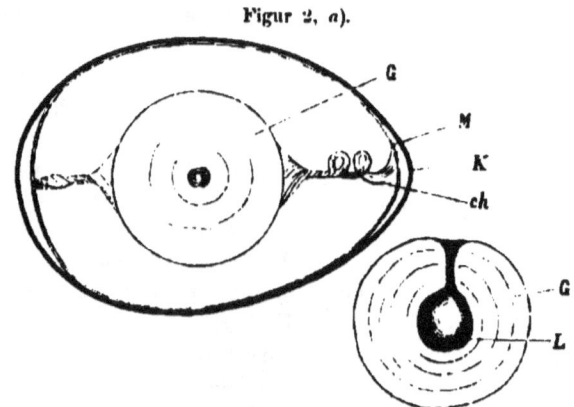

Figur 2, *b*).

a) Längsansicht des eröffneten Hühnereies von oben. *b)* Durchschnitt des gelben Dotters nach v. Baer. *K* Kalkschale. *M* Schalenhaut. *Ch* Chalazion. *G* Gelber Dotter mit Andeutung der concentrischen Schichten. *L* Latebra. Der runde Fleck in der Mitte des gelben Dotters in *a* ist der Hahnentritt.

Wesentlich verschieden von dem Eie des Menschen und der Säugethiere ist das der Vögel (Fig. 2, *a*). Um den Bau desselben genauer zu studiren, unterscheiden wir an dem gelegten bebrütungsfähigen Eie folgende Theile, welche am abgebildeten Hühnerei zu ersehen sind. — An der Kalkschale *(K)* und der sie auskleidenden Membran *(M)* befindet sich eine Schichte von Eiweiss, in welcher an den beiden Polen des Eies zwei Schnüre von eingedicktem Eiweiss verlaufen, die einerseits an dem gelben Dotter und andererseits an der die Eischale auskleidenden Haut befestigt sind. Die beiden Schnüre führen den Namen *Chalazien (Ch.)* — Im Innern des Eies findet man den sogenannten gelben Dotter mit dem Hahnentritt *(H)*. Im Hahnentritte des unbefruchteten reifen Hühnereis beobachtete Purkinje ein kleines Gebilde, welches der *vesicula germinativa* gleichkommt. Um letztere anschaulich zu machen, verfährt man am besten derart, dass man eine Partie der Kalkschale abträgt; alsdann sieht man an dem horizontal liegenden Eie, auf dem gelben Dotter, welcher von einer Dotterhaut umgeben ist, unter der letzten einen weissen runden Fleck, der in der Mitte eine hellere Partie zeigt. Unter dieser befindet sich eine kleine Höhle. Wird das Ei durch Kochen gehärtet und vorsichtig entzwei geschnitten (Fig. 2, *b*), so dass man durch den Hahnentritt quer schneidet, dann überzeugt man sich, dass die weisslichen Gebilde des Hahnentrittes bis in die Mitte des gelben Dotters reichen, wo sich eine kleine Höhle findet, *Latebra* genannt. Der gelbe Dotter *(G)* zeigt überdies mehrere concentrische Schichtungen auf dem Durchschnitte. — Der Hahnentritt besteht aus grösseren und kleineren zelligen Gebilden, welche einen grosskörnigen Inhalt haben, und zuweilen einen oder mehrere Kerne besitzen. An den seitlichen Partien des weissen Dotters findet man Körperchen, die mit Jodtinctur eine bläuliche Färbung annehmen. Daresto beschreibt sie als amylumhaltige Zellen. Von dem Vorhandensein derselben konnte ich mich an manchen Eiern überzeugen. Der gelbe Dotter besteht aus grösseren Gebilden, welche einen feinkörnigen Inhalt haben und gelblich erscheinen. Ihre Zellennatur ist nicht erwiesen.

Wenn man nun untersucht, welcher Theil des Vogeleies dem Embryonalleibe als Material zum Aufbaue dient, so lässt sich das kurzweg dahin beantworten, dass wohl sämmtliche Theile des Eies, mit Ausnahme der Kalkschale, sich an dem

Aufbau des Embryo betheiligen, jedoch geschieht das nur beim weissen Dotter, den Elementen, welche den Hahnentritt ausmachen, direct. Die anderen Theile des Eies, besonders der gelbe Dotter, werden nur indirect zum Aufbaue des Thierleibes verwendet, und zwar nur insoferne sie dem Embryo als Nahrung dienen. Wir wollen den sogenannten Hahnentritt später näher betrachten, was wir aber erst zu thun gedenken, wenn wir den Furchungsprocess genauer studirt haben. Diesmal gehen wir zur Beschreibung des Eies der Amphibien über. Das Ei der beschuppten Amphibien stimmt im Ganzen mit jenem der Vögel überein.

Das reife Eichen der nackten Amphibien gleicht bezüglich der einzelnen Theile, welche an ihm unterschieden werden, mehr dem Eichen des Menschen und der Säugethiere. Es ist aber an Grösse und Farbe von demselben wesentlich verschieden. Das Eichen von Rana oder Bufo dient der Beschreibung am besten, da es wohl den Meisten auch bekannt sein dürfte. — Das frisch gelaichte Ei liegt in einer gallertigen Hülle, die entweder in Schnurform die Eichen aneinander hält, oder es liegen die einzelnen Gallertklümpchen, welche jedes ein Ei bergen, nebeneinander im Wasser. — Wird ein Eichen in's Wasser sammt der umgebenden Gallerte geworfen, so liegt es gewöhnlich derart, dass die dunkel gefärbte Hälfte des Eichens nach oben zu liegen kommt, während die hellere graue Partie, als der specifisch schwere Theil, der Sonne abgewendet liegt. An letzterer Hälfte schreitet auch die Entwickelung langsamer vor, als an der oberen Hälfte.

Im Eichen unterscheiden wir einen Dotter und einen Kern (Keimbläschen) in demselben. Auf Durchschnitten des unbefruchteten Eichens sehen wir den Kern, respective das Keimbläschen in den meisten Fällen excentrisch im Dotter gelegen. Der letzte besteht aus einer Menge kleiner Körnchen, die bei mikroskopischer Untersuchung zuweilen von regelmässigen Flächen begrenzt sind, so dass sie von Vielen als Krystalle beschrieben wurden. (Rhombische Tafeln verschiedener Grösse.)

Das Ei der Fische ist grösser als das der Frösche, dasselbe ist klar und durchsichtig. Es ist seinem Baue nach dem Hühnerei ähnlich. Man unterscheidet an demselben in ähnlicher Weise wie beim Hühnerei zweierlei Substanzen. Die eine derselben dient als Grundmaterial zum Aufbaue des Fischleibes, die andere dient während der embryonalen Periode als Nahrungsmaterial. Beide Theile sind in einer Kapsel eingeschlossen, an welcher sich eine Menge von Porencanälchen finden. Das Bildungsmaterial ist auf der Oberfläche des durchsichtigen Eichens als eine hellweisse, weniger durchsichtige, rundliche Partie zu sehen. In ihr findet sich ein Keimbläschen, welches in den meisten Fällen der äusseren Oberfläche näher liegt. Untersucht man mikroskopisch die einzelnen Elemente dieses Theiles eines Fischeies, so trifft man eine Menge von kleinen Körnchen, zwischen welchen zellige Gebilde liegen, die zuweilen mit kleinen Pigmentkörnchen gefüllt sind. An diesen Gebilden war es mir bei *Salmo fario* nicht gelungen, Kerne zu beobachten. Um den Bildungsdotter — so werden wir stets diesen Theil des Eichens nennen — liegen eine Menge von Fetttröpfchen, welche neben einer flüssigen klaren Masse den übrigen Theil des Eichens ausmachen. Eröffnet man ein solches Ei und bringt es in Brunnenwasser, so gerinnt die flüssige Masse zu einem weissen opaken Klumpen. Wird aber die Eihülle vorsichtig abgehoben, so beobachtet man unter derselben eine zweite Hülle, die bis zum Keime (Bildungsdotter) reicht und an ihm endet. An dieser Membran haften viele Fetttröpfchen, die zum guten Theile auch in ihr stecken. Das Ei der Plagiostomen hat, in Bezug auf die einzelnen constituirenden Theile Aehnlichkeit mit jenem des Huhnes, nur ist bezüglich der Form ein auffallender Unterschied vorhanden. Die Eischale ist hart hornig, von 4 eckiger Gestalt. Jeder Winkel des Vierecks läuft in einen langen sich verdünnenden Fortsatz aus, der bis in seinen feinsten Ausläufer hohl bleibt.

Innerhalb dieser Schale ist eine gallertige Masse, die den gelben Dotter mit einem weisslichen runden Felde auf der Oberfläche, das den Keim darstellt (ähnlich dem Hahnentritte beim Hühnerei), umgibt.

Die gallertige Masse ist nicht eiweisshältig. Der gelbe Dotter besteht aus einer Menge kleinerer oder grösserer viereckiger Plättchen und rundlicher zuweilen concentrisch geschichteter Körperchen. Der ganze Dotter ist bei einigen rosafarben, *(Raja quadrimaculata)*, bei manchen gelb oder weiss.

Der weisse Dotter besteht aus einer feinkörnigen Masse, von der ich wohl weiss, dass sie sich in die Tiefe des gelben Dotters erstreckt, allein nicht mit Bestimmtheit angeben, kann, ob wir eine Latebra in der Mitte derselben finden. Die Hülle, welche den gelben und weissen Dotter einschliesst, ist auffällig dünn.

Bei den Fischeiern namentlich den Knochenfischen ist eine Micropyle von Mehreren beschrieben worden *(His)*, die sowohl mit der Lupe als auch auf Durchschnitten erkennbar ist. Der Zugang zur Micropyle zeigt sich kraterförmig, verengt sich gegen den Keim zu allmälig zum sogenannten Micropylencanale.

Die chemische Zusammensetzung der Eikapseln ist wenig gekannt. Nach Prof. Miescher's Angaben, die uns durch His bekannt wurden, bestehen die Eikapseln der Fischeier aus einer unlöslichen Eiweissmodification Schwefel und Phosphor. Der Letztere stammt aus der anhaftenden Dotterrinde.

Ueberdiess ist von Eiern der verschiedenen Wirbelthiere im Allgemeinen noch zu erwähnen, dass die Eischalen, besonders bei jenen Thieren, die hartschalige Eier besitzen, mannigfaltig gestaltet und zusammengesetzt sind.

Somit hätten wir die Eichen in ihrem reifen, unbefruchteten Zustande besprochen, und wir wollen nun dieselben miteinander zu vergleichen suchen.

Es war längere Zeit Gegenstand des Streites unter den Embryologen, ob denn das Ei des Huhnes dem der Säugethiere ähnlich wäre oder nicht. Die einen meinten, dass der weisse Dotter des Hühnereies sammt dem Keimbläschen dem Ei der Säugethiere und des Menschen entspräche (Meckel). Der gelbe Dotter und die Dotterhaut entspreche dem *Corpus luteum* des Menschen- und Säugethiereies. Von Baer war Anfangs der Meinung, dass das ganze Säugethierei nur dem Keimbläschen des Vogeleies gleichkomme. Die anderen Bestandtheile des Vogeleies wären dem Graaf'schen Follikel des Säugethiereies gleich. Ja Meckel suchte sogar um den weissen Dotter eine eigene Membran nachzuweisen, was aber durch die Untersuchungen von Kölliker und Samter entschieden widerlegt wurde. Die Ansicht Meckel's findet in der Entwickelungsweise der Eier ihre Bestätigung. Nach unseren heutigen Untersuchungen müssen wir wohl bei den Wirbelthieren zweierlei Eichen unterscheiden. Die einen bestehen nur aus einer Art von Dotter, welcher zur Bildung des Embryonalleibes verwendet und Bildungsdotter genannt wird, die anderen enthalten nebst dem Bildungsdotter noch einen Nahrungsdotter (Reichert). — Diese

Verschiedenheit in dem Baue der Eichen hängt wesentlich davon ab, ob das Eichen während seiner Entwickelung das Nahrungsmaterial vom Mutterboden bekommt, wie dies beim Menschen und Säugethier der Fall ist, oder ob es bald nach der Befruchtung sich selbst seine Nahrung zu verschaffen im Stande ist wie dies beim Frosche zu beobachten ist. Sollte aber das Ei während der Entwickelung unter andere Bedingungen gesetzt sein, wie dies bei den Vögeln, beschuppten Amphibien und Fischen zu beobachten ist, so ist es nöthig, dass solche Eier auch ihr Nahrungsmaterial mit sich führen, das zuweilen noch bis über die embryonale Periode hinausreicht.

Nach Remak unterscheidet man zweierlei Eier, holoblastische und meroblastische. Zu den ersteren gehören die Eier der Menschen, der Säugethiere und nackten Amphibien, zu den zweiten zählt man die Eier der Vögel, beschuppten Amphibien und Fische.

Unter Holoblasten begreift man jene Eier, wo der ganze Dotter in den Furchungsprocess einbezogen wird, unter Meroblasten versteht man Eier, wo nur der Bildungsdotter gefurcht, der Nahrungsdotter aber in diesen Bildungsprocess nicht miteinbezogen wird.

Entwickelungsdauer.

Die Dauer der embryonalen Periode ist bei den Thieren sehr verschieden, und hängt mit der Beschaffenheit des Eies, seiner Holo- oder Meroblasticität nicht zusammen. Es lässt sich überhaupt schwer über die Dauer der embryonalen Entwickelung ein allgemeines Gesetz aufstellen, da man keinen Anhaltspunkt kennt, welcher für alle Fälle annehmbar wäre. Es wurde von Manchen angegeben, dass die Grösse des Thieres einen Massstab für die Dauer der Entwicklung abgebe, wenn man verschiedene Thierklassen in Betracht zieht. Allein diese Regel leidet an so vielen Ausnahmen, dass sie überhaupt eine Regel zu sein aufhört.

So zum Beispiel braucht eine Maus und ein Huhn ungefähr die gleiche Zeit um vollständig entwickelt zu sein. Ein Pfau macht eine längere Zeit andauernde Entwickelung durch, als eine Ratte. Die Dauer der Entwickelung (Milne Edwards) nachfolgender Thiere sei hier erwähnt:

Vögel:

Fliegenvögel (geradschnäblige Colibris) 12 Tage.

Huhn
Ente } 21 Tage
Perlhuhn
Kalekutische Henne 27 Tage,
Gans 29 Tage,
Pfau 31 Tage,
Storch 42 Tage,
Casuar aus Neuholland 65 Tage.

Säugethiere:

3 Wochen Maus, Indianisches Schwein,
4 „ beim Kaninchen, Hasen, Hamster,
5 „ bei der Ratte, dem Murmelthier, Wiesel (Haus)
6 „ beim Spürhund,
7 „ beim Igel,
8 „ bei der Katze, dem Marder,
9 „ beim Hunde, Fuchse, Luchs, Iltis,
10 „ beim Wolf, Dachs,
14 „ beim Löwen,
17 „ beim Schwein, Biber,
21 „ beim Schaf,
22 „ oder 5 Monate bei der Ziege, Gemse und Gazelle,
24 „ beim Rehe und Lama,
30 „ beim Bären und den kleinen Affenarten,
36—40 Wochen beim Hirschen und Rennthiere,
40 Wochen oder 9 Kalendermonat beim Menschen,
43 „ „ 10 „ „ Pferde, Esel und Zebra,
13 Monate beim Kameele,
18 „ „ Rhinoceros,
Ungefähr 2 Jahre beim Elefanten.

Zweites Capitel.

Die ersten Veränderungen des befruchteten Eies. Schwinden des Keimbläschens. — Furchungsprocess. — Furchung der Säugethiereier. Furchung der Vogeleier. Furchung der Amphibieneier. Rythmus der Furchung. Furchung am Fischeie. — Der Furchungsprocess als parthenogenetischer Vorgang beim unbefruchteten Ei beobachtet.

Die ersten Veränderungen des befruchteten Eies.

Schon kurze Zeit nachdem die Befruchtung des Eichens stattgefunden hat, oder mit anderen Worten nachdem die Samenfäden in's Ei eingedrungen waren, ist der Nachweis für dieses Eindringen zu liefern.

Nach der frühesten Mittheilung von Barry, Newport und Bischoff beobachtet man beim Säugethierei in diesem Falle die einzelnen Samenfäden in der *Zona pellucida;* zum Theile sind dieselben innerhalb der *Zona pellucida* dem Dotter aufliegend zu finden, ja sogar bis ins Innere der Letzteren reichend.

Welches Schicksal die Samenfäden im Eichen erwartet, lässt sich nach den bisherigen Erfahrungen nicht mit Sicherheit darlegen, doch soviel ist festgestellt, dass in späteren Entwickelungsperioden keine mikroskopisch nachweisbare Spur derselben zu finden ist.

Mit dem Nachweise der in's Ei gedrungenen Spermatozoën fällt es auf, dass nun ein Gebilde, welches wir bei den Eichen aller Thierklassen vorfanden, das Keimbläschen, geschwunden ist. Das Fehlen des Keimbläschens wurde als erste Veränderung beschrieben, die man bisher nur am befruchteten Eichen kannte. Allein die neueren Untersuchungen lehren, dass das Keimbläschen auch an unbefruchteten und reifen Eiern schwindet. Man musste sich aber lange Zeit damit begnügen, nur ein Schwinden des Keimbläschens anzunehmen, ohne dass man sich über die Vorgänge Rechenschaft geben konnte, auf welche Weise denn das Keimbläschen aus dem Eie, respective aus dem Bildungsdotter entfernt wird.

Oellacher machte diessbezüglich am Forelleneie Studien, die zu folgenden Resultaten führten.

Kurze Zeit nach der Besamung oder auch an unbesamten Eiern beobachtete Oellacher auf dem Keime ein kleines schleimartiges Gebilde, welches den Keim bedeckt, und auf Durchschnitten durch den letzteren einen von Porenkanälen durchzogenen Saum darstellt. — Auf der Oberfläche des Eichens zeigt sich in einem bestimmten sehr frühen Entwickelungsstadium ein kleines Loch, das zu einer grösseren Höhle innerhalb des Keimes führt. Um das kleine Loch sieht man rings herum einen Saum, welcher die Fortsetzung einer die Höhle auskleidenden Membran ist. In dieser Höhle befand sich ein kugeliger Körper mit faltiger Oberfläche. An Eichen von späteren Stadien sah Oellacher die Grube mehr eröffnet und den kugeligen Körper der Oberfläche des Eies näher gerückt, bis letzterer sich von dem convex gewordenen Keime abgehoben hat, und auf diese Weise aus dem Eie eliminirt wird. Die faltige Membran bleibt dann als eine den Keim bedeckende Schichte ausgebreitet. Die Untersuchungen an jüngeren Eiern, selbst an solchen die noch im Eierstocke waren, lehrten, dass der Körper, der eliminirt wurde, sammt der Membran auf dem Keime, das Keimbläschen darstelle.

Da nun an Eiern von Säugethieren, Vögeln, Reptilien ausserhalb des Keimes ähnliche Körper von früheren Autoren gefunden wurden (v. Baër, Purkinje, Coste, Van Beneden, Bischoff), so ist auch wahrscheinlich, dass bei diesen Eiern ein ähnlicher Vorgang im Eliminiren des Keimbläschens stattfindet. Welche Kräfte in einem Eichen beim Ausstossen des Keimbläschens wirksam sind, lässt sich wohl schwer anführen, doch ist es nicht unwahrscheinlich dass Bewegungen des Keimes die Ursache des Ausstossens des Keimbläschens sind.

Bald darauf nachdem das Keimbläschen geschwunden, manifestiren sich die Bewegungen im Keime in der Weise, dass das beobachtende Auge an dem Ei Vorgänge wahrnimmt, die nur den Eichen allein zukommen und keinen anderen Zellen in dem Maasse eigen sind. Dieser Vorgang besteht, wie Baer und Rusconi richtig behaupteten, in einer Zerklüftung des Zooplasmas, welche am Eie in einem bestimmten, näher zu besprechenden Rhythmus fortschreitet und wird mit dem Namen Furchungsprocess bezeichnet. Man beobachtet diesen Vorgang an den Eiern sämmtlicher Thierclassen und nachdem das Ei in kleinere Theile getheilt worden, führt er zu einer Lagerung der Zellen in bestimmte Schichten, die das Keimlager (die Keimhaut *Blastoderma*) bilden, unter welchem sich gleichzeitig eine Höhle ausgebildet hat die von den Furchungsproducten umgeben ist. Eine anfängliche Zweitheilung des Eies und weiteres Fortschreiten derselben bis zum Vorhandensein einer immensen Zahl von kleinen bildungsfähigen Elementen ist beim Furchungsprocesse zu beobachten. — Es erinnert uns dieser Vorgang gleichsam daran, dass wir aus einer soliden Felsmasse nur dann ein Haus aufbauen können, wenn wir erstere in kleine baufähige Stücke gespalten haben. Diese können wir dann geschichtet, um bestimmte Höhlen und Gänge passend anordnen.

Der Furchungsprocess ward bisher bei den meisten Wirbelthieren studirt, und wir wollen den Rhythmus desselben bei den Eiehen der einzelnen Thierclassen durchnehmen.

Furchungsprocess.

Bei den Säugethieren verdanken wir den unermüdlichen Forschungen von Coste und Bischoff die Kenntniss des Furchungsprocesses. Er geht innerhalb des Eileiters vor sich, und besteht darin, dass der ganze Dotter zunächst in zwei Abschnitte zerfällt. Diese werden abermals jeder in zwei Theile getheilt. Die Theilung setzt sich dann in den neuen Producten fort, so dass wir statt des feinkörnigen Dotters mehrere Stücke haben, die kugelförmig sind und die Furchungskugeln darstellen. An diesen beobachtet man einen Kern und ein körniges Protoplasma. Während des Furchungsprocesses ist die *Zona pellucida* erhalten, in ihr sieht man die Spermatozoën die ins Ei eingedrungen sind. Es sei hier bemerkt, dass Bischoff eine Beobachtung am Säugethierei dieses Stadiums beschreibt, welche bisher noch von keiner Seite Bestätigung fand. — Er beobachtete am befruchteten Eie eine Bewegung des Dotters innerhalb der *Zona pellucida* und will in einem Falle die Bewegung von feinen sich bewegenden Cilien, die er an der Oberfläche des Dotters sah, ableiten.

Von den Vogeleiern ist das Hühnerei in den frühesten Entwickelungsstadien am genauesten untersucht worden. Man sieht an den befruchteten, im Eileiter befindlichen Eiern auf dem runden Keime zuerst einen dunklen Streifen diametral ziehen, der sich tiefer einfurcht und bald von einem zweiten gekreuzt wird. Dadurch zerfällt der Keim anfangs in zwei und dann in vier Stücke. Diese werden dann jedes weiter getheilt, jedoch ist hier zu beachten, dass in der Mitte des befruchteten Keimes die Theilung der einzelnen Stücke des Eies rascher vorschreitet, als am Rande. Dem entsprechend sind in allen Furchungsstadien in der Mitte des Keimes kleinere Furchungsproducte als am Rande zu finden. — Sowohl beim Säugethier als beim Hühnerei findet man die aus der Furchung resultirenden Eistücke um eine Höhle angeordnet, welche schon v. Baer als Furchungshöhle kannte und vom Hühnereie abbildete.

Von den Amphibien sind die Eier der Kröten und Frösche in diesen frühen Stadien am genauesten studiert.

Die Resultate, zu denen wir am Batrachierei gelangt, dienten als Wegweiser allen Forschern, um die frühesten Entwickelungsvorgänge an anderen Thieren studiren zu können. — Wiewol am frischen Eie die dunkle Pigmentirung so manche Schwierigkeiten in der Untersuchung bietet, liefert doch andererseits wieder die Grösse des Eies und die Klarheit, mit der der Furchungsprocess sich zeigt, hinreichend Erleichterung in der Beobachtung.

Kurze Zeit, nachdem das Ei von Bufo oder rana gelaicht wurde, zeigt es sich als runder kugelförmiger Körper, dessen obere Hälfte durch die Pigmentaufhäufung schwarz ist, die untere hingegen hell und nahezu pigmentfrei. Ohngefähr eine oder zwei Stunden nach der Befruchtung, ist am oberen Pole (der der Sonne zugewendeten Eihälfte) eine kleine Furche zu sehen, die nach der einen und der anderen Seite hin sich gleichmässig meridional fortsetzt, bis dieselbe die untere Hälfte des Eichens erreicht hat, ohne dass ein Entgegenkommen der beiden Furchen am unteren Pole stattgehabt hat. Hierauf tritt am oberen Pole eine zweite Furche auf, welche die erste kreuzt. Ihre Arme setzen sich dann an beiden Hälften seitlich meridional bis über die Aequatorialzone des Eies hinaus fort, die sich am unteren Pole, gleich den beiden ersteren nicht vereinigen. Hierauf tritt zwischen den einzelnen Abschnitten des Eichens, welche durch die beschriebenen Furchen gebildet wurden, in der Aequatorialzone je eine kleine Furche auf, die sich mit einander vereinigen und zusammen die erste Aequatorialfurche bilden. Nun confluiren die beiden ersten Furchen am unteren Pole, womit das Ei in acht Stücke zerklüftet ist. Es treten hierauf in der beschriebenen Weise Meridionalfurchen auf, denen abermals eine Aequatorialfurche folgt, welche aber oberhalb der ersteren zu liegen kommt. — Dieser Process

Fig. 4.

Ein Ei von *rana esculenta*, an welchem die Furchung, namentlich die rythmischen Verschiedenheiten zwischen der oberen und unteren Eihälfte verfolgt wurden. (Nach Remak.)

wiederholt sich, bis die obere Hälfte des Eies so weit zerklüftet ist, dass man mit der Lupe äusserlich kleine pflastersteinähnliche Stücke sieht. Hierauf geht der Process auf die untere Eihälfte über, wobei die helle Partie der unteren Eihälfte immer kleiner wird. — Es ist hiebei zu beachten, dass der Furchungsprocess in der oberen Eihälfte rascher vorwärts schreitet, als dies an der unteren zu beobachten ist. Während wir in der oberen Hälfte schon zwei Aequatorialfurchen sehen, ist an der unteren Hälfte noch keine ähnliche zu beobachten und wenn an der oberen Hälfte die Furchung bis zu den Furchungskugeln vorgeschritten war, sind an der unteren Hälfte noch immer grössere Eistücke zu finden. Bald darauf entsteht in der oberen Hälfte eine Höhle, von Baer die Furchungshöhle genannt, die von Furchungskugeln umgeben ist. Die Höhle kann an gehärteten Eiern dieses Stadiums am leichtesten nachgewiesen werden.

Der befruchtete Keim des Fischeies wurde von Rusconi, Vogt, Lereboullet, Reichert, Stricker, Kupfer und Oellacher studirt und beschrieben. Vogt behauptet von den Salmones, dass der Furchungsprocess in ähnlicher Weise vorschreitet wie bei den Eiern der übrigen Wirbelthiere. Dem widersprechen die Untersuchungen Stricker's über die Entwickelung der Bachforelle. Dieser Autor, gestützt auf die Angaben von Kölliker und besonders von Max Schultze, denen zufolge dem Furchungsprocesse Bewegungsphänomene zu Grunde liegen, konnte Contractionserscheinungen am Keime beobachten, die darin bestanden, dass der Keim vom Rande angefangen buckelförmige Fortsätze aussendet, die sich abschnüren sollen und Stücke des gefurchten Fischkeimes darstellen. Es würden in diesem Falle die Elemente des Fischkeimes durch einen, der Knospung ähnlichen Vorgang entstehen. — Demnach deutete dieser Autor die Zerklüftung des Dotters bei den Fischen ganz anders, als wir dies bei den übrigen Wirbelthieren kennen lernten. Zunächst fällt aber die Unregelmässigkeit im Furchungsprocesse auf, die zwar auch bei anderen Wirbelthieren zuweilen zu beobachten ist, doch aber nie in dem Grade auftritt, wie dies von Stricker für die Bachforelle beschrieben wurde. Die Untersuchungen von Oellacher belehrten uns, dass wol die Bewegungserscheinungen am Forellenkeime zu sehen sind, allein dies ist zu einer Zeit am befruchteten Keime zu sehen, die dem Furchungsprocesse vorangeht. Ferner wenn er Durchschnitte durch solche Buckel am Keime machte, sah er dieselben nicht abgeschnürt, sondern mit breiter Basis dem Keime aufsitzend, während er an Furchungsstücken des Keimes stets Einkerbungen fand. die den regelmässig auftretenden Querschnitten der Furchen entsprechen. Weder an frischen noch an gehärteten derartigen Keimen konnte Oellacher eine vollständige Abschnürung eines solchen Buckels sehen.

Der Furchungsprocess, wie er am Forellenkeime einige Stunden nach der Befruchtung zu beobachten ist, ist nach den Schilderungen und naturgetreuen Zeichnungen Oellacher's folgender:

Man beobachtet zuerst eine Furche, die in der Mitte des nach aussen convexen Keimes gegen den Rand desselben nach beiden Seiten zieht. Diese wird durch eine zweite gekreuzt, hierauf sind aus dem Keime vier Stücke entstanden.

Fig. 5.   Fig. 6.

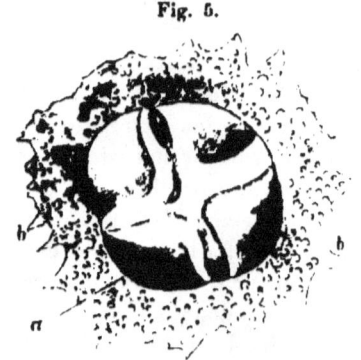
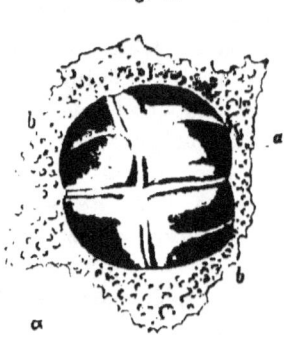

Befruchteter Forellenkeim von der Oberfläche gesehen. Die Keimscheibe a) ist durch zwei Furchen in vier quadratförmige Abschnitte zerlegt. Am Keime hängt die Dotterhaut. (Nach Oellacher).
a) Keimscheibe b) Dotterhaut.

Befruchteter Forellenkeim von oben gesehen vom zweiten Brüttage, mit den beginnenden Parallelfurchen.

Mit einer dieser Furchen treten Parallelfurchen auf, während die andere sich verlängert und tiefer eingreift, dabei aber derart verzerrt wird, dass sie nahezu schwache Einbiegungen nach der einen und anderen Seite zeigt. Die Furchung greift allmälig tiefer in den Keim ein. — Durch das Auftreten von Längsfurchen und das vermehrte Auftreten von Parallelfurchen schreitet die Zerklüftung des Keimes weiter, bis die einzelnen Stücke sich um eine Höhle, die später näher besprochen werden wird, gruppiren. Diese Höhle entspricht der Furchungshöhle der früher beschriebenen Eier. Die Zertheilung des Keimes beim Fischei hat die grösste Aehnlichkeit mit der des Vogeleies. Es geht bei jenem wie bei diesem der Furchungsprocess in der Mitte des Keimes rascher vorwärts, wie am Rande desselben. Man kann mit Rücksicht auf den langsameren Theilungsprocess den Randtheil oder Basaltheil des Keimes mit der unteren Hälfte des Froscheies vergleichen, an welcher der Furchungsprocess ebenfalls langsamer vor sich geht.

Es ward lange Zeit hindurch allgemein der Furchungsprocess als nur dem befruchteten Keime zukommend betrachtet. Allein es wurden von Oellacher parthenogenetische Vorgänge am Hühnereie beobachtet, die sich den Beobachtungen von Bischoff, Vogt und Leukart anreihen lassen. — Sowohl am frischen Keime als auch an Durchschnitten des gehärteten Keimes vom Hühnerei sind rundliche zellige Elemente zu sehen, die als Theilungsproducte aus dem Keime hervorgegangen sind. Werden die unbefruchteten Eier künstlich bebrütet, so tritt eine Vermehrung der Zellen am Rande und eine dabei zunehmende Auflösung derselben in der Mitte des Keimes ein. Die Randzellen sehen den Furchungskugeln befruchteter Eier am Boden der Furchungshöhle sehr ähnlich. Der ganze Keim verfällt jedoch im weiteren Verlaufe der Bebrütung einer regressiven Metamorphose, einer vollständigen Verflüssigung anheim.

Wiewohl wir einige Verschiedenheiten zwischen dem Furchungsprocesse befruchteter und unbefruchteter Eier zugeben, so ist doch im Allgemeinen auszusagen, dass das Hühnerei, gleichviel ob befruchtet oder unbefruchtet, sich während der intrametralen Periode furcht, und wir sehen uns genöthigt, mit Oellacher anzunehmen, dass der Furchungsprocess in der Organisation des Hühnereies begründet ist. Mit diesen Beobachtungen stimmen auch die Angaben Hensen's und Bischoff's am Kaninchenei und jene von Leukart am Froschei überein.

Bei der Lehre des Furchungsprocesses an verschiedenen Wirbelthiereiern ist hingegen zu erwähnen, dass sich wohl ein wesentlicher Unterschied zwischen den Vorgängen am befruchteten und unbefruchteten Ei offenbart. Während wir bei dem letzteren beispielsweise bei fortgesetzter Bebrütung, wie oben erwähnt wurde, eine rückgängige Metamorphose, eine Verflüssigung des Keimes finden, zeigen die ersteren auffällige Vorgänge, deren Ursache noch zu eruiren bleibt. Es sammeln sich die Furchungselemente, nachdem sie ihren ursprünglichen Standort verlassen haben, an einer bestimmten Stelle im Eichen und schichten sich in einzelne concentrische Lagen von Zellen, die das Grundmaterial für die Anlage der einzelnen Organe des Embryo liefern.

Die Art und Weise, wie die Zellen sich zu solchen Schichten anordnen, wird der Gegenstand unserer nächsten Besprechung werden. Bevor wir aber hiezu übergehen, wollen wir noch Einiges über den Furchungsprocess anführen.

Wenn wir ein gefurchtes Ei untersuchen, so sind wir, bei alleiniger Berücksichtigung des Furchungsprocesses, ohne die andern Merkmale der Wirbelthiereier zu beachten, nicht in der Lage, anzugeben, ob wir es mit dem Eichen eines Wirbel- oder wirbellosen Thieres zu thun haben, da der Furchungsprocess allen gemein ist.

Wir sehen die Zerklüftung der Eichen bei allen Thierarten, als den Vorläufer jedweden organischen Bildungsprocesses, der zum Aufbau des Thierleibes führt.

Drittes Capitel.

Geschichte der Keimblätterlehre. Lehre Pander's. v. Baer's Keimblättertheorie. Keimblätterlehre Reichert's, Umhüllungshaut. *Membrana intermedia (stratum intermedium)*. Remak's Keimblättertheorie. Nervenhornblatt. Motorisch-germinatives Blatt. Darmdrüsenblatt. Verwendung des Bildungsmaterials der geschichteten Keimanlage. His' Zweiblätterlehre. Oberes und unteres Keimblatt. Obere und untere Nebenplatte. Das Verhalten dieser Schichten des Keimes. His' Lehre, verglichen mit jener Remak's. Bildung der Keimblätter.

Die Keimblätterlehre.

Wir müssen es als unsere nächste Aufgabe erachten, hier von der Schilderung der weiteren Entwickelungsvorgänge des Eichens abzusehen, und einer der wichtigsten und fundamentalen Lehren der Embryologie uns zuwenden.

Es war bereits den älteren Embryologen durch die Epoche machenden Arbeiten C. Fr. Wolff's bekannt, dass bestimmte Organe nur in einer Lage von Zellen des Embryonalleibes ihre früheste Anlage finden, was Wolff besonders für das Darmsystem zur Geltung brachte, indem er dasselbe aus einer einfachen blätterigen Anlage sich entwickeln liess. Dies war der Ausgangspunkt für Pander, der Wolff's Lehren auch auf die andern Organe anzuwenden vermochte. Er kannte bald zwei Blätter, die er als Ausgangspunkt zum Entwurfe eines Entwickelungsplanes der Thiere benützte. Das obere dieser Blätter bezeichnete er als seröses, das untere als Schleimblatt. Pander liess alle animalen Organe und Gebilde, Nervensystem, Sinnesorgane, Muskeln und Knochen aus dem serösen Blatte hervorgehen. Aus dem Schleimblatte stammen nach ihm das Darmsystem und die sogenannten Darmdrüsen. Zwischen diese zwei Blätter ward er zufolge seiner Untersuchungen genöthigt, ein drittes Blatt einzuschieben, was er aber nicht als Keimblatt, sondern als Gefässblatt betrachtete. Die Lehre in dieser Form stellte die sogenannte Zweiblättertheorie dar, da man seiner zeit das Gefässblatt nicht zur Keimanlage zählte. Die Zweiblättertheorie ward von Baer beibehalten, nur musste Baer dem Gefässblatte noch eine grössere Aufgabe vindiciren, indem er das Gefässblatt an der Bildung der Faserschicht des Darms sich betheiligen liess.

Reichert fasste die Keimblätterlehre in einer andern Weise auf. Er kannte kein Gefässblatt, sondern liess die Gefässe, ähnlich den anderen Gebilden, in einer Keimschicht entstehen. Seine Lehre stellt den Keim als dreiblätterig dar. Auf der Oberfläche des Eies befindet sich eine Zellenreihe, die bei sämmtlichen Thieren auf dem ganzen Keime zu sehen ist. Dieser Zellenlage kommt keine andere Bedeutung zu, als dass sie während der embryonalen Periode existirt, sich aber an dem Aufbaue des Wirbelthieres sonst in keiner Weise betheiligt. Sie wird nach Reichert Umhüllungshaut genannt. Auf die Umhüllungshaut nach innen kommt eine Zellenlage im Keime, die für die Anlage des Nervensystems und der Sinnesorgane dient. Zumeist nach innen am Keime ist eine Zellenlage, die nur zum Epithel des Darmcanals wird. Zwischen beiden letzteren Schichten befindet sich eine dritte, welche die Verbindung zwischen der animalen und vegetativen Sphäre des Embryo vermittelt, und die Anlage für alle übrigen Organe und Gebilde des Embryo führt. In ihr kommen nach Reichert auch die Gefässe zur Entwickelung. Diese Schichte wurde von Reichert *Membrana intermedia* genannt. In neuerer Zeit bezeichnete er sie als *Stratum intermedium*.

Der Lehre von Reichert, welche die Dreiblättertheorie begründet, folgt die von Remak gebrachte Keimblättertheorie, welche auch von drei Keimblättern spricht. Dieser Lehre wollen wir hier bei der Erklärung der einzelnen wahrnehmbaren Veränderungen im Thierleibe folgen. Jedoch sehen wir uns in neuerer Zeit genöthigt, gestützt auf eine Reihe von Untersuchungen und Erfahrungen, einige Aenderungen an der ursprünglichen Lehre von Remak vorzunehmen, deren wir an diesem Orte nur vorläufig erwähnen können, und später darauf näher eingehen werden.

Remak nimmt wie erwähnt drei Schichten an, ein äusseres, ein mittleres und ein inneres Keimblatt. Das äussere bezeichnet er als Nervenhornblatt, das mittlere als motorisch-germinatives Blatt und das innere als Darmdrüsenblatt. Diese Blätter bilden selbstständige Schichten, die auch in ihrer Entwickelung unabhängig von einander entstehen. Eine Umhüllungshaut in dem Sinne, wie sie Reichert beschrieben hat, besteht nach Remak nicht. Nach ihm ist die äusserste oberflächlichste Schicht nicht nur eine während der embryonalen Periode bestehende Schichte, sondern sie bildet die Grundlage für das Nervensystem und die Horngebilde. Insofern wir aber wissen, dass die oberflächlichsten Schüppchen der Epidermis, sobald eine solche ausgebildet ist, regelmässig abgestossen werden, kann es uns auch nicht schwer fallen, anzunehmen, dass vom äusseren Keimblatte eine der Umhüllungshaut ähnliche Aufgabe theilweise erfüllt wird. Damit fehlt uns aber jede Berechtigung, ein eigens hiezu bestehendes Keimblatt anzunehmen, da wir ein solches im Sinne Reichert's nicht nachweisen können, weder in seinem Entstehen, noch in späteren Perioden des Entwickelungslebens. Die Benennung der einzelnen Keimblätter, wie sie Remak aufgestellt hat, gibt uns schon an, welche Organe wir in ihnen während der frühesten Entwickelung zu suchen haben. Im Nervenhornblatte ist die erste Anlage für das centrale und periphere Nervensystem, die Horngebilde, die Linse, das *Stratum pigmentosum chorioideae* und das innere Epithel des Amnion. Das Darmdrüsenblatt liefert, wie Reichert bereits richtig angegeben hat, das Epithel des Darmcanals und der Ausführungsgänge jener Organe, die unter dem Namen der Darmdrüsen, Lunge, Leber, Pancreas etc. zusammengefasst werden, das zwischen diesen beiden liegende motorisch-germinative Blatt, das Grundmaterial für alle übrigen Gebilde des Wirbelthierleibes.

Die Lehre Remak's ward in neuerer Zeit allgemein angenommen, nur His versuchte die Zweiblättertheorie wieder in ihre früheren Rechte einzusetzen. His sagt, im unbebrüteten Hühnerei finden wir nur eine Schichte von Zellen, die er Archiblast oder Neuroblast nennt. Aus diesen wuchern nach abwärts aus spindelförmigen Zellen bestehende Fortsätze, die sich mit einander vereinigen, und unter dem oberen Blatte ein unteres zusammensetzen. Das obere Blatt ist identisch mit dem Nervenhornblatte Remak's, das untere ist mit dem Darmdrüsenblatt Remak's zu vergleichen. Das motorisch-germinative Blatt soll ein Product der beiden ersteren sein. Aus dem oberen bildet sich eine Zellenlage heraus, die obere Nebenplatte genannt, und aus dem unteren bildet sich ebenfalls eine Zellenlage, die von His als untere Nebenplatte bezeichnet wird. Die beiden Nebenplatten liegen zwischen den beiden ersteren Keimblättern. Alle Schichten sind anfangs in der ganzen Ausdehnung des Keimes durch Fortsätze mit einander vereinigt. Später tritt von der Peripherie des Keimes gegen den axialen Theil desselben eine Trennung dieser Schichten ein, nur im axialen Theil ist die Verwachsung längere Zeit zu sehen. Die beiden Nebenplatten von His entsprechen dem mittleren Keimblatte Remak's. Es ist nach dieser Lehre der Keim ursprünglich nur aus zwei Keimblättern bestehend, welche das Substrat für sämmtliche Gebilde des Thierleibes liefern. Eine Entwickelung des mittleren Keimblattes, unabhängig von den beiden anderen, stellt His entschieden in Abrede. Ausser den genannten Schichten beschreibt His eine Gefässschichte, Vasogen-Membran genannt, die am Rande des Keims, vom sogenannten Keimwalle entsteht, und gegen den axialen Theil des Embryo zieht. In neuester Zeit dehnte His seine Lehre auf die Knochenfische aus, wobei er seine früheren Angaben beim Hühnchen nur bestätigt fand. Was die Art der Entwickelung der Keimblätter betrifft, stimmt Dursy mit His überein. Andere Forscher, wie Hensen, Stricker u. m. a. sind Anhänger der Remak'schen Keimblätterlehre.

Es wird nun unsere Aufgabe sein, die Eichen verschiedener Wirbelthiere in ihren frühesten Entwickelungsstadien zu verfolgen, und jene Untersuchungen und Lehren anzuführen, mit deren Hilfe dargethan wird, dass die Keimblätterlehre im Sinne Remak's als diejenige zu bezeichnen ist, welche beim Studium über den Aufbau des Thierleibes nach jeder Richtung ausreichend ist. Wir müssen nun das gefurchte Ei, wie wir es oben verlassen haben, wo die einzelnen Furchungskugeln um eine Höhle (die Furchungshöhle) gelagert sind, wieder aufnehmen. Dabei werden wir auch in der Lage sein, zu zeigen, dass die Keimblätter aus der zerklüfteten Eimasse entstehen, und dass das mittlere Keimblatt nicht wie His angegeben, aus seinem oberen und unteren Keimblatt entsteht, sondern sich unabhängig von diesen beiden bildet.

Wir sollten hier, um der gewählten Reihenfolge zu entsprechen, mit dem Eie des Menschen und der Säugethiere beginnen.

Doch bleiben uns diese Entwickelungsstadien bei den Genannten für jetzt gänzlich im Dunkeln, da man bisher die Keimblätterbildung wegen der unüberwindbaren Schwierigkeiten in der Untersuchung der Eichen des Menschen und der Säugethiere nicht auf Durchschnitten beobachten konnte.

Als Ausgangspunkt wählen wir das Ei der Batrachier, an welchem die Verhältnisse klar vorliegen, und wir verdanken es den Untersuchungen Stricker's, dass wir die Lehre über die Keimblätterbildung in ihrer Vollendung vor uns haben.

Viertes Capitel.

Batrachierei in den ersten Tagen der Furchung. Furchungshöhle. Decke und Boden derselben. Ecker'scher Pfropf. Bildung der Darmhöhle. Bildung des äussern Keimblattes. Centrale Dottermasse Reichert's. Drüsenkeim Remak's. Bildung des mittleren Keimblattes. Erklärung einiger Durchschnitte durch das Batrachierei nach Stricker. Keimblätterbildung am Hühnerei. Keimwall. Bildung des mittleren Keimblattes. Elemente am Boden der Furchungshöhle. Keimblattbildung bei den Knochenfischen. Anlage des Fischembryo an der Peripherie des Keimes. Aeusserlich bemerkbare Veränderung an den Wirbelthierembryonen in den ersten Stadien der Entwickelung. Bläschenförmiger Zustand der Säugethiereier.

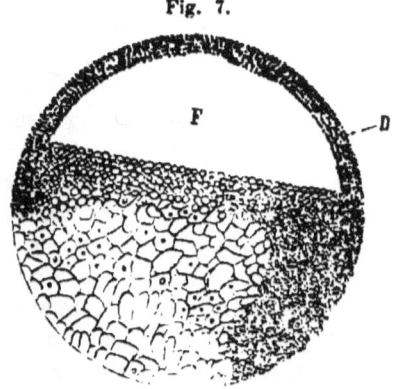

Fig. 7.

Durchschnitt durch das Ei von Bufo cinereus. Nach Stricker. F Furchungshöhle Baer's, D Decken der Furchungshöhle.

Das Ei der Batrachier im Zustande der Furchung zeigt an seiner unteren Hälfte, ungefähr am zweiten bis dritten Tage nach der Befruchtung, ein rundes scharf begrenztes Feld, welches schon Rusconi bekannt war. Schneidet man ein solches Ei derart entzwei, dass man das weisse Feld aequatorial durchschneidet, so beobachtet man in dessen oberer Hälfte die Furchungshöhle (F), welche von einem Boden und einer Decke (D) der Furchungshöhle begrenzt ist. Bereitet man aus solchen Eichen mikroskopisch feine Schnitte, Fig. 7, so kann man sehen, dass die Elemente, welche die Decke (D) der Furchungshöhle bilden, in ihrer Entwickelung gegenüber jenen bedeutend vorgeschritten sind, die den Boden der Furchungshöhle ausmachen, und denen, die unter dem Boden der Furchungshöhle die übrige Eimasse bilden. Die Zellen der Decke sind die kleinsten. Sie sind rundlich und zeigen zahlreiche hellglänzende Körnchen rings um einen centralen hellen Kern. Die hellglänzenden Körnchen im Protoplasma stammen aus den veränderten Dotterplättchen. Die kleinen Zellen der Decke der Furchungshöhle setzen sich über die Circumferenz des Eies bis an die Elemente des weissen Feldes am unteren Pole des Eies fort. Alsbald ist an der Grenze des weissen Feldes (Pfropf von Ecker), am unteren Eipole, eine Furche zu sehen, die dadurch zu Stande kommt, dass die kleineren weiter entwickelten Zellen in der Circumferenz des Eies sich von den grösseren, die die Hauptmasse des Ecker'schen Pfropfes ausmachen, lostrennen. Der Spalt am unteren Eipole ist nicht im Sinne Remak's aufzufassen, als ob die Elemente des Pfropfes in die Eimasse aufgenommen würden und von aussen eine Einstülpung stattfände, welche als Darmhöhle sich an die präformirten Keimblätter im Ei anlege. Die kleineren Elemente, welche die Decke der Furchungshöhle bilden, stellen die Elemente des äusseren Keimblattes dar. Wir sehen sie aus mehreren Zellenreihen bestehend, die sich später in zwei Zellenschichten sondern. Diese Sonderung entspricht der Aufgabe des äusseren Keimblattes. Die äussere einzellige Reihe (Reichert's Umhüllungshaut), deren Elemente pigmenthaltig sind, ist als Grundlage für die Horngebilde, die tiefere mehrzellige als Grundlage für die Nervengebilde anzusehen (Stricker). Wir werden im Verlaufe der Entwickelung der Wirbelthiere noch bei allen anderen Thierclassen und beim Menschen sehen, dass das äussere Keimblatt sich in zwei Schichten trennt, deren oberflächliche das Bildungssubstrat für die Epidermis gibt. Aber bei den Batrachiern und bei den Fischen tritt die Spaltung schon in den frühesten Stadien auf. Wenn wir vergleichend die verschiedenen Thierreihen diesbezüglich durchnehmen, so fällt es auf, dass bei den Amnioten (Haeckel) die Sonderung des äusseren Keimblattes in zwei Schichten verhältnissmässig spät auftritt, während dies bei den Anamnien in der Regel in den ersten Entwickelungsstadien schon in der Anlage des äusseren Keimblattes der Fall ist.

Nun tritt im vorgerückteren Stadium eine Aenderung in der Gruppirung der Elemente auf, und zwar trifft sie die Zellen, welche als Zerklüftungsstücke, die Dottermasse, unter dem Boden der Furchungshöhle (centrale Dottermasse Reichert's, Drüsenkeim Remak's) liegt. Die Elemente werden kleiner bei allmäligem Schwinden des weissen Feldes. Wenn nun am Boden der Furchungshöhle die Elemente so klein wurden, dass sie in ihren Dimensionen den Elementen des äusseren Keimblattes gleichen, so verlassen sie ihren Standort und wandern an die Decke der Furchungshöhle hinan, wo sie sich an das präformirte äussere Keimblatt anlegen, und das mittlere Keimblatt bilden. Mit diesem Vorgange wird der Spalt grösser, breitet sich höhlenartig im Ei aus, und verdrängt die ursprünglich vorhandene Furchungshöhle. Diese neue Höhle im Ei stellt den Darmcanal dar. Um diese Vorgänge näher kennen zu lernen, wollen wir an die Schilderung einiger Präparate aus diesen Stadien gehen.

Die Durchschnitte durch Eichen von *Bufo cinereus* (Fig. 8, 9, 10) liefern uns Bilder, die das oben Gesagte über die Keimblätterbildung bestätigen. Man sieht in Fig. 8 den Spalt N bis in die Eihöhle reichen. Die Elemente, welche diese Höhle auskleiden, sowohl nach der Seite des Pfropfes P, als auch an den verkleinerten Elementen, stellen eine einzellige Reihe dar und machen das Darmdrüsenblatt Remak's aus. Nach der Seite der Furchungshöhle F ist der Spalt von der letzteren nur durch die einzellige Lage des inneren Keimblattes getrennt. Zwischen dem Darmdrüsenblatte und dem äusseren Keimblatte, der früheren Decke der Furchungshöhle D liegen die Gebilde, welche das mittlere Keimblatt bilden, die dem Boden der Furchungshöhle entstammen, und sich an die Decke der Furchungshöhle anlegen. Fig. 9 stellt ein vorgerückteres Stadium dar, in welchem die Darmhöhle N auf Kosten der Furchungshöhle F bedeutend vergrössert ist, der Pfropf P ist auffällig kleiner. In Fig. 10 ist der Process nahezu beendigt. Man beobachtet nun eine kleinere Furchungshöhle (F) und

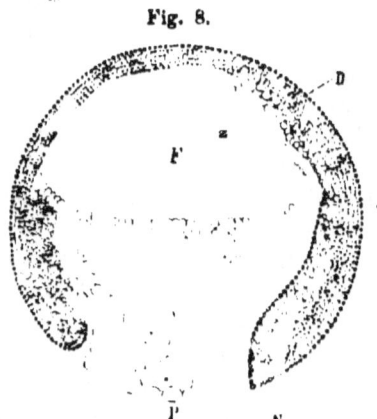

Fig. 8.

D Decke der Furchungshöhle. F Furchungshöhle. N Die Nahrungshöhle, welche in jüngeren Stadien spaltförmig anfängt, und hier weiter ausgebildet ist. P das weisse Feld am unteren Eipole oder der Pfropf von Ecker. Z Die an die Decke heranstrebenden Zellen (nach Stricker).

eine grössere Darmhöhle *(N)*, welche letztere die erstere nahezu vollständig verdrängt hat. Man sieht nun die drei Keimblätter in

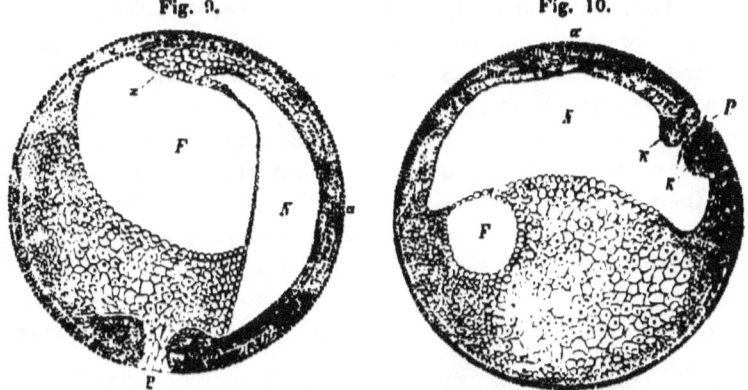

Fig. 9.   Fig. 10.

Nach Stricker. *F* Furchungshöhle. *N* Nahrungshöhle. *P* Pfropf. *K K* der in der Mitte vertiefte Knopf. *Z* die an die Decke hinaustrebenden Zellen. *a* äusseres Keimblatt.

Schichten gesondert neben einander liegen, von denen das äusserste, die Decke unserer früheren Furchungshöhle, an einer Stelle (*a*) verdickt ist. Die beiden anderen breiten sich über den ganzen embryonalen Darmcanal aus. Das Ei im Wasser in diesem Entwickelungsstadium muss sich nun (Stricker) gedreht haben, so dass der früher seitlich gelegene Theil des Embryo nach oben zu liegen kommt, da die Eihälfte, in welcher der Darm liegt, als der specifisch leichtere Theil nach oben zu liegen kommen muss.

Soweit die Untersuchungen, wie sie an Batrachiereiern vorgenommen wurden, und jedesmal übereinstimmende Resultate geliefert haben. Peremeschko stellte sich die Aufgabe, die Bildung der Keimblätter beim Huhne zu erforschen. In Uebereinstimmung mit Remak wird von Peremeschko angegeben, dass die Keimhaut des befruchteten unbebrüteten Eies (Fig. 11) aus zwei übereinander

Fig. 11.

Stellt einen Querschnitt durch die Keimhaut des befruchteten unbebrüteten Hühnereies dar. *o* Oberes (äusseres), *u* unteres (inneres) Keimblatt (nach Peremeschko).

geschichteten Zellenlagen (*u*, *o*) besteht, die über einer kleinen spaltförmigen Höhle gelagert sind. Die beiden Schichten sind im peripheren Theile der Keimhaut verschmolzen, gleichsam als würden sie an dieser Stelle nur eine grobkörnige Masse bilden. Die Dicke dieser Schichten, welche in der Mitte des Keimes deutlich getrennt sind, ist an verschiedenen Stellen verschieden, bald ist die eine, bald die andere dicker. An Durchschnitten sind die Elemente derart angeordnet, dass man beide Schichten als gesondert beobachten kann.

Der Boden der Höhle wird von einer Schichte grobkörniger Masse oder von grösseren Formelementen gebildet, die sich in einem rings um den Keim befindlichen Wall, den Keimwall von His fortsetzt. In den ersten Bebrütungsstunden wird die Höhle unter dem Keime grösser, die Elemente der Keimhaut werden grösser, und die letztere nimmt an Ausdehnung zu. Die beiden Schichten (Fig. 12), welche den Keim zusammensetzen,

Fig. 12.

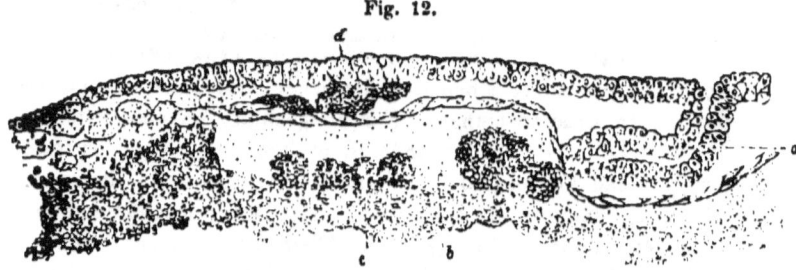

Querschnitt durch die Keimhaut eines befruchteten und 17 Stunden bebrüteten Hühnereies. *o* oberes, *b* unteres Keimblatt, *e* Dotterhöhle mit den in ihr befindlichen Bildungselementen des mittleren Keimblattes, *d* dieselben (ähnliche) Elemente zwischen dem oberen und unteren Blatte.

sind in ihrer ganzen Ausdehnung deutlich von einander getrennt, die untere ist rings herum am peripheren Theil mächtiger als im Centrum. Die Elemente der unteren Schichte *(b)* zeigen sich auf dem Durchschnitte nur in einer Reihe spindelförmig mit einem deutlichen Kern, ihre Längsachse liegt parallel mit dem Keime. Die Elemente der oberen Schichte *(o)* werden in verticaler Richtung zum Keime grösser mit deutlichem Kerne. Wenn man die Keimhaut in diesem Stadium in toto beobachtet, so unterscheidet man an ihr zwei gesonderte Partien, eine centrale und eine periphere. Die erstere ist der Fruchthof, die letztere, welche durchsichtiger ist, bildet den Gefässhof des Keimes. Die obere Schichte breitet sich über den Frucht- und Gefässhof aus, die untere setzt sich nur bis an die Grenze des Fruchthofes fort (bildet die Begrenzung der Keimhöhle), und geht in den Keimwall über. Im oberen Blatte sehen wir überdies in der Mitte des Keimes in späteren

Stadien eine längliche verdickte Stelle, auf welche wir bei der Anlage des Centralnervensystems zu sprechen kommen.

Nun findet man in späteren Stadien der Entwickelung, ungefähr in der siebenzehnten Stunde der Bebrütung (Fig. 12), zwischen den eben angeführten Schichten des Keimes grössere kugelförmige Gebilde, *(d)* mit einem körnigen Inhalte, welche ähnlich jenen Zellen sind, die wir aus der grobkörnigen Masse im Boden der Höhle *(c)* zu gleicher Zeit hervorgegangen antreffen, und die sich auch seitlich von der unteren Keimschichte vorfinden. Nachdem man auf Durchschnitten vom Keime des Hühnereies keine Bilder erlangt, die nur irgendwie anzunehmen gestatten, dass das mittlere Keimblatt, oder besser die ersten Gebilde zwischen den beiden ersten Schichten im Keime vom oberen oder unteren Blatte oder von beiden zugleich, durch Ablösung nach Vermehrung ihrer Elemente sich bilden, so sieht man sich anzunehmen genöthigt, dass die Elemente am Boden der Höhle sich vermehren, und zwischen die beiden vorhandenen Schichten in der ganzen Peripherie des Keimes sich vorschieben, und daselbst das Material für das mittlere Keimblatt liefern. Mit dem Vorschieben der Elemente wird die Höhle unter dem Keime grösser, was wahrscheinlich damit zusammenhängt, dass die Elemente, welche aus der grobkörnigen Masse am Boden der Höhle hervorgegangen, die Höhle verlassen haben.

Allmälig werden die vorgeschobenen Elemente des mittleren Keimblattes kleiner und bilden eine continuirliche Masse, die im axialen Theile des Embryo mit der erwähnten Verdickung im äusseren Keimblatte verwächst. An allen andern Stellen ist sie auf dem Durchschnitte deutlich isolirt.

Aus dem Angeführten ist zu ersehen, dass die Elemente des mittleren Keimblattes beim Hühnerembryo ihrer Entwickelung zufolge als selbstständige anatomische Gebilde aufzufassen sind.

Die Elemente am Boden der Furchungshöhle wurden von Peremeschko auf dem heizbaren Objecttische auf ihre Lebensfähigkeit geprüft. Bei einer Temperatur von 32—34° C. zeigten dieselben lebhafte Formveränderungen. Diese Formveränderungen sind sowohl am bebrüteten wie auch am unbebrüteten Ei zu sehen. Hingegen zeigen die Elemente des weissen oder gelben Dotters keine Bewegungserscheinungen.

An diese Untersuchungen von Peremeschko reihen sich die Mittheilungen Rieneck's und Oellacher's über die Keimblätterbildung im Ei der Forellen. Der gefurchte Keim des Forelleneies ist in der Mitte dicker geworden, und ruht in einer tellerförmigen Grube des Nahrungsdotters. Die einzelnen Elemente sind bedeutend kleiner und haben sich in zwei Zellenschichten angeordnet. Beide Schichten stellen das äussere Keimblatt dar. Die oberste, oder besser gesagt, die äusserste (Reichert's Umhüllungshaut), fassen wir, ähnlich den bekannten Verhältnissen bei den Batrachiern, als äussere einzellige Schichte des Nervenhornblattes auf, während die tiefere als Nervenblatt anzusehen ist. Die beiden Schichten bilden die Decke einer Höhle, deren Boden aus Furchungselementen zusammengesetzt ist. Nun nimmt der Keim in seiner Peripherie an Ausdehnung zu, so dass er über die tellerförmige Grube hinausreicht, zugleich ist die Höhle unter dem Keime grösser geworden, indem sich der letztere mehr von seiner Unterlage abgehoben hat.

Bei den Fischen ist die erste Anlage des Embryo nicht wie bei den Vögeln in der Mitte der Keimanlage zu suchen, sondern in der Peripherie derselben, als ein kleines zapfenförmiges Gebilde. Oellacher unterscheidet nach der Form des Embryo mehrere Stadien an sich entwickelnden Forelleneiern. Das Stadium des runden, querovalen, birnförmigen, lanzettförmigen etc. Embryonalschildes.

Beistehende Fig. 13 gibt die Ansicht eines Forelleneies mit querovalem Embryonalschilde.

Der Keim ist an der Stelle, wo er im Dotter an der Peripherie aufliegt, dicker als in der Mitte, wo er über einer Höhle ausgebreitet ist. In diesem centralen Theile sieht man den Keim immer nur aus zwei Zellenlagen bestehend, die zusammen dem Remakschen Nervenhornblatte entsprechen. Das zweischichtige Nervenhornblatt kann man bis an die Peripherie verfolgen, nur findet man jetzt unter

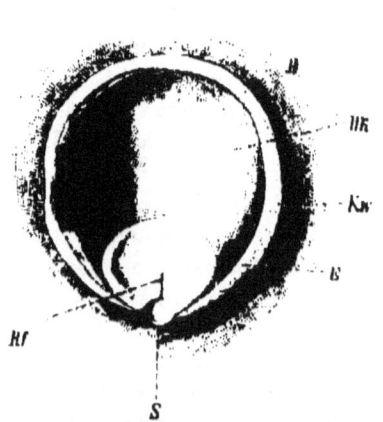

Fig. 13.

Flächenansicht des Forellenkeimes von 20 Tagen. Stadium des querovalen Embryonalschildes. *D* Dottermasse. *Dk* Decke der Keimhöhle. *Kw* Keimwulst. *E* Embryonalanlage, Embryoschild. *Rf* Embryonalanlage des Nervensystems. *S* Schwanzknospe. (Nach Oellacher.)

diesen Schichten eine Lage von grösseren Formelementen, deren Continuität gleichfalls bis gegen das Centrum verfolgt werden kann. Nur verläuft diese Continuität über die auf dem Boden der Furchungshöhle befindlichen grösseren Formelemente. Man sieht nach Rieneck den Keim da, wo er in der Peripherie dem Dotter aufliegt, in zwei Strahlen auslaufen, deren oberer die centrale Decke der Dotterhöhle, deren unterer die eben erwähnten grossen Formelemente sind. Nun finden wir den Embryo wie erwähnt in der Peripherie des Keimes, an einer Stelle der peripheren Verdickung desselben. An dieser Stelle finden wir unter dem Nervenhornblatte Remak's zwei Zellenreihen, die aus grösseren Elementen bestehen, als das äussere Keimblatt. Die obere dieser Zellenschichten entspricht dem Remak'schen mittleren Keimblatte, die untere, welche nur aus einer Reihe von Zellen besteht, entspricht dem Remak'schen Darmdrüsenblatte. Die beiden unteren Schichten sind nur in der Peripherie an der Stelle, wo sich der Embryo entwickelt, anzutreffen, und sind jüngeren Ursprungs als das äussere Keimblatt. Man kann als Bildungsstätte für dieselben nur die früher vorhandenen grösseren Elemente am Boden der Furchungshöhle ansprechen, von wo sie bis zur Stätte der Embryonalanlage gelangten, und wo sie zur Grundlage für die Organe, deren Anlage im motorisch-germinativen Keimblatte und Darmdrüsenblatte zu suchen ist, dienten.

Aeusserlich wahrnehmbare Merkmale der Wirbelthierembryonen in den ersten Stadien der Entwickelung.

Die Eichen der Wirbelthiere mit ihren zu Keimblättern angeordneten Elementen lassen äusserlich mit freiem Auge oder mit Hilfe einer Lupe gewisse charakteristische Merkmale erkennen, deren wir erwähnen wollen, bevor wir an die Beschreibung der weiteren Veränderungen in der Keimanlage gehen. So sieht man, wie bereits erwähnt, bei den Fischen den Keim über die tellerförmige Grube des Nahrungsdotters hinausreichen. Die Elemente des Keimes decken den Nahrungsdotter derart, dass sie ihn bald umwuchert haben, nur an einer umschriebenen Stelle sieht man denselben in Form eines grösseren oder kleineren Kreises an in Chromsäure gehärteten Embryonen von der helleren Keimmasse abgegrenzt. An der Peripherie des Keimes ist die Anlage des

Embryonalleibes als zapfenförmiges Gebilde zu sehen. An diesem sind keine äusserlich wahrnehmbaren Veränderungen vorhanden, nur wird von einigen Autoren eine Andeutung der Rückenfurche angegeben.

Das Batrachierei ist an seiner ganzen Oberfläche mit Pigment bedeckt, welches in den äussersten Zellen des Embryo massenhafter vorhanden ist, als in den tieferen benachbarten Schichten der Keimanlage. Der sogenannte Pfropf von Ecker ist so klein geworden, dass man ihn nur mit Mühe finden kann, wobei er sich als kleines, nahezu punktförmiges Gebilde präsentirt. Das ganze Ei beginnt bald darauf die Kugelform zu verlieren, und tauscht dieselbe gegen eine längliche um, indem die Längsachse des Embryo mit der Längsachse des später ausgebildeten Rückenmarkes zusammenfällt.

Am Hühnerei unterscheidet man am Ende des ersten Tages zwei gesonderte Höfe, den Fruchthof und den Gefässhof. Der erstere ist hell, in seiner Mitte eine Andeutung eines länglichen Streifens, welcher die Anlage des Embryo darstellt. Dieser Streifen wird allgemein der Primitivstreifen genannt. Der Gefässhof ist trüber, von der grösseren Menge der Gefässräume, welche in demselben zu finden sind. — Der Fruchthof wird auch als heller Hof, und der Gefässhof als dunkler Hof bezeichnet. — Beide Höfe sind scharf von einander getrennt, und nehmen sehr rasch an Ausdehnung zu. Von einer Färbung der Elemente mit Haemoglobin in den Bluträumen, die den rothen Blutkörperchen eigen ist, kann man noch nichts wahrnehmen. Bei auffallendem Lichte beobachtet man, dass die Höhle unter der Keimanlage (die Darmhöhle) grösser geworden. Auf ihr ruht der Embryo flach ausgebreitet auf.

Von den Säugethiereiern ist das Hundeei und Kaninchenei genauer untersucht worden. Das Eichen hat seine Maulbeerform, welche es während der Furchung zeigte, verloren. Die einzelnen Elemente, welche dasselbe zusammensetzten, sind bedeutend kleiner geworden.

Die Beschreibungen der Eichen im Uterus aus dieser frühen Periode gaben sehr oft zu Zweifeln Veranlassung, da man nicht leicht von allen Gebilden, welche manche Autoren vor sich hatten, ohne Weiteres aussagen konnte, dass sie überhaupt Eichen gewesen wären. Baer, Bischoff und Coste liefern hierüber Vertrauen erweckende Angaben, denen wir hier folgen wollen.

Die frühesten Eier, die v. Baer im Uterus einer Hündin fand, waren kaum $1/3$ Linie gross und nicht vollkommen durchsichtig. Sie besassen in's Wasser gebracht zwei Hüllen. An der inneren war an einer Stelle ein unregelmässiger Zellenhaufen bemerkbar. Die älteren Eier waren elliptisch, durchsichtig, und liessen ebenfalls zwei Hüllen unterscheiden. An der inneren Hülle war der eben erwähnte Zellenhaufen mit freiem Auge bemerkbar. Die äussere dieser Hüllen nannte Baer *Membrana corticalis* oder *Chorion*, die innere bezeichnete er als *Membrana vitellina*. Der dunkle Fleck ward als Blastoderma, Keimhaut, bezeichnet. Später ist an der Stelle, wo sich der Embryo findet, eine deutliche Sonderung in zwei ungleiche Theile, in einen kleineren mittleren (Fruchthof) und einen grösseren umgebenden (Gefässhof) bemerkbar. Der erstere birgt die Embryonalanlage.

Bischoff's Angaben über das Kaninchenei, die allgemein verbreitet sind, können als die ausführlichsten, die uns bisher vorliegen, gelten. Nach diesen ist die *Zona pellucida* der Eichen am Ende des Eileiters angeschwollen und von einer Eiweissschichte umgeben. Hat das Eichen die Grösse von $1/2-1$ Linie erreicht, dann verschwindet der sichtbare Contour zwischen Eiweissschicht und *Zona pellucida*. Diese beiden Schichten sind ausserdem dünner geworden.

Bringt man ein solches frisch aus dem Uterus genommenes Kaninchenei in irgend eine Flüssigkeit (Wasser), so unterscheidet man an demselben wie beim Hundeeichen zwei concentrische Membranen, die innere zeigt deutlich eine Zusammensetzung aus Zellen. Die äussere Schichte scheint nach Bischoff eine Vereinigung der Eiweissschichte und der *Zona pellucida* zu sein.

An der inneren Schichte ist an einer umschriebenen Stelle ein heller weisser Fleck zu sehen, welcher von Baer und Burdach der Keimhügel, von Coste *tache embryonaire* genannt wird. Bischoff bezeichnet diesen Fleck als den Fruchthof, der in diesem Stadium noch rund ist. Auf der Oberfläche des ganzen Eichens werden, ungefähr wenn dasselbe 2 Linien lang wurde (den siebenten Tag), kleine Erhabenheiten sichtbar, welche als Zöttchen aufgefasst und mit dem Namen *Chorion primitivum* bezeichnet werden. Welche Bedeutung diesen so früh in der Entwickelung auftretenden Zöttchen beizulegen wäre, ist uns vorläufig unbekannt.

Die Zeitdauer des bläschenförmigen Zustandes ist bei den verschiedenen Säugethiereiern nach Reichert verschieden.

Beim Kaninchen	4	Tage
„ Meerschweinchen	3½	„
„ Menschen	10—12	„
Bei der Katze	7	„
„ den Hunden	11	„
Beim Fuchs (Bischoff)	14	„
„ Wiederkäuer u. Pachydermen	10—12	„
„ Reh	2	Monate.

In der ersten Hälfte dieser Zeit wird das Eichen in der Uterinhöhle fixirt. Anfangs nimmt das Ei als Nahrungsmaterial höchst wahrscheinlich das Secret der Uterinhöhle auf, welches bei einigen Thieren nicht unbeträchtlich ist. Dieses führt den Namen der Uterinmilch.

Nach Reichert's neuesten Untersuchungen liegt der Embryonalfleck beim Menschen in der Regel gegen die Rückenwand des Uterus gerichtet. Bei den übrigen Säugethieren soll der Embryonalfleck seine Lage an einer Stelle haben, die dem Gekrösrande des Fruchtbälters zugewendet ist.

Fünftes Capitel.

Die axiale Verdickung im Keime. Bildung des Central-Nervensystems. Die Elemente des Central-Nervensystems und deren Umbildung. Gehirnblasen. Augenblasen. Die äussere Schichte der Augenblase wird zum *stratum pigmentosum chorioideae*. Augenspalte. Bildung des *Nervus opticus*. Die innere Schichte der Augenblase wird zur Retina. Anlage des Pecten und *Processus falciformis* im Auge. Pigment der Iris. Anlagen im peripheren Theile des äusseren Keimblattes. Bildung der Linse. Anlage des Labyrinths. Anlage des Geruchsorganes. Anlage der Horngebilde.

Organanlagen in den Keimblättern.

Wir folgen nun den Veränderungen, die wir an den Eichen der verschiedenen Wirbelthiere wahrnehmen, von dem Zeitpunkte, in welchem die einzelnen Keimblätter angelegt sind, bis zur vollendeten Anlage der einzelnen Organe in denselben. Allerdings sollten wir hier zur Eintheilung verschiedene Abschnitte in der Entwickelung annehmen, wie sie von Remak oder His zur Beschreibung der Entwickelungsvorgänge benützt worden. Allein es lassen sich die einzelnen Abschnitte nicht so streng von einander sondern und zuweilen schreiten einzelne Organe bei einem Thiere rascher in der Entwicklung vorwärts als bei anderen von derselben Species. Die Zeitabschnitte nach Tagen sind ebenso wenig verwendbar, da man an Eiern von einem und demselben Thiere die zugleich der Bebrütung ausgesetzt wurden, zu einer und derselben Zeit verschieden stark entwickelte Embryonen zur Ansicht bekommen kann.

Daher werden wir die Anlagen in den einzelnen Keimblättern besprechen, und von den verschiedenen Thieren die Zeit ungefähr bestimmen.

Aeusseres Keimblatt.

Im äusseren Keimblatte Remak's finden wir bei allen Wirbelthieren an einer umschriebenen Stelle, im axialen Theile der Embryonalanlage, eine Verdickung.

Fig. 14.

Querschnitt durch den Embryo eines Huhnes am Anfange des zweiten Tages. Schwanztheil. R Rückenfurche. h Nervenhornblatt in der Mitte verdickt und mit dem M mittleren Keimblatte verwachsen. D Darm-Drüsenblatt. Die Kugeln unter dem Darmdrüsenblatte sind anhängende Gebilde des gelben Dotters.

Diese Verdickung ist beim Säugethier- und Hühnerembryo in der Längsachse des Fruchthofes im Primitivstreifen gelegen, beim Froschei und beim Eie der Kröten liegt sie in der Längsachse des elliptisch gewordenen Eies. Am Fischei ist die Verdickung an der obersten Partie des in der Peripherie des Keimes ausgebildeten querovalen Embryonalschildes gelegen. Beim Säugethier-, Hühner- und Froschembryo wird die Verdickung an beiden Seiten, der Länge nach, in Form von zwei Wülsten hervorragend, die eine Furche zwischen sich fassen, welche (mit der Oeffnung) nach aussen gerichtet ist. Die Furche wird Primitivrinne oder Rückenfurche genannt. Die beiden Wülste bezeichnet man mit dem Namen der Rückenwülste. Die Rückenwülste stellen die Anlage des Centralnervensystems dar, und die Rückenfurche ist der noch nicht abgeschlossene Centralcanal des Centralnervensystems.

Die beiden Rückenwülste gehen am vordersten und hintersten Theile (Fig. 15.) des Embryo, am sogenannten Kopf- und Schwanzende desselben, als Schenkel eines mehr stumpfen Winkels auf dem Durchschnitte auseinander, während sie in der Mitte des Embryo einen stark spitzen Winkel bilden.

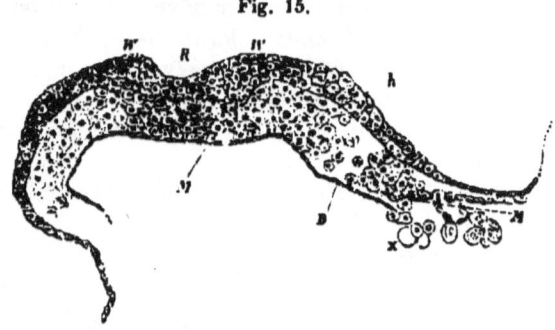

Fig. 15.

Durchschnitt durch die Mitte der Keimanlage eines 22 Stunden alten Hühnerembryo. *R* Rückenfurche mit beginnenden Wülsten *W*. *h* Aeusseren *M* mittleres und *D* inneres Keimblatt. *x* Grenze des inneren Keimblattes.

Die Verdickung des äusseren Keimblattes an der Stelle des künftigen Rückenmarkes beruht auf einer localen Vermehrung

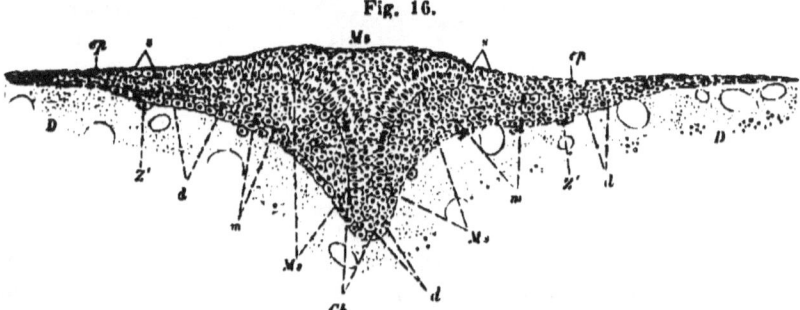

Fig. 16.

Querschnitt durch den lanzenspitzförmigen Embryo vor der Mitte des Rumpfes einer Forelle. Nach Oellacher.) *Ms* Medullarstrang (Centralnervensystem). *ep* Hornblatt und *s* Nervenblatt des äusseren Keimblattes. *D* Dottermasse. *d* Darmdrüsenblatt. *m* Mittleres Keimblatt. *ch* Chorda dorsalis.

der Elemente in demselben, die höchst wahrscheinlich durch den Theilungsprocess zu Stande kommt.

Bei den Fischen *(Salmo fario)* ist auffälliger Weise die Anlage des Centralnervensystems verschieden von der anderer Wirbelthiere. Hier findet man nach den Untersuchungen von Schapringer, dass man überhaupt nie eine Rückenfurche auf dem Querschnitte (Fig. 16) sieht, sondern die Verdickung bleibt als ein cylindrischer Strang in der Längsachse des Embryo. Der

Centralcanal des Centralnervensystems entsteht dann als Dehiscenz der Zellen, welche das Centralnervensystem des Embryo bilden.

Wir sind nun an ein Stadium in der Entwickelung des Embryo angelangt, in welchem man schon in der Anlage des Nervensystems einen charakteristischen Unterschied zwischen einem Wirbelthiere und einem Wirbellosen herausfindet. Man kann hier bereits bemerken, dass das Wirbelthier in seinem Organisationsplane entschieden von dem der niederen Thiere abweicht.

Die beiden Rückenwülste streben, nachdem sie höher geworden, einander näher zu kommen, bis sie von beiden Seiten zusammenstossen (Fig. 17), wo sich dann die Zellen derselben mit einander vereinigen, so dass man keinen Trennungscontour zwischen beiden sehen kann.

Fig. 17.

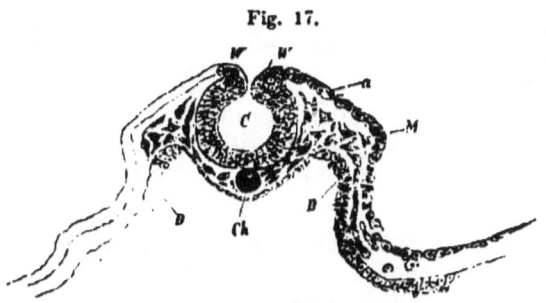

Querschnitt durch den Embryonalleib eines Hühnerembryo am Ende des zweiten Tages, unterhalb des Vorderdarmes. W W Rückenwülste. a äusseres Keimblatt. C Centralnervensystem. ch Chorda dorsalis. M Mittleres Keimblatt. D Darmdrüsenblatt.

Der Rest des äusseren Keimblattes schnürt sich vom Centralnervensystem ab und bleibt als äusserste Decke für den Embryonalleib. Bei den Anamnien (Fig. 18), wo sich eine Rückenfurche bildet und das äussere Keimblatt aus zwei Zellenlagen gebildet wird, wird die Rückenfurche von der äussersten Zellenschichte (h) ausgekleidet. Ist einmal der Centralcanal (c) abgeschlossen, so kann man keine deutliche Sonderung dieser beiden Schichten in den Gebilden, welche den Canal umgeben, bemerken.

Bei den Salmonen (Fig. 16) ist die oberflächlichste Schichte (ep) zur Bildung des Nervensystems nicht mit einbezogen. Die einmal begonnene Verwachsung der Rückenwülste schreitet vom Kopfende gegen das Schwanzende allmälig vorwärts. Am Kopfende findet man blasige Auftreibungen des Rohres, welche die Gehirnblasen darstellen, am Schwanzende ist eine starke Erweiterung, der *Sinus romoibdalis*.

Die Elemente des Nervensystems sind bei sämmtlichen Wirbelthierembryonen auf Querschnitten von in Chromsäure oder

Uiberosmiumsäure gehärteten Embryonen anfangs rundlich mit deutlichem kleinem rundlichem Kerne. Später stehen sie dicht gedrängt neben einander und werden spindelförmig mit einem feinkörnigen Protoplasma.

Man kann die das Centralnervensystem bildenden Elemente als die Grundlage für die Ganglien und die marklosen Fasern der grauen Substanz betrachten, ferner geht auch die weisse Substanz aus ihnen zum grössten Theile hervor, indem die markhaltigen Fasern der weissen Substanz als marklose in der embryonalen Periode mit den Ganglien (wie auf Längsschnitten durch das Rückenmark zu sehen ist), im Zusammenhange stehen.

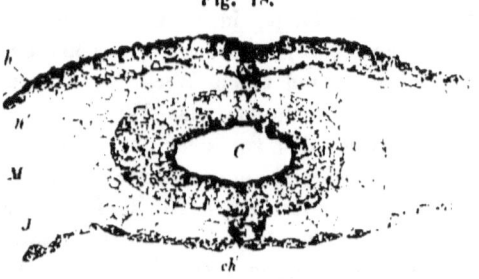

Fig. 18.

Querschnitt durch das Centralnervensystem von *Bufo cinereus* nach Abschnürung desselben vom äusseren Keimblatte. C Abgeschlossenes Centralnervensystem. h Aeussere Schichte (Hornblatt) und n innere Schichte (Nervenblatt) des äusseren Keimblattes. J inneres Keimblatt. M Mittleres Keimblatt. ch Andeutung der *Chorda dorsalis*.

Die innerste Lage der Zellen des Centralnervensystems gibt die Cylinderzellen, die den Centralcanal auskleiden.

Die Elemente des vom Centralnervensystem abgeschnürten äusseren Keimblattes zeigen keine Veränderung.

Nachdem das Centralnervensystem geschlossen ist, findet man das aufgetriebene vordere Stück desselben zu drei Blasen umgestaltet, die in offener Communication mit einander stehen.

In noch späteren Stadien bildet sich zwischen der ersten und zweiten Gehirnblase, ebenso hinter der dritten je ein neuer blasenförmiger Abschnitt im Centralnervensystem, so dass man fünf statt drei Gehirnblasen unterscheidet. Diese heissen von vorne gegen das Schwanzende: Vorderhirn-, Zwischenhirn-, Mittelhirn-, Hinterhirn- und Nachhirnblase.

Vor dem Abschlusse der Entwicklung des Centralnervensystems sei noch gestattet, die Bestimmung der einzelnen Gehirnblasen zu besprechen, ohne dass wir dabei auf die specielle und detaillirte Entwicklungsgeschichte des Gehirnes eingehen. Die Vorderhirnblase wird zu den beiden Hemisphären des grossen Gehirnes, indem sich die umgebenden Gebilde des mittleren Keimblattes von vorne und oben in die anfangs unpaare Blase vorschieben, wobei ein Theil der Wandung des embryonalen Gehirnes gegen die Mitte desselben vorgedrängt wird. Ferner werden aus der Vorderhirnblase das *corpus callosum* die *corpora striata* und der Fornix, die Wandungen der Seitenkammern des Grosshirnes. Aus der Zwischenhirnblase gehen die Sehhügel und ein Theil des Bodens des dritten Ventrikels hervor. Das Mittelhirn bildet den grössten Abschnitt des embryonalen Gehirnes, in den späteren Stadien wird dieser Theil auffällig kleiner und gestaltet sich zu den Vierhügeln. Die Hinterhirnblase wird zum Kleinhirn und die Nachhirnblase zur *Medulla oblongata*. Der übrige Theil des abgeschlossenen Medullarrohres wird zum Rückenmarke. Diese besprochene Entwicklung des embryonalen Gehirnes kann im allgemeinen auf sämmtliche Wirbelthierklassen angewendet werden.

Die Gehirnblasen liegen anfangs in einer Ebene, die bei den Säugethier- und Hühnerembryonen mit der Ebene des Frucht- und Gefässhofes zusammenfallen. Beim Frosche und Fischembryo liegen sie in der Linie des Rückens des Embryo. Beim Fischembryo ist noch zu bemerken, dass die blasigen Auftreibungen, anfangs gleich dem übrigen Theile des Centralnervensystems, ohne Höhle sind und aus einer soliden Zellenmasse bestehen.

Die Gehirnblasen rücken aus ihrer ursprünglichen Ebene heraus und bilden drei Krümmungen, die sowohl bei dem Säugethier- als dem Hühnerembryo zu beobachten sind. Die erste Krümmung vom Rückenmarke gegen das Gehirn findet sich an der Uebergangsstelle des Rückenmarkes in das Nachhirn. Sie wird als Nackenkrümmung bezeichnet. Die zweite Krümmung findet man an der Uebergangsstelle des Hinterhirnes in das Nachhirn. Da an dieser Stelle der *Pons Varoli* entsteht, bezeichnet Kölliker diese Krümmung als Brückenkrümmung. Die vorderste der Krümmungen, die Scheitelkrümmung genannt, entsteht indem das Zwischen- und Vorderhirn nahezu unter einem rechten Winkel zum Mittel- und Hinterhirn sich stellt. Der vorderste Abschnitt des Gehirnes hat dann seine Längsachse nach unten gerichtet.

Die Oberfläche des embryonalen Gehirnes ist anfangs, so lange noch die einzelnen Organe in den übrigen Keimschichten nicht angelegt und nur zum Theile ausgebildet sind, glatt. Die Windungen treten erst später auf.

Die vorderste dieser Blasen, die sogenannte erste Gehirnblase zeigt seitlich zwei paarige Vortreibungen, welche hohl und von den seitlich vorgeschobenen Elementen des äusseren Keimblattes umgeben sind. Sie wachsen nach beiden Seiten so lange, bis sie das vom Centralnervensysteme abgeschnürte äussere Keimblatt erreicht haben. Die beiden vorgeschobenen hohlen Gebilde des embryonalen Gehirnes bilden die primären Augenblasen (Fig. 19, 20). Sie führen in sich das Bildungsmaterial für die Retina, das *Stratum pigmentosum Chorioideae* und den *Nervus opticus*. Bei einigen Thieren, wie bei den Vögeln und den Fischen betheiligen sie sich auch an der Bildung der ins Innere des Auges vorgeschobenen Fortsätze, wie des Pecten und der sogenannten *Processus falciformis*.

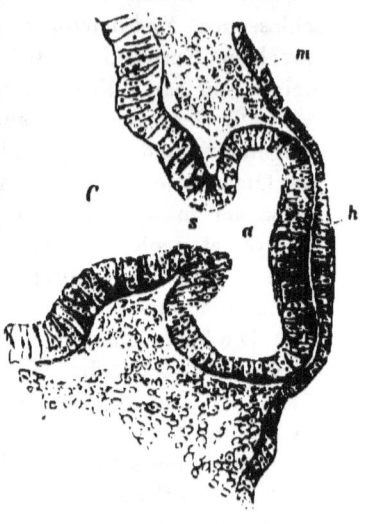

Fig. 19.

Wie werden demnach die erwähnten Gebilde des Auges aus den primären Augenblasen gebildet? Nachdem die primäre Augenblase das vom Centralnervensysteme abgeschnürte äussere Keimblatt erreicht hat, entsteht an ihrer äussersten Kuppel eine napfförmige Vertiefung (Fig. 21 *N*), die sich auf den unteren Umfang der Augenblase fortsetzt. Dadurch rückt die äusserste Partie der primären Augenblase der oberen Wand derselben näher.

Die Vertiefung wird allmälig grösser und bildet die sogenannte secundäre Augenblase, welche von zwei in einander übergehenden Zellenlagen begrenzt ist. Die innere Schichte, welche die napfförmige Vertiefung begrenzt, ist dicker, ihre

Querschnitt durch den halbirten Kopf eines Hühnerembryo vom zweiten Tage in der Höhe der Anlage des Auges. *C* Centralnervensystem, dessen Wandung sich in *a* Augenblase fortsetzt. *s* Stiel der Augenblase, durch welche die Augenblase mit dem Centralcanal communicirt. *m* die Gebilde des mittleren Keimblattes, die um den Stiel der Augenblase und um diese gelagert sind. *h* Hornblatt, an der Stelle, welche der Augenblase anliegt, verdickt.

Elemente sind spindelförmig, mit körnigem Protoplasma, und mehrere in einer Schichte auf dem Durchschnitte sichtbar. (Fig. 21) Die äussere ist einzellig und liegt der ersteren dicht an. Der Raum zwischen beiden ist der Rest der ursprünglichen primären Augenblase (Fig. 19*a*). Die Höhle der sogenannten secundären Augenblase (napfförmigen Vertiefung) bildet die zukünftige Augenhöhle (Fig. 21 *N*), die nach oben in diesem frühen embryonalen Zustande geschlossen ist, nach aussen und unten jedoch vorhanden, welche Augenspalte — *colloboma* — (Fig. 22 *Co*) genannt wird. An dieser Spalte liegen die das embryonale Auge umgebenden Gebilde des mittleren Keimblattes, welche durch die Spalte ins Innere der secundären Augenblase eindringen können.

Fig. 20.

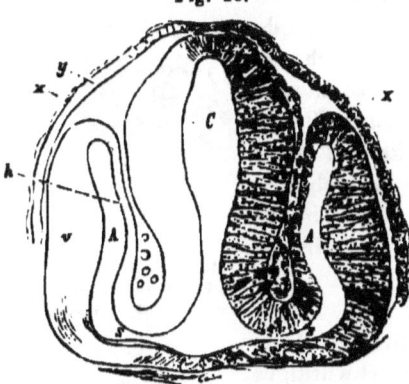

Querschnitt durch den Kopf eines Fischembryo in der Höhe der Anlage des Auges. *C* Centralnervensystem. *A* Augenblasen. *s* Stiel durch welchen die Augenblasen mit der Höhle des Nervensystems communiciren. *N* Gebilde des mittleren Keimblattes. *x* Aeussere Schichte und *y* innere Schichte des Hornblattes. *v* Anlage sämmtlicher Schichten der Retina, *h* Anlage des *Stratum pigmentosum chorioideae*.

An der Augenspalte des Vogelembryo unterscheidet Lieberkühn zwei Abschnitte einen äusseren und einen inneren. Der letztere gehört dem Bereiche des ausgebildeten Pecten an.

Die äussere Schichte der secundären Augenblase wird zum *stratum pigmentosum chorioideae*, wodurch das embryonale Auge nun als ein schwarzes rundliches Gebilde sichtbar wird. Da aber das Pigment in der unteren Hälfte, an der Stelle des Spaltes fehlt, weil hier überhaupt die Anlage zum *Stratum pigmentosum chorioideae* noch nicht vorhanden ist, so sieht man mikroskopisch die Augenspalte als weissen Streifen auf schwarzem Grunde (Fig. 22 *Co*).

Die Spalte setzt sich bei einigen Thieren, wie beim Menschen und Säugethiere, über die sogenannte secundäre Augenblase hinaus bis auf den Stiel fort, welcher die secundäre Augenblase mit dem Centralnervensystem ver-

Fig. 21.

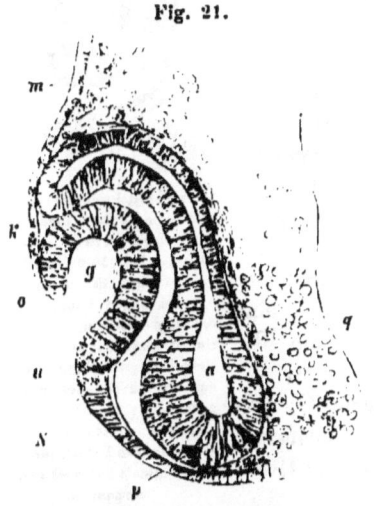

Durchschnitt durch das Auge eines Hühnerembryo mit der napfförmigen Vertiefung und der Linsengrube. *a* Augenblase. *N* Napfförmige Vertiefung derselben. *g* Linsengrube. *o* Oberer und *u* unterer Rand derselben. *p* Anlage der Retina. *q* Anlage des *Stratum pigmentosum chorioideae*. *K* Hornblatt. *m* Mittleres Keimblatt, die Anlagen des Auges aus dem äusseren Keimblatte umgebend.

bindet. Da nun die Erfahrung lehrt, dass dieser Stiel zum *Nervus opticus* wird, so können wir auch aussagen, dass der *Nervus opticus* des Säugethier- und Menschenembryo nach unten gefurcht ist. Denken wir uns eine Sonde aus der secundären Augenblase durch die Furche des Opticus weiter geführt, so müssen wir an die Basis des Gehirnes kommen. Innerhalb dieser Furche des Opticus kommt es zur Entwickelung eines Gefässes aus den Gebilden des mittleren Keimblattes, welches nach Abschluss der Furche im Opticus als *Arteria centralis retinae* bleibt.

Fig. 22.

Co Augenspalte am Auge eines der Eihülle entschlüpften Forellenembryo. *G* Geruchgrübchen.

Wir wurden aber durch die ausgezeichnete Arbeit von Lieberkühn in Marburg in neuerer Zeit auf ein merkwürdiges Factum aufmerksam gemacht, nämlich, dass bei den Vögeln (Huhn, Gans etc.) keine *Art. centralis retinae* existirt.

Bei diesen Thieren gehen die Gefässe um den *Nervus opticus* und treten dann in den Pecten des Auges ein.

Man findet dem entsprechend am Stiele der Augenblase keine Furche, sondern die napfförmige Vertiefung findet sich nur im Bereiche der Augenblase. Man kann bei genauer Einstellung des Mikroskops am ganzen Embryo sich von diesem Factum überzeugen. An Querschnitten, die durch den Opticus gelegt sind, stellt sich diess mit voller Sicherheit heraus.

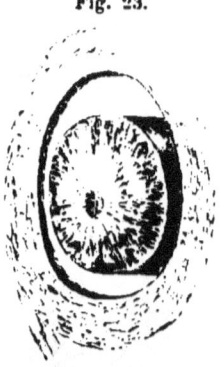

Fig. 23.

Querschnitt durch den Opticus und seine nächste Umgebung von einem etwas älteren Embryo, bei 150maliger Vergrösserung. Die noch radiär um den engen Canal angeordneten zelligen Elemente sind namentlich in der nächsten Umgebung desselben und in der Peripherie des Nerven auffallend; in der Mitte dazwischen treten zahlreiche Gruppen von Fasern auf. Der intervaginale Raum ist bereits vorhanden.

Derselbe zeigt auf Querschnitten eine Höhle (Fig. 23), um welche herum die Elemente noch unverändert erscheinen.

Erst später, wenn die Höhle des Opticus mehr eingeengt ist, werden die Opticusfasern sichtbar und endlich verschwindet die Höhle gänzlich.

Bei den Säugethieren, wo der *Nervus opticus* nach unten eine Furche besitzt, in der die *Arteria centralis retinae* zu liegen kommt, legen sich die begrenzenden Seitenstücke des Opticus an einander und vereinigen sich, so dass die *Arteria centralis retinae* im Opticus eingeschlossen wird. Das Gewebe des Sehnerven von Säugethieren besteht in der ersten Zeit aus radiär gestellten spindelförmigen Zellen, die ähnlich den spindelförmigen Zellen sind, welche wir im Gehirne finden.

Die Elemente des äusseren und inneren Blattes der secundären Augenblase setzen sich in den Opticus fort und beide Schichten nehmen in gleicher Weise an den Veränderungen der Elemente des Opticus Antheil. Die äussere Schichte der secundären Augenblase wird im Bereiche des Opticus in der Regel nicht zu Pigment umgestaltet. Die innere Schichte der secundären Augenblase wird ausnahmslos bei allen Wirbelthierklassen zur Retina. Es ist hier besonders hervorzuheben, dass sämmtliche Schichten der Retina, die Zapfen- und Stäbchenschichte mit inbegriffen, aus der inneren dickeren Lamelle der secundären Augenblase hervorgehen.

Es wird diess an diesem Orte desswegen hervorgehoben, da es selbst in neuerer Zeit noch Fachmänner gibt, die irrthümlich behaupten, dass die Zapfen- und Stäbchenschichte der Retina aus der äusseren Lamelle der secundären Augenblase gebildet wird.

Die Bildung der Zapfen- und Stäbchenschichte aus der inneren Lamelle der Augenblase ward bei Säugethieren und Fröschen von Babuchin, bei den Vögeln von Max Schultze und bei den Fischen von Schenk nachgewiesen.

In der oben erwähnten Abhandlung schliesst sich Lieberkühn dieser letzten Ansicht an, und bezieht diesen Ausspruch auf eine grössere Reihe von Säugethieren.

Nun wollen wir dem Abschliessen des Coloboms bei den verschiedenen Thierklassen folgen und sehen, welche eigenthümlichen Unterschiede sich bei diesem Vorgange bei den verschiedenen Thierklassen zeigen.

Sind die beiden Ränder der secundären Augenblase einander entgegen gekommen, so schlagen sie sich ein wenig nach einwärts gegen die Augenhöhle. Rathke war der Meinung, dass durch die Verwachsung der einwärts geschlagenen Ränder eine Falte in der embryonalen Retina bei Säugethieren und Vögeln nachweisbar entstehe, und soll dieselbe bei den Vögeln und Sauriern durchbrochen werden zum Durchtritte des Kammes, bei den Fischen zum Durchtritte für den *Processus falciformis*. Jedoch, wie wir sehen werden, ist die Spalte in der Retina zum Durchtritte ähnlicher Gebilde wie der Pecten etc. ins Innere des Auges schon vorgebildet.

Bei Säugethieren verwachsen die beiden einander entgegenkommenden Ränder der secundären Augenblase derart, dass die beiden inneren und die beiden äusseren Schichten, die sich entgegenkommen, mit einander verschmelzen. Unterbleibt die Verwachsung, so bekommen wir die bekannte Missbildung des Coloboms, bei welcher sowohl die Retina als auch das *Stratum pigmentosum chorioideae* an der bezüglichen Stelle fehlt. Nun kommen bekanntlich auch Bildungsfehler dieser Art vor, bei welchen das Pigment fehlt, hingegen das Sehvermögen an der Stelle des Coloboms erhalten bleibt. In diesem Falle müsste eine Hemmung der Verwachsung der äusseren Schichte der Augenblase vorausgesetzt werden, während die innere Lamelle, die Retinalanlage, vollständig verwachsen wäre. Irgend eine nachweisbare Andeutung der vorhandenen Spalte ist bekanntlich nicht zu finden.

Fig. 24.

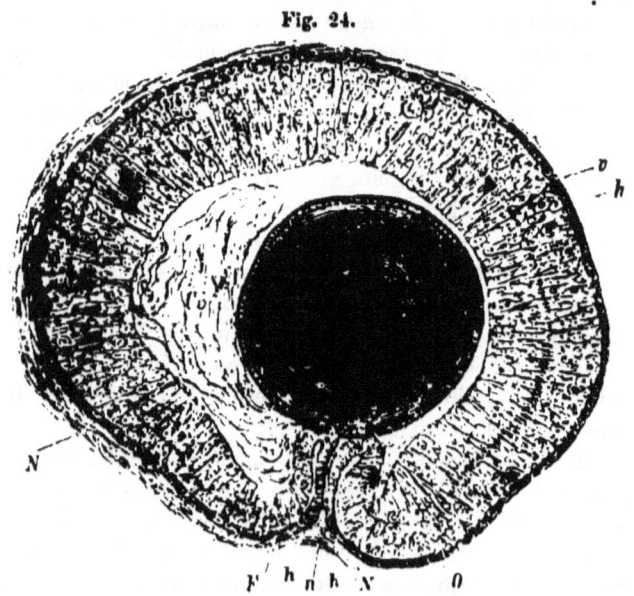

Durchschnitt durch das Fischauge (*Salmo f.*) senkrecht auf der optischen Achse. Anlage des *Processus falciformis*. *N* Gebilde des mittleren Keimblattes. (Anlage der *Sclerotica, chorioidea* und zum Theile des *Processus falciformis*). *h* Aeussere Lamelle der secundären Augenblase. (Anlage des Pigmentstratums). *r* Innere Lamelle (Anlage der Retinalschichten). *O* Anlage des *Processus falciformis*. *Cv* Glaskörperraum mit dem zellenfreien Glaskörper.

Beim Vogel bleibt ein Rest der Augenspalte auch im erwachsenen Thiere zurück. Es findet an einer Stelle, nahe dem

Opticus, keine Verwachsung der beiden einander entgegenkommenden Ränder der secundären Augenblase statt, indem die Gebilde des mittleren Keimblattes (Kopfplatten), welche das embryonale Auge umgeben, ins Innere desselben sammt ihren Gefässästchen in Form eines Kammes hineinragen. An dem Kamme selbst betheiligt sich nach der Angabe Lieberkühns die secundäre Augenblase nicht.

Bei den Fischen findet ebenfalls eine Einstülpung der beiden Ränder der secundären Augenblase statt. Jedoch sind die eingestülpten Falten grösser als bei den anderen Thierklassen. Zwischen diesen Falten ragen die Gebilde des mittleren Keimblattes ebenfalls ins Auge. Die eingestülpten Falten sammt den zwischen ihnen liegenden Elementen stellen die Gebilde für den in den Fischaugen vorhandenen *Processus falciformis* (Fig. 24) dar. An diesem betheiligen sich sowohl die Gebilde des äusseren als des mittleren Keimblattes.

Wir können die secundäre Augenblase nicht verlassen, ohne noch zu erwähnen, dass das Pigment der Iris aus der secundären Augenblase stammt. An der vordersten Partie der Augenblase beobachtet man an grösseren Embryonen, dass die Pigmentbildung von der äusseren Lamelle der Augenblase auf die innere zum Theile übergeht. Diese Partie wird dünner, überzieht das embryonale *Corpus ciliare* und setzt sich bis vor der Linse an die sich bildende Iris fort. Somit ersicht man, dass sämmtliche Pigmentschichten des Auges aus den Gebilden des äusseren Keimblattes hervorgehen.

Anlagen im peripheren Theile des äusseren Keimblattes.

Wir sind bisher den Gebilden des äusseren Keimblattes welche im axialen Theile des Embryo liegen in ihren frühesten Veränderungen gefolgt, und gehen zu den Veränderungen in jenen Gebilden des äusseren Keimblattes über, welche sich vom Centralnervensysteme abgeschnürt haben.

An der umschriebenen Stelle, die im peripheren Theile des äusseren Keimblattes sich befindet, genau der vorgestülpten primären Augenblase gegenüber, sehen wir eine circumscripte Verdickung, die an Ausdehnung der Circumferenz der primären Augenblase entspricht.

Die verdickte Stelle zu beiden Seiten des Kopfendes vom Embryo ist die Anlage der Linse. Die Verdickung wird allmälig grubenförmig vertieft. In diesem Zustande stellt uns die Linse ein mehr oder weniger breites Grübchen dar, welches Linsengrube genannt wird (Fig. 21 *G*).

Es ist bei der Bildung der Linse ebenso wie bei der Anlage des Labyrinthbläschens und des Geruchgrübchens zu bemerken, dass wir zuweilen die nach aussen offene Grube gar nicht zu Gesichte bekommen. Diess geschieht bei jenen Thierklassen, in deren Eichen wir im äusseren Keimblatte zwei Zellenlagen sehen. Bei diesen bildet sich die Linsengrube aus der tieferen Zellenlage heraus während die oberflächlichste einzellige Schichte, die sogen. Hornschichte von Stricker unverändert vor der Linsengrube vorüberzieht, ohne sich an der Bildung dieses Organes zu betheiligen. Diess geschieht bei den Fischen (Fig. 25 *G*) und Batrachiern, wobei noch zu bemerken ist, dass das Linsengrübchen nahezu verschwindend klein ist, so dass man zuweilen statt eines Grübchens nur eine Zellenmasse findet, die an Form,

Fig. 25.

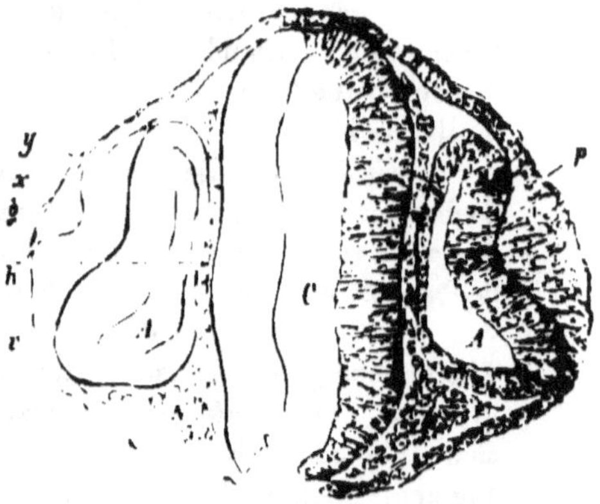

Querschnitt durch den Kopf eines Forellenembryo in der Höhe des Auges. *C* Nervensystem. *A* Augenblase. *p* Napfförmige Vertiefung derselben. *g* Linsenanlage. *h* Aeussere und *r* innere Schichte der Augenblase. *x* Aeussere und *y* innere Schichte des äusseren Keimblattes.

Grösse und Ausdehnung der Linse ähnlich ist und sich auch zur Linse umgestaltet (Fig. 25 *g*).

Bei jenen Thieren, wo wir im äusseren Keimblatte nur eine Zellenlage finden, ist die constant vorkommende Linsengrube vom über das Kopfende ziehenden Amnion bedeckt. Die Linsengrube geht in die Linsenblase über. Dieser Uebergang findet folgendermassen statt.

Man denke sich den Begrenzungsrand der Linse in zwei Hälften getheilt, in eine obere (Fig. 21 *o*), welche dem Centralnervensystem näher liegt, und in eine untere (Fig. 21 *u*) Hälfte. Beide Hälften gehen in das Zellenstratum des äusseren Keimblattes über. Nun beginnt die obere Hälfte des Randes über die Grube hinüber zu wuchern, so dass man an Querschnitten durch die Linse das Bild bekömmt, als würde der obere Linsenrand hakenförmig nach dem unteren hin gerichtet sein. Endlich erreicht der obere Linsenrand den unteren, sodann ist das kleine Grübchen geschwunden.

Beide Ränder vereinigen sich und schnüren sich von dem übrigen äusseren Keimblatte vollständig ab, so dass die Linsengrube zur Linsenblase wird. Aus dem abgeschnürten äusseren Keimblatte von der Linsenblase wird das geschichtete Epithel an der vorderen Fläche der *Cornea* gebildet.

Bei einigen Eiern, wohin besonders die Eier der Kröten und Frösche zu rechnen sind, beobachtet man in den Elementen der äusseren Schichte des äusseren Keimblattes Ablagerungen von Pigmentkörnchen, die längs der ganzen Oberfläche des Embryonalleibes ausgebreitet sind. Diese schwinden an der umschriebenen Stelle des Auges, indem sie zur Epithelbildung für die äussere Fläche der *Cornea* verwendet werden, kurze Zeit nachdem die Linsenblase abgeschnürt ist.

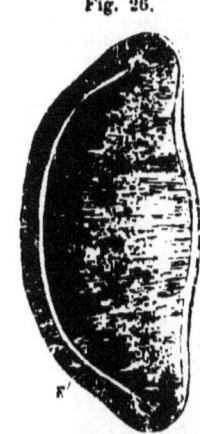

Fig. 26.

Horizontaler Durchschnitt der Linse eines Hühnerembryo vom vierten Tage. *E* Epithellage an der hinteren Fläche der vorderen Kapselwand. *K* Kernzone. *l,f* Linsenfasern.

Die Gebilde, welche die Linsenblase zusammensetzten, liegen in dem Theile der napfförmigen Vertiefung, welche nach Abschluss des Colloboms — wenn es überhaupt zum Abschliessen desselben kommt — noch offen blieb. Vor und hinter der Linsenblase kommen die Gebilde des mittleren Keimblattes zu liegen. Von den Elementen, welche die Linsenblase bilden, wird die innere Hälfte zur eigentlichen Linse, während die äussere Partie nach v. Becker's Untersuchungen zum Epithel an der hinteren Fläche der vorderen Linsenkapselwand umgebildet wird. Findet eine Umwandlung der Elemente der embryonalen Linse zu Fasern statt, so sieht man in denselben eine Reihe von Kernen, die auf Querschnitten in der Mitte der Linse zu finden, und so angeordnet sind, dass sie in einer bestimmten Zone der Linse liegen und in die Kerne der Epithelschicht übergehen. Diese Zone wird mit dem Namen der Kernzone bezeichnet. Am Fischauge konnte ich selbe nie zur Beobachtung bekommen.

Zu den weiteren Anlagen, die im äusseren Keimblatte zu suchen sind, gehört die des Labyrinths. Man kann nach dem allgemein aufgestellten Gesetze, dass im äusseren Keimblatte nur die Anlage für Nerven und Horngebilde zu suchen ist, an diesem Orte nur den Theil des Labyrinths in seiner frühesten Anlage suchen, welcher als Grundlage für die Nervenendigung und für die epithelialen Gebilde des Labyrinths dient.

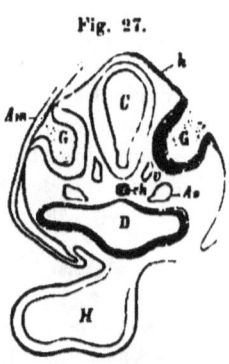

Fig. 27.

Anlage des Labyrinths auf dem Durchschnitte vom Hühnerembryo des dritten Tages. C Querschnitt des Centralnervensystems. h Das von demselben abgeschnürte Hornblatt. G Gehörgrübchen, auf der einen Seite das Amnion (Am) vorüberziehend. Ao Aorta. H Herz mit seinen beiden Schichten

Unterhalb der Augenblasen, in der Höhe der letzten Gehirnblase, findet man bei sämmtlichen Wirbelthieren im äusseren Keimblatte, ähnlich der Linsenbildung, eine Verdickung. Die verdickte Stelle wird allmälig zu einer Vertiefung umgestaltet. In diesem Zustande haben wir eine Labyrinthgrube (Fig. 27 G). Diese schliesst sich in ähnlicher Weise wie die Linsengrube ab und wird zu einem blasenförmigen Gebilde, welches sich vom äusseren Keimblatte abschnürt. Das Bläschen, welches bald nach seiner Abschnürung von den Gebilden des mittleren Keimblattes umgeben ist, wird Labyrinthblase genannt (Fig. 29 G).

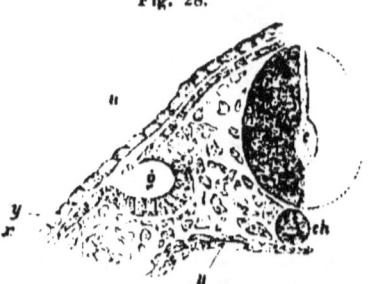

Fig. 28.

Anlage des Labyrinths von Anamnien. (Bufo cinereus). Querschnitt. x Aeussere Schichte und y innere Schichte des äusseren Keimblattes. U Urwirbelmasse. c Centralnervensystem. ch Chorda dorsalis. g Labyrinthgrübchen. D Darmdrüsenblatt.

Es ist bei der Labyrinthblase in ähnlicher Weise zu beachten, ob wir es mit der Entwickelung der Amnioten oder Anamnien zu thun haben. Bei den Letzteren ist die tiefere Zellenschichte des äusseren Keimblattes an der Bildung der Labyrinthblase betheiligt, während die oberflächliche einzellige Schichte vor der Labyrinthgrube vorüberzieht, so dass man ein nach aussen offenes Grübchen nicht beobachtet. (Fig. 28 G).

Bald nachdem die Labyrinthblase abgeschlossen ist, beobachtet man an ihrem vorderen inneren Quadranten einen Fortsatz entstehen, welcher hohl ist und nach seinem Entdecker der Reissner'sche Fortsatz genannt wird. Der hintere Abschnitt verlängert sich bei den Säugethieren und Vögeln, gibt bei den ersteren die Anlage für die nervösen Gebilde der Schnecke. Aus der vorderen Partie gehen die Bogengänge hervor.

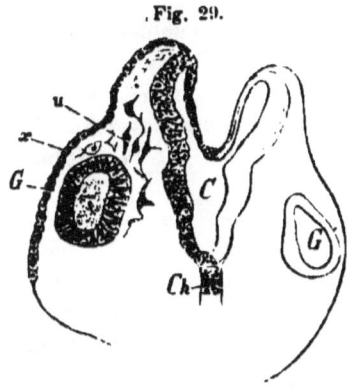

Fig. 29.

Labyrinthbläschen auf dem Durchschnitte vom Hühnerembryo. *C* Centralnervensystem. *u* Urwirbelmasse. *x* äusseres Keimblatt. *ch chorda dorsalis*. *G* Labyrinthbläschen.

Bei den Fischen ist die Vertiefung, welche als Labyrinthanlage zu bezeichnen ist, nicht als Grübchen auf Durchschnitten in früheren Entwickelungsstadien zu sehen, sondern die Anlage ist ebenso, wie die des Centralnervensystems eine solide, aus den Elementen des äusseren Keimblattes gebildet.

Fig. 30.

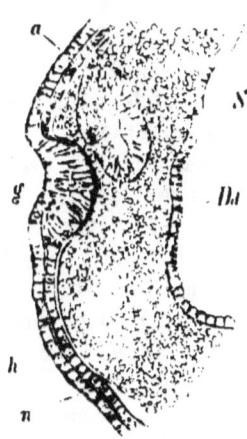

Durchschnitt durch das Geruchsgrübchen eines Embryo von *Bufo cinereus* (2—3 Tage). *a* Auge seitlich angeschnitten. *G* Geruchsorgan. *h* Aeussere und *n* innere Schichte des äusseren Keimblattes.

Ferner ist noch die Anlage des Geruchsorgans im äusseren Keimblatte zu beschreiben (Fig. 30). Eine Verdickung im äusseren Keimblatte zu beiden Seiten der vordersten Gehirnblase, welche in eine allmälige anfangs seichte Vertiefung übergeht, ist das erste sichtbare Geruchsorgan der Wirbelthiere. Hier kommt es nie zum Abschlusse des Grübchen wie bei der Linsen- und der Labyrinthblase, sondern es ist das Geruchsgrübchen perennirend während der ganzen embryonalen Periode und bleibt es auch in ähnlichem Zustande im extrauterinalen Leben. Bei den Anamnien ist die Grube gleich nach ihrem Entstehen von zwei Zellenlagen des äusseren Keimblattes umgeben, während bei den Amnioten diese Trennung erst nach weiterer Ausbildung des Geruchsorgans zu finden ist.

Anlage der Horngebilde.

Wir erwähnten bei der Lehre von den Keimblättern, dass wir im äusseren Keimblatte die Anlage für die Nervengebilde und Horngebilde zu suchen haben. Das centrale und periphere Nervensystem, so weit es in der frühesten Periode entwickelt ist, haben wir hinreichend besprochen. Nun wollen wir die Horngebilde in ihrem primitiven Zustande betrachten.

Die Anlage der Horngebilde ist im ganzen übrigen äusseren Keimblatte zu suchen, welches nicht zur Verwendung der bisher beschriebenen Organanlagen einbezogen wurde und welches nicht an der Bildung des Amnion (bei den Amnioten) betheiligt ist.

Man sieht anfangs die Elemente, aus denen sich die Epidermis und Malpighi'sche Schichte bilden soll, schon frühzeitig bei den Thieren ohne Amnion getrennt, und man kann bei diesen die äusserste Schichte (die Umhüllungshaut Reichert's) als die erste Epidermis ansehen. Hievon kann man sich in späteren Entwickelungsstadien hinreichend überzeugen.

Die embryonalen Saugnäpfe bei den schwanzlosen Batrachiern sind zum grössten Theile nur aus der oberflächlichsten Schichte gebildet.

Bei den Säugethieren und Vögeln sieht man aus dem äusseren Keimblatte oberflächlich eine Schichte isolirt, die nur ein einzelliges Stratum von flachen polygonalen Zellen darstellt, welche auf dem Durchschnitte, in der Längsachse durchschnittenen Spindeln gleichen. Diese oberflächliche Zellenlage ist die erste Epidermis. Die unter ihr liegende mehrschichtige Lage ist die embryonale Malpighi'sche Schichte des Embryo. Die Anlage und Entwickelung der übrigen Horngebilde, wie Haare, Federn, Nägel etc., erfolgt ausnahmslos aus dem äusseren Keimblatte, bis auf den bindegewebigen und Gefässtheil, der manchen Horngebilden anhängt. Ihre Beschreibung gehört der speciellen Entwickelungsschichte an, wo sie näher gewürdigt werden sollen.

Zum Schlusse sei noch bemerkt, dass das äussere Keimblatt sich an der Bildung des Amnion betheiligt, indem es die innere Epithelauskleidung für dasselbe liefert, welche ein Plattenepithel und nicht verschieden von der embryonalen Epidermis ist.

Sechstes Capitel.

Die Elemente des mittleren Keimblattes. *Chorda dorsalis.* Urwirbel. Hautmuskelplatte. Darmfaserplatte. Verwendung dieser Platten. Pleuroperitonealhöhle. Das mittlere Keimblatt nach der Auffassung von His. Anlage des Wolff'schen Körpers und dessen Ausführungsgang. Gefässentwickelung.

Das mittlere Keimblatt.

Sämmtliche Organe und Gewebe, mit Ausnahme der erwähnten, welche im äusseren Keimblatte angelegt sind und des Epithels des Darmtractus, finden ihre Anlage im mittleren Keimblatte oder im motorisch-germinativen Blatte Remak's. Keine Frage in der Ontogenie hat die Embryologen seit jeher so sehr beschäftigt, als die über die Abstammung der Gebilde des mittleren Keimblattes und deren Verwendung beim Aufbaue des Thierleibes. — Mit Recht hebt Haeckel hervor, dass gerade in diesem Punkte die Angaben der Embryologen so verschieden sind und so wesentlich von einander abweichen, dass die Phylogenie sich von ihrer untrennbaren Genossin keine aufschlussgebenden Rathschläge holen kann.

Die Gebilde des mittleren Keimblattes bilden, nachdem sie einmal angelegt sind, ein Zellenlager, welches anfangs gar keine besonders auffälligen Verschiedenheiten zeigt. Es ist nach oben in seiner ganzen Ausdehnung bei sämmtlichen Wirbelthieren von dem angrenzenden äusseren Keimblatte getrennt. Eine deutliche Sonderung sieht man gleichfalls zwischen mittlerem und innerem Keimblatte.

Erst nachdem das Centralnervensystem sich zu bilden begonnen hat, kann man im axialen Theile des Embryo zwischen dem äusseren und mittleren Keimblatte keinen deutlichen Trennungscontour finden, so dass es auf Querschnitten vom Embryonalleibe scheint, als wären die Gebilde des äusseren und mittleren Keimblattes mit einander verwachsen. (Fig. 15, 16.)

Die Elemente des mittleren Keimblattes sind an in Chromsäure gehärteten Embryonen länglich oder polygonal, mit deutlichem von Karmin dunkler gefärbtem Korne und Kernkörperchen. Bald sieht man zur Zeit, wo im äusseren Keimblatte das Centralnervensystem sich zu bilden anfängt, im axialen Theile des mittleren Keimblattes, unter dem Centralnervensystem, eine Zellenmasse sich isoliren. Diese Zellenmasse stellt einen cylindrischen Strang dar, welcher vom Schwanzende des Embryo angefangen bis nahezu an den vordersten Theil des Kopfendes reicht. Der cylindrische Strang im axialen Theile des mittleren Keimblattes ist die *Chorda dorsalis.* — Rückensaite. (In Fig. 17, 18, 19 sind Querschnitte der *Chorda dorsalis* unterhalb des Nervensystems zu sehen.) Sie ist am Schwanzende des Embryo dicker als am Kopfende desselben, wo sie ausläuft. Der Querschnitt der *Chorda* zeigt in den ersten Stadien der Entwickelung eine runde oder oben und unten ein wenig plattgedrückte Scheibe. Die Elemente derselben werden anfangs noch mit Karmin imbibirt, sie liegen dicht den benachbarten Gebilden im mittleren Keimblatte an. Später werden sie auffällig durchsichtiger, färben sich weniger mit Karmin und liegen alsdann als zu einer weissen Scheibe angeordnete Zellen, die eine mehr gallertartige Beschaffenheit bekommen. Nach W. Müller sind die blassen Zellen bei Amphioxus mit Fortsätzen versehen, die mit den Fortsätzen anderer Zellen sich vereinigen. Später ist zwischen diesen Zellen eine Intercellularsubstanz zu sehen.

Die *Chorda dorsalis* wird allgemein als ein wesentliches Kriterium für den Wirbelthier-Embryo angesehen. Man fasste sie als das erste embryonale feste, knorpelige Gerüste auf, welches nur dem Wirbelthiere allein zukommt. Sie ist bis in die spätesten Embryonalperioden zu beobachten, ja sogar bei einigen Thieren (Fische) während des ganzen Lebens persistirend.

In neuerer Zeit wurde die *Chorda* nicht nur bei den Wirbelthieren, sondern auch bei gewissen Wirbellosen von Kovalevsky beobachtet. Bei den Ascidien soll selbe nach Kovalevsky in ähnlicher Weise wie bei den Wirbelthieren nachzuweisen sein. Nach diesem Forscher erscheint das mittlere Keimblatt in ähnlicher Weise bei diesen wirbellosen Thieren wie bei den Wirbelthieren angelegt.

Die Scheiden der *Chorda*, wie sie von Gegenbauer und Kölliker beschrieben wurden, sind in den ersten Stadien nicht zu sehen, sondern treten erst in den späteren Entwickelungsstadien auf, wo eine Differenzirung der einzelnen Gewebe schon deutlich hervortritt. Gegenbauer unterscheidet an der *Chorda* von Embryonen späterer Stadien die eigentliche Chorda-Substanz, die epithelartig angeordneten Zellen der *Chorda* an ihrer Peripherie, ferner die *cuticulare Chorda*. Diese drei Bestandtheile sind metamorphosirte Elemente der ursprünglich angelegten *Chorda*. Ausser diesen Schichten beschreibt er eine oberflächliche Lage, die aus zwei elastischen Lamellen besteht (*Limitans externa* und *interna chordae*). Die beiden Lamellen sind aus den skeletogenen Bestandtheilen des

Embryo, sie grenzen die *Cuticula* von der Anlage der Wirbelkörper ab. Die *Cuticula Chordae* soll nach W. Müller eine quellbare das Licht doppelbrechende Membran sein. Sie zeigt bei vielen niederen Wirbelthieren eine radiaere Strichelung als Ausdruck von Porencanälchen.

Die Zellen, welche zu beiden Seiten der *Chorda* liegen (Fig. 31), bilden anfangs eine continuirliche Masse *(ch)*, die an

Fig. 31.

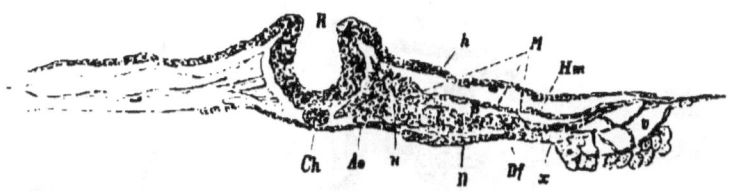

Durchschnitt der Embryonalaulage durch die Mitte eines Hühnerembryo vom zweiten Tage. R Rückenfurche. Ch *Chorda dorsalis*. u Urwirbel. Ao Aorta. h Nervenhornblatt. M Mittleres Keimblatt. Hm Hautmuskelplatte. Df Darmfaserplatte. D Darmdrüsenblatt. z Aeussere Grenze desselben. p Pleuroperitonealhöhle (Coelom nach Haeckel).

beiden Seiten des Centralnervensystems vom Schwanzende bis zum Kopfende des Embryo reicht. Sie stellt uns in diesem Zustande die Urwirbelplatte *(u)* dar. Ihre Grenze nach innen ist die *Chorda (Ch)*, nach aussen die bald zu besprechenden Seitenplatten im mittleren Keimblatte *(Hm, Df)*. Die Urwirbelplatte *(u)* zeigt bald in der Mitte des flach ausgebreiteten Embryo, ungefähr im Rumpftheile desselben, querliegende, weniger durchsichtige, kubische Gebilde, welche die Urwirbel darstellen. Deren sind anfangs zwei bis drei auf jeder Seite der *Chorda* sichtbar. Später treten deren mehrere auf. Wenn die beiden Rückenwülste im äusseren Keimblatte sich zur Bildung des Nervensystems erheben, folgen ihnen die Urwirbel nicht in demselben Maasse, sondern sie bleiben in ihrem früheren Niveau mit den Seitenplatten. Macht man von den Urwirbeln dieser frühen Entwickelungsperiode Querschnitte (Fig. 31, *u*), so beobachtet man, dass die einzelnen Elemente des mittleren Keimblattes an diesen Stellen dichter gedrängt an einander liegen. Später unterscheidet man in einem jeden Urwirbel zwei Schichten, eine periphere und eine centrale. (Fig. 32, *p, z*.)

In der letzteren sind die einzelnen Elemente weniger dicht aneinanderliegend, so dass man zuweilen in der Mitte der Urwirbel die Elemente so spärlich findet, dass sie in der Mitte heller scheinen, was Einige eine Höhle in den Urwirbeln zu beschreiben veranlasst hat.

Die Anzahl der Urwirbel vermehrt sich mit jedem Tage der Entwickelung bedeutend. Sie haben mit den bleibenden Wirbeln nur so viel zu schaffen, als sie auch diesen das Bildungsmaterial liefern, jedoch überragen sie an Zahl die bleibenden Wirbel bedeutend. Die Urwirbel gehören zu jenen embryonalen Gebilden im mittleren Keimblatte, welche sich an der Bildung sämmtlicher

Fig. 32.

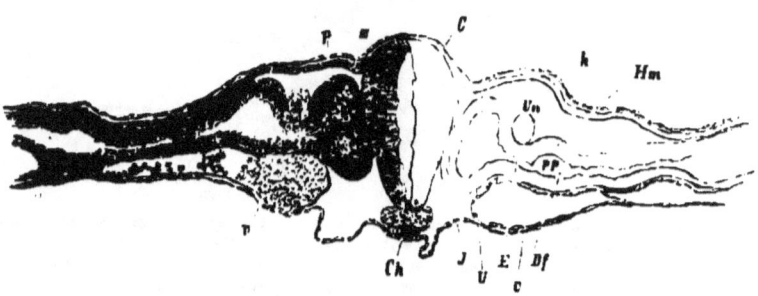

Querschnitt durch die untere Hälfte eines Embryo vom Huhne. Ende des dritten Tages. *C* Nervensystem. *h* Hornblatt. *Ch Chorda dorsalis.* *J* Inneres Keimblatt. *U* Urwirbel. *r* Gefässräume. (*vasa omphal. mesar.*). *E* Uebergangsstelle zwischen Urwirbel und Hautmuskelplatte. *Df* Darmfaserplatte. *Hm* Hautmuskelplatte. *PP* Pleuroperitonialhöhle (Coelom). *Un* Urnierengang *P* Peripherer, *Z* centraler Theil der Urwirbel.

Organe des Wirbelthieres betheiligen. Sie umschliessen sämmtliche Höhlen, die im Embryonalleibe gebildet werden und betheiligen sich an dem Zustandekommen der Eihüllen bei jenen Thieren welche während ihrer embryonalen Periode in solchen sich entwickeln.

Es sind überhaupt keine Gebilde in der Embryonalanlage zu finden, welche sich in so hervorragendem Maasse am Aufbaue des Wirbelthieres betheiligen, wie die Urwirbel.

Bevor wir den weiteren Veränderungen der Urwirbel folgen, wollen wir die Organanlagen im peripheren Theile des mittleren Keimblattes schildern.

Der an die Urwirbel grenzende Theil des mittleren Keimblattes zeigt bald nachdem die Urwirbel als kubische Stücke erschienen sind eine Spaltung (Fig. 31, 32 *PP*), welche am Rande des Embryonalleibes beginnt und allmälig bis an die Urwirbel reicht. Dadurch entstehen zwei übereinander liegende Platten (Fig. 31, 32, *Hm, Df*), die an den Urwirbeln in einander übergehen und mit diesen zusammenhängen. Man sieht zu allen Perioden der Entwickelung an der Uebergangsstelle die beiden Platten dicht an den Urwirbeln liegend, so dass keine vollständige Trennung

zwischen beiden nachweisbar ist. Die beiden Platten sind nach
Remak mit den Namen der Hautmuskelplatte (Fig. 31, 32
Hp) und Darmfaserplatte (Fig. 31, 32 *Df)* bezeichnet. Die
erstere liegt dem äusseren Keimblatte an und macht bei allen
Krümmungen und Biegungen, welche am Embryonalleibe wahrnehmbar sind, diejenigen des äusseren Keimblattes mit, während
die Darmfaserplatte mit dem Darmdrüsenblatte (inneren Keimblatte)
an dem Abschliessen des Darmcanales sich betheiligt. Nach
His entstehen diese beiden Platten nicht in der oben beschriebenen Weise. His leitet die Hautmuskelplatte (von ihm obere
Nebenplatte genannt) als ein vom oberen Keimblatte abgetrenntes
Stück ab, während die Darmfaserplatte (die er als untere Nebenplatte bezeichnet) vom unteren Keimblatte sich bilde. Beide sind
im axialen Theile mit dem oberen Blatte vereinigt, von welchem
sie sich bald loslösen, und diese im axialen Theile vereinigte
Zellenlage gibt nach His die Bildungsmasse für die *Chorda dorsalis* und die Urwirbel. Im peripheren Theile des mittleren Keimblattes bleiben die beiden Zellenlagen isolirt, so dass sie eine
Höhle (Fig. 32 *PP)* zwischen sich fassen.

Man sieht hieraus, dass das vorliegende Substrat zum Aufbaue des Thierleibes im mittleren Keimblatte in dem eben geschilderten Entwickelungsstadium von Remak und His in gleicher
Weise geschildert wird, nur sind die Angaben über die Entstehung und die Verwendung der einzelnen Theile von einander
verschieden. Wir folgen hier bezüglich der Entstehung der einzelnen Theile den Angaben und Benennungen von Remak, da die
Bilder, welche man von Querschnitten durch den Embryonalleib
der Säugethiere und Hühner verschiedener Stadien gewinnt,
für die oben geschilderten Angaben von Remak sprechen. Allein
bezüglich der weiteren Verwendung der einzelnen Theile müssen
wir in manchen Punkten direct den Angaben Remak's widersprechen, wiewohl wir ihm andererseits in einigen folgen können.

Die Höhle, welche zu beiden Seiten der Urwirbel im peripheren Theile des mittleren Keimblattes durch den Spaltungs-
process entstanden ist, stellt die Anlage der anfangs getrennten
paarigen Peritonealhöhle dar, deren Hälften durch weitere Entwickelungsvorgänge mit einander in Communication treten. Sie
wird gegenwärtig allgemein Pleuroperitonealhöhle genannt.
Haeckel schlägt für das neunsylbige Wort den Ausdruck *Coelom*
(vom Griechischen τὸ κοίλωμα, die Höhle) vor. Die Pleuroperitoneal-

höhle erstreckt sich bei den Säugethieren und Vögeln im Rumpftheile des Embryo bis zur Grenze des Embryonalleibes, in dem Fruchthofe setzt sich die Spaltung nicht weiter fort, wiewohl sich das mittlere Keimblatt sammt den Gefässanlagen weiter über den Embryonalleib hinaus in den Frucht- und Gefässhof erstreckt.

Die Auskleidung der Pleuroperitonealhöhle wird von der Darmfaserplatte und Hautmuskelplatte gebildet. Die Elemente dieser beiden Platten bilden das erste Epithel der embryonalen Peritonealhöhle, welches anfangs cylindrisch ist, später mehr kubisch wird und endlich ganz abgeplattet erscheint. Nur an der Uebergangsstelle der Hautmuskelplatte in die Darmfaserplatte bleibt es als Cylinderepithelium, welches von Waldeyer mit dem Namen des Keimepithels bezeichnet wird. Aus diesem Epithel werden nach Waldeyer die Eichen im Embryo gebildet, so dass die künftige Generation schon im weiblichen Embryonalleibe vorgebildet wird, und bei den Thieren, welche lebende Junge gebären, die Mutter die ihr folgenden beiden Generationen (die eine als Embryo, die andere als Eichen des Embryo) in ihrem Leibe trägt.

Mit dieser Angabe über die Verwendung der Elemente der beiden Platten, welche die Pleuroperitonealhöhle begrenzen, stimmt jene Remak's nicht überein. Nach diesem Forscher werden alle Gebilde, mit Ausnahme der Knochen, die zwischen dem äusseren Keimblatte und der Hautmuskelplatte sich entwickeln, aus der Hautmuskelplatte gebildet, während die Darmfaserplatte zu sämmtlichen Schichten der Darmwand wird, mit Ausnahme des inneren Epithels im Darmtractus.

His sieht in der oberen und unteren Nebenplatte das Bildungsmaterial für die Muskeln des Stammes und der Darmwand. Dieser Autor fasst nach seinen Beobachtungen am Huhne das mittlere Keimblatt Remak's folgendermassen auf: Am Remak'schen mittleren Keimblatte seien folgende Bestandtheile auseinander zu halten. Der Axenstrang (*Chorda*, Urwirbel), die animale und vegetative Muskelplatte, auch obere und untere Nebenplatte genannt. Die Anlagen für die Gefässendothelien, das Blut und die Bindesubstanzen. Die letzteren Anlagen werden nach His als parablastische bezeichnet. Sie sollen nicht aus dem mittleren Keimblatte stammen, sondern sie dringen vom Rande her zwischen die Blätter der Keimscheibe und stammen vom weissen Dotter, respective vom Keimwalle von His, welcher kein Product des mittleren Keimblattes sei.

Man ersieht hieraus, dass wir, abgesehen von den Benennungen, die His aufgestellt hat, zunächst darin mit ihm nicht übereinstimmen können, dass seine Muskelplatten die von ihm angegebene Verwendung finden sollen, ferner werden wir später, bei der Beschreibung der Anlagen der einzelnen Organe, erörtern, dass die Bindesubstanzen aus den Elementen der Urwirbelmasse gebildet werden. Hiebei sei bemerkt, dass es nicht ausgeschlossen ist, dass nach der Ausbildung und Verzweigung von Gefässröhren einzelne aus denselben ausgewanderte Elemente zu Bindegewebe umgebildet werden können. Bezüglich der Gefäss- und Blutbildung werden wir ausführlicher die Ansichten der Autoren über deren Entstehung im Embryo besprechen.

Nachdem wir nun aus diesen beiden besprochenen Platten (Fig. 31 *Df, Hm*) nur das Epithel des Peritonaeums und das Keimepithel hervorgehen lassen, so können wir von den bisher bekannten Anlagen im äusseren, mittleren und inneren Keimblatte aussagen, dass sie sämmtlich nur zu Epithel- oder Nervengewebe werden, bis auf die *Chorda dorsalis*, welche zu einem knorpelähnlichen Strange wird, und die Urwirbel, die, wie wir bereits erwähnten, das Grundmaterial für die übrigen Gewebe des Wirbelthierkörpers geben.

An der Uebergangsstelle der Urwirbel in die Hautmuskelplatte wird ein hohler cylindrischer Strang paarig in seiner Anlage gebildet, der anfangs zwischen die Hautmuskelplatte und das äussere Keimblatt zu liegen kommt. Dieser Gang bildet den Ausführungsgang und die Anlage des Wolff'schen Körpers. Er beginnt in der Höhe jenes Rumpftheiles des Embryo, wo die Urwirbel als kubische Stücke zu sehen sind, erstreckt sich nach und nach bis gegen das Schwanzende des Embryo. Die Bildung desselben geht folgendermassen vor sich: An der Uebergangsstelle zwischen Urwirbel und Hautmuskelplatte sieht man anfangs auf Querschnitten eine kleine rundliche Zellenmasse, in der drei bis fünf Zellen übereinander liegen. Bald sieht man sie isolirt und mit einem Lumen versehen (Fig. 32 *Un*), welches dadurch entsteht, dass sich die Zellen ringförmig gruppiren und um ein kleines Lumen anordnen.

Betrachtet man den Embryo (Huhn) in toto, so sieht man, entsprechend der Lage des Urnierenganges, kleinere röhrenförmige Abschnitte, die bald mit einander in Communication treten und so den Urnierengang darstellen, der an seinem vorderen Ende später anscheinend eine kleine Umbiegung erleidet, welcher bald mehrere andere folgen.

His leitete den Urnierengang in seiner Entwickelung vom äusseren Keimblatte ab. In seinem neuesten Werke liess er diese Ansicht fallen, indem er den Ursprung des Urnierenganges genau an dieselbe Stelle verlegt, an welcher wir ihn in den frühesten Entwickelungsstadien fanden. His gerieth hiedurch mit Hensen in Widerspruch, indem dieser Autor die frühere von His verlassene Ansicht neuerdings vertheidigte.

Waldeyer lässt den Urnierengang an derselben Stelle entstehen, an welcher wir ihn in Fig. 32 *(Un)* abbildeten, nur kommt das Lumen nach diesem Autor derart zu Stande, dass sich ein Fortsatz jener Zellenmasse nach aussen (gegen das äussere Keimblatt) umlegt, wodurch ein Rohr gebildet wird, welches anfangs mit seiner Ursprungsstätte im Zusammenhange steht, später von derselben sich loslöst.

Bei Fischen wurde von Rosenberg (Hecht), Oellacher (Forelle) und bei den Batrachiern *(Bombinator igneus)* von Goette das mittlere Keimblatt als Ursprungsstätte für den Urnierengang nachgewiesen. Romiti machte unter der Leitung von Waldeyer Untersuchungen über die Bildung des Ausführungsganges des Wolff'schen Körpers, wobei er zu dem Resultate kam, dass dieser Gang nichts als eine Ausstülpung des vorderen und lateralen Theiles der Pleuroperitonealhöhle wäre.

Romiti beschreibt in der Pericardialhöhle einen medialen und lateralen Recessus. Von dem letzteren erhebe sich ein Fortsatz, in dem eine feine Spalte zu sehen ist, die mit der Pleuroperitonealhöhle, respective dem lateralen Recessus derselben communicirt. Dieser Fortsatz schnürt sich bald zu einem Gange ab.

Das mittlere Keimblatt ist ferner die Grundlage für die ersten Bluträume, welche sowohl im Fruchthofe als auch im Gefässhofe entstehen. Die Gefässentwickelung lässt sich am besten an frischen durchsichtigen Embryonen studiren. Hieher gehören in erster Linie die Hühnerembryonen, ferner der durchsichtige Schwanz der Batrachier und der Embryonen von Fischen (Forelle).

Die Bildung der Gefässe geht im Allgemeinen am frühesten im Gefässhofe vor sich, von wo aus sie sich gegen den axialen Theil des Embryo, zwischen der Darmfaserplatte und dem Darmdrüsenblatte vorschieben. Die Blutbildung (respective die charakteristische Färbung) geht vom äussersten Rande des Fruchthofes, dem sogenannten *Sinus terminalis* aus und schreitet gegen den Embryo vor.

Gefässentwickelung.

Die älteste Ansicht über die Gefässbildung, wie sie Döllinger und v. Baer lehrten, geht dahin, dass das Blut durch die Herzaction in die Zellenmasse vorgetrieben werde; die dadurch entstandenen Gänge wären die ersten Blutbahnen. Später trat an die Stelle dieser Lehre die durch Kölliker und Remak vertretene. Nach dieser finden sich anfangs solide Zellenstränge, von denen sich die axial liegenden Zellen zu Blutkörperchen metamorphosiren, während die lateralen als Gefässwandung persistiren. Dieser Bildungsvorgang findet schon am Ende des ersten Tages statt. Die Weiterentwickelung der Gefässe geht entweder derart vor sich, dass die soliden Gefässstränge Aeste aussenden sollen, die hohl werden; dann senden die einmal hohl gewordenen Gefässe Fortsätze aus, welche sich mit anderen vereinigen. Diese sind anfangs dünn, ungefähr wie eine Bindegewebsfaser, werden weiter und mit Blutkörperchen gefüllt, die vom Blutstrome mitgerissen werden, und so hat man ein neugebildetes Gefäss vor sich.

Afanasieff, der unter Stricker's Anleitung die Blutbahnen und ihre erste Bildung studirte, kam zu folgendem Resultate. Beobachtungen an ausgebreiteten Hühnerembryonen ergaben am ersten und zweiten Tage der Bebrütung die ersten Anlagen der Blutbahnen. Man sieht anfangs kleine, rundliche, blasenförmige Gebilde, welche Fortsätze aussenden, die mit den Fortsätzen von anderen ähnlichen Gebilden sich vereinigen. Dadurch entstehen zahlreiche verzweigte und verbreitete Hohlräume, welche nicht den Gefässräumen entsprechen, sondern den perivasculären Lymphräumen. Jene Räume hingegen, welche ausserhalb der Wandungen der blasenförmigen Gebilde oder deren Fortsätzen vorhanden sind, seien die wirklichen Iluträume, in denen man die rothen Blutkörperchen am dritten Tage der Bebrütung sieht. Diese Art der Gefässbildung kommt sowohl im Gefässhofe als auch im Fruchthofe vor. Die Bluträume sind derart im Embryo gelagert, dass man im ausgebreiteten Blastoderma ober- und unterhalb derselben eine Zellenlage findet.

Nach His scheidet sich aus der oberen Fläche des Keimwalles eine Platte ab, welche aus gefässbildenden Zellen besteht. His bezeichnet diese Schichte als das Gefässblatt Panders. Die vom Keimwalle abgelöste Platte besteht anfangs aus eckigen

Zellen mit kurzen Ausläufern, die sich stellenweise dichter zusammendrängen und an anderen Stellen auseinanderweichen. Die Fortsätze der gefässbildenden Zellen senken sich theilweise in den Keimwall ein, theilweise erreichen sie nach oben das obere Keimblatt (Grenzblatt His). Dadurch entsteht ein Lückensystem, dessen Räume mit einander communiciren. Diese sind stellenweise aufgetrieben und mit kleinen Körperchen gefüllt. Sie stellen in diesem Zustande die bekannten Blutinseln dar. Innerhalb des Embryonalleibes liegen die Blutinseln theils der Darmfaserplatte dicht an, theils sind sie von ihr getrennt. Wie sich die Gefässröhren bilden, gibt His nicht genau an, doch so viel, meint er, sei sicher, dass die Röhren anfangs solide Stränge darstellen, die später hohl werden. Die Gefässröhren treten zuerst in der *Area opaca* auf und sind vor der Bildung des Herzes da. Man kann bei einem Embryo, bei welchem die Rückenfurche am Kopfende sich zu schliessen beginnt, auf Querschnitten, die durch denselben gelegt sind, alle Stadien der Gefässentwickelung sehen. Man findet alsdann in der *Area opaca* die ausgebildeten Räume und in der *Area pellucida* im Embryo die Anlagen derselben. Im vorderen Theile des Fruchthofes ist eine Strecke, welche nach His in diesem Stadium der Entwickelung nicht von Gefässräumen überbrückt wird. An dieser findet sich nach His keine Muskelplatte.

Fig. 33.

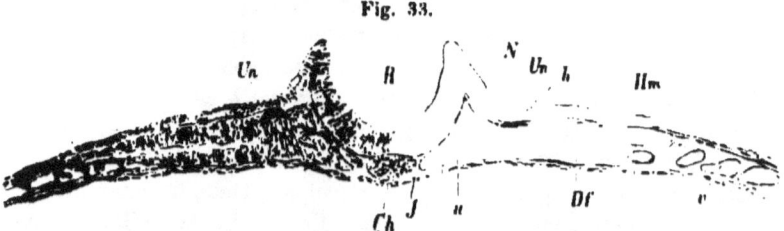

Querschnitt durch den Hühnerembryo vom zweiten Tage. Ausgebildete Bluträume in der *Area pellucida*. *R* Rückenfurche. *h* Nervenhornblatt. *Hm* Hautmuskelplatte. *U* Urwirbel. *Ch* Chorda und *Df* Darmfaserplatte des mittleren Keimblattes. *J* Darmdrüsenblatt. *V* Ausgebildete Bluträume in der *Area pellucida*.

Nach Klein erfolgt die erste Entwickelung der Blutkörperchen zugleich mit der Entwickelung der Blutgefässe in der Weise im bebrüteten Hühnerei, dass unter den Zellen der tieferen Schichte der Keimscheibe einzelne durch Vacuolenbildung hohl werden und sich zu blasenartigen Gebilden umgestalten. Es sind dies wahrscheinlich die von Afanasieff gesehenen Hohlräume. Der ursprüngliche Zellenkern theilt sich in mehrere Theile, welche in regelmässigen Räumen auseinanderrücken. Hierauf schnüren sich von der inneren Oberfläche kleine Protoplasmastücke ab, welche in den Hohlraum fallen, sobald sie die Grösse eines farblosen Blutkörperchens erreicht haben. Diese Stücke sollen sich vor oder nach der Abschnürung zu färben beginnen. Eine zweite Form Blutkörper bildender Elemente sind Zellen, deren feinkörniges Protoplasma sich im Centrum oder in Anschwellungen der Fortsätze zu Blutkörperchen umgestaltet. Diese — Brutzellen Klein's — sind endogene Zellen und Klein hält es für gleichgiltig, ob sich in einer Zelle zuerst eine Höhle bilde, in welche hinein von der sie begrenzenden Wand sich Zellen abschnüren, oder ob sich im centralen Theile einer Zelle neue Zellen bilden, die vom peripherischen Theile der ursprünglichen Zellsubstanz umschlossen werden.

Soweit die Angaben der Autoren über die erste Anlage der Blutbahnen. Die Anordnung derselben zu bestimmten Gefässen, sowie die Verzweigung und Verbreitung der letzteren im Embryo wollen wir näher kennen lernen, sobald wir in die Anlage und Entwickelung des Herzens genauer Einsicht genommen haben werden.

Siebentes Capitel.

Vorderdarmbildung. Falte am Kopftheile des Embryo. Kopfkappe. Betheiligung des mittleren Keimblattes an der Bildung der Sinnesorgane. Pleuroperitonealhöhle. Ductus omphalo-mesaraicus. Allantois. Entwickelung des Herzens. Rhythmische Contraction desselben. Elemente des embryonalen Herzens. Das Herz und die Gefässe in späteren Entwicklungsstadien.

Bildungsvorgänge am Kopf- und Schwanzende des Embryo.

Während wir im Rumpftheile die oben beschriebenen Differenzirungen im mittleren Keimblatte beobachten, kommen am Kopfe und Schwanze des Embryo der Säugethiere und Vögel Veränderungen vor, die mit der Bildung des Kopfdarmes und Schwanzdarmes im Zusammenhange stehen.

An dem ursprünglich flach ausgebreiteten Embryo kann man, bevor die Anlage der Sinnesorgane zu sehen ist, nicht leicht unterscheiden, welches das Kopf- und welches das Schwanzende des Embryo ist. Sind einmal die beiden Ausstülpungen der primären Augenblase zu sehen, und ist der vordere Theil des Centralnervensystems abgeschlossen, so ist das Erkennen des Kopfendes ein Leichtes. Bald nachdem sieht man, dass der Embryo am Kopfende aus seiner früheren Ebene zu liegen kommt. Dies geschieht dadurch, dass das ganze Blastoderma mit sämmtlichen Schichten eine Doppelfalte bildet, die sich rings um die vordere Peripherie des Kopftheiles erstreckt.

Fig. 34.

Sie zeigt eine Concavität nach aussen, die vom äusseren Keimblatte ausgekleidet ist, eine zweite Concavität, die gegen die Höhle unterhalb der Ausbreitung des Embryo sieht und von dem in diesem frühen Stadium aus platten Epithelien zusammengesetzten Darmdrüsenblatte ausgekleidet ist.

Beobachtet man einen solchen Embryo unter dem Mikroskope während er ausgebreitet ist, so sieht man, entsprechend der Stelle der Falte, einen das Licht weniger stark brechenden Streifen, der nahezu halbzirkelförmig ist, und mit seinen beiden Enden gegen die Seitenwand des Embryo ausläuft. Die Form der Falte zeigt auf das Deutlichste, dass nicht nur der vorderste Theil des Kopfendes, sondern auch die seitlichen Theile sich an ihr betheiligen.

Durch diese Faltenbildung entsteht unterhalb des Kopfes eine Höhle, die von der gesammten Keimanlage umgeben ist und gegen den Dotter offen steht. Diese Höhle wird Kopfdarmhöhle (Remak [Fig. 34 *Kd*]) genannt. Man bezeichnet sie auch als Vorderdarm. Ihr vorderstes Ende ist blindsackförmig.

Jenen Theil der Keimhaut, welcher sich über den Kopf zurückschlägt, so dass man den Kopf, wenn der Embryo von oben betrachtet wird, bedeckt sieht, bezeichnet man als Kopfkappe des Embryo.

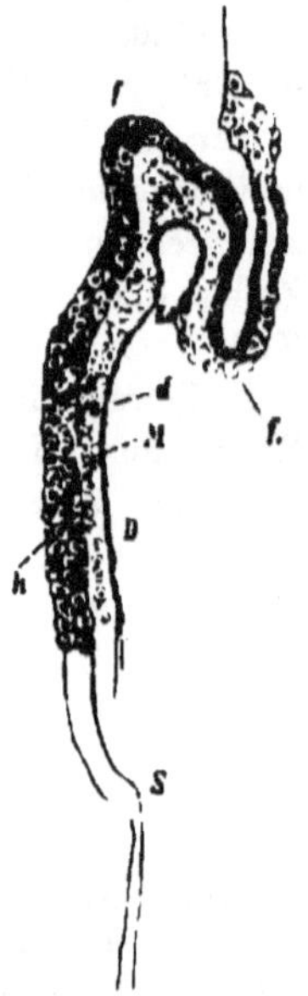

Längsschnitt durch den Kopf- und Schwanztheil eines Hühnerembryo, Anfang des zweiten Tages. *f* Erste Biegung, *f*, zweite entgegengerichtete Biegung der Keimanlage. *h* Nervenhornblatt. *M* Mittleres Keimblatt. *d* Darmdrüsenblatt. *D* Darm des Embryo. *Kd* Kopfdarm od. Vorderdarm. *S* Schwanztheil, an welchem die Krümmung später auftritt als am Kopfe.

Durch die Faltenbildung schnürt sich gleichsam der Thierleib am Kopfende von dem umgebenden Fruchthofe ab. Zugleich aber wird ein Theil der Umhüllung des Embryo gebildet, auf welche wir beim Amnios zurückkommen und von der wir hier nur erwähnen, dass sie auch Amniosfalte genannt wird. Es ist dies jener Theil, welcher die Kopfkappe des Embryo bildet.

Die Endausläufer der Faltenwand setzen sich zum Theile über den Nahrungsdotter oder bei Säugethieren über die näher zu beschreibende Nabelblase fort.

Betrachtet man die Gebilde des mittleren Keimblattes, sowohl auf Längs- als auch auf Querschnitten durch den Embryo, so fällt es zunächst auf, dass die Urwirbelbildung am Kopfe aufhört und man hier nur die Gebilde des mittleren Keimblattes an und um die einzelnen Anlagen des äusseren Keimblattes gelagert sieht. Sie stellen jenen Theil des mittleren Keimblattes dar, welchen man mit dem Namen Sinnesplatte bezeichnet, da sie die Bildungsmasse für die einzelnen Sinnesorgane abgeben, insoferne diese aus dem mittleren Keimblatte ihre Gewebe aufbauen. Es sind dies jene Gebilde des mittleren Keimblattes, welche um den Anlagen des Auges zu finden sind. Sie umgeben die Augenblase und bilden die Grundlage für die *Scelerotica* und *Chorioidea*, sie setzen sich durch die Augenspalte bis in's Innere des Auges fort, wo sie die Anlage für die Gefässe im Auge und im Glaskörper bilden. Ferner umgeben die Elemente der Sinnesplatte das Labyrinthbläschen und bilden die Grundlage für die knöchernen und bindegewebigen Theile des Labyrinthes. Dieser Theil des mittleren Keimblattes betheiligt sich vorzüglich an der Bildung des Kopfes, weswegen man auch für ihn die Bezeichnung Kopfplatte wählte.

Mit der ersten Krümmung, welche der Embryo am Kopfende macht, übergehen sämmtliche Schichten des Keimes, sowohl von der Seite als auch von vorne und kommen an die untere Fläche des Embryo zu liegen. Demzufolge wird der Vorderdarm nach unten zunächst vom Darmdrüsenblatte und darauf vom mittleren Keimblatte bedeckt sein. Zumeist nach aussen ist das Hornblatt als Bedeckung zu sehen. Man sieht daher auf Längsschnitten in diesem frühen Entwickelungsstadium bei Hühnerembryonen (Fig. 34) an der vorderen Hälfte des Vorderdarmes ein Bild, welches dieser Schilderung entspricht. Bald darauf findet im mittleren Keimblatte unterhalb des Vorderdarmes eine Spaltung in die Darmfaserplatte und Hautmuskelplatte statt. Dadurch kommt unterhalb des Vorderdarmes eine Höhle zu Stande, welche ähnlich der Pleuroperitonealhöhle entstanden ist und von den Elementen des mittleren Keimblattes, respective der Darmfaserplatte und Hautmuskelplatte ausgekleidet wird. Diese Höhle führt den Namen Herzhöhle, da in ihr das Herz (Fig. 27 *H*), ein Product aus der Darmfaserplatte, zu liegen kommt. Man findet an Querschnitten, die durch den Vorderdarm in der Herzgegend gelegt wurden, unter den Darmdrüsen die Darmfaserplatte mit dem aus ihr gebildeten Herzen, welches in der Herzhöhle liegt.

Unter dem Herzen sieht man noch mehrere Lagen aus Zellen, die am Querschnitte sichtbar sind, welche aber in die seitlichen Falten des Amnios übergehen.

Durch diese Vorgänge werden die Verhältnisse der einzelnen Schichten, welche die Kopfkappe bilden, complicirter. Wir wollen hier das Verhalten der einzelnen an der Faltenbildung betheiligten Schichten näher beschreiben.

Nach innen vom Vorderdarme haben wir das Darmdrüsenblatt (Fig. 34), welches in den Rest des Keimwalles beim Hühnerembryo oder in die mit ihr in continuo vereinigte Auskleidung des Dotterbläschens beim Säugethierei übergeht. Ihm anliegend ist die Darmfaserplatte, welche stets mit dem Darmdrüsenblatte bei allen Vorgängen der Entwickelung gleichen Schritt hält. Beide erwähnten Schichten biegen nach vorne um. Vor der Darmfaserplatte läuft die Hautmuskelplatte. Beide umfassen die Herzhöhle. Die Hautmuskelplatte biegt gleichfalls nach vorne um und vereinigt sich mit der Darmfaserplatte nahe am Kopfende des Embryo. Diesem schliesst sich noch das äussere Keimblatt an, um sich über den Dotter weiter auszubreiten. Jener Theil der ursprünglichen Falte, der sich über das Kopfende ausbreitet und die Amniosfalte bildet, besteht aus einem Theile der Hautmuskelplatte und des äusseren Keimblattes.

Am Schwanzende des Embryo bildet sich eine ähnliche Falte wie am Kopfende desselben. Mit ihr zugleich kommt es zur Bildung des Schwanzdarmes. Dieser ist kleiner als der Vorderdarm (Fig. 34 *S*). Die Falte am Schwanzende sammt dem Schwanzdarme (Hinterdarme) bildet sich später als der Vorderdarm. Sie bleibt bei ihrer vollständigen Ausbildung ungefähr auf das hintere Viertel des Embryonalleibes beschränkt, während der Vorderdarm sich bis über die hintere Hälfte des Embryo hinaus erstreckt, bis er mit dem Hinterdarme und den von den Seitentheilen des Embryo gegen die Bauchfläche umbiegenden

Zellenlagen sich vereinigt und so den offenen Darm zu einem geschlossenen Rohre umgestaltet. Dieses Rohr steht anfangs mit der Dotterblase durch einen weiten Gang *(Ductus omphalomesaraicus)* in offener Communication, der (siehe Fig. 42 *N)* von jenen Zellenlagen umgeben ist, welche die Darmwand bilden. Es ist von den Elementen des Darmdrüsenblattes ausgekleidet. Dieser Gang wird allmälig mehr eingeengt, bis er endlich vollkommen verschlossen wird, was mit der Bildung des cylindrischen Darmrohres eintritt, wobei sich der Kopf- und Schwanzdarm mit einander vereinigen.

Allantois.

An dem Schwanzdarme von Menschen-, Säugethier- und Hühnerembryonen ist ein kleines blasenförmiges Gebilde zu beobachten, welches mit dem Schwanzdarme durch einen Stiel in Verbindung steht. Die Blase ist die *Allantois* (Harnsack des Embryo). In ihrer Wandung verzweigen sich eine Reihe von Gefässen, welche Aeste der absteigenden Aorten des Embryo sind.

Die Angaben über die Bildung der *Allantois* sind weniger übereinstimmend als man vermuthen sollte. Die Einen sehen sie solid in ihrer Entstehung, die Anderen als ein hohles Gebilde. Während sie nach den Einen unpaarig angelegt sein soll, sehen sie die Anderen paarig. In letzter Zeit wurden von His in seinem grösseren Werke und dann von Dobrynin über die erste Anlage der *Allantois* Untersuchungen angestellt, die die *Allantois* als ein hohles unpaares Gebilde in ihrer Anlage darstellen. Ihre Anlage ist folgende: Man beobachtet am Längsschnitte durch den Schwanzdarm, ungefähr am Ende des zweiten Bebrütungstages beim Huhne, den flach ausgebreiteten Darm am Schwanzende durch einen Wulst *(W)* begrenzt (Fig. 35). Dieser Wulst besteht aus dem aus der Ebene gegen die Dotterhöhle durch die wuchernden Gebilde des mittleren Keimblattes vorgerückten Darmdrüsenblatte *(Dd).* Hinter dem

Fig. 35.

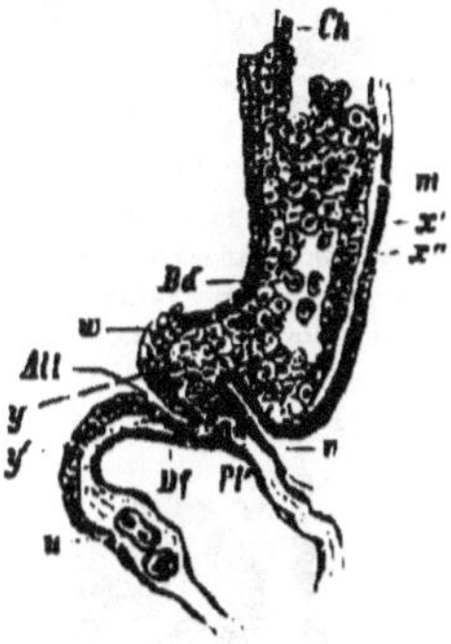

Längsschnitt durch das Schwanzende eines zwei Tage alten Hühnerembryo. *Ch* Chorda dorsalis. *Dd* Darmdrüsenblatt. *W* Wulst am Schwanzdarme. *All* Allantois. *u* Gefässdurchschnitte. *Df* Darmfaserplatte. *PP* Pleuroperitonealhöhle *v* Amnioshöhle. *z′ z″* Aeusseres Keimblatt. *M* Urwirbelmasse. *pp* Hautmuskelplatte. *S* Schwanzdarm.

Wulste bildet sich eine Falte *(All)*, die vom Darmdrüsenblatte ausgekleidet ist und welcher jene Gebilde des mittleren Keimblattes anliegen, die in der Entwickelung auch an der Bildung der Darmwand Antheil nehmen. Diese Falte *(All)* kommt bald nach ihrer Anlage so zu liegen, dass die durch sie entstandene Höhle, welche der Dotterhöhle zugewendet ist, parallel mit dem Enddarme (Schwanzdarme) zu stehen kommt, so dass der Schwanzdarm aus zwei mit einander parallelen Röhrenschenkeln besteht (Fig. 36 *All, S*). Der obere dieser Schenkel ist der Schwanzdarm *(S)*, der untere ist die unpaare *Allantois (All)*. Dass dieselbe unpaar ist, kann man sich an einer Reihe aufeinanderfolgender Längsschnitte durch den Schwanzdarm überzeugen.

Der Wulst *(w)* bildet an Längsschnitten die Scheidewand zwischen beiden Röhrenschenkeln. Bald darauf kommt der vordere Röhrenschenkel mehr nach unten vom Schwanzdarme (Fig. 37) zu liegen, so dass er jetzt gleichsam einer Ausstülpung der unteren Wand des Schwanzdarmes ähnlich ist, was auch bisher Veranlassung zu der noch so ziemlich allgemein verbreiteten Ansicht, gab, dass die *Allantois* eine Ausstülpung aus dem Schwanzdarme wäre. — Am Schwanztheile (Fig. 37) findet eine Spaltung des mittleren Keimblattes in Hautmuskelplatte *(Hp)* und Darmfaserplatte *(Df)* statt. Die Hautmuskelplatte biegt mit dem äusseren Keimblatte zusammen über das Schwanzende des Embryo um und bildet die Amniosfalte, welche einen Theil des Rückens am Schwanze bedeckt und so die Schwanzkappe darstellt. Die

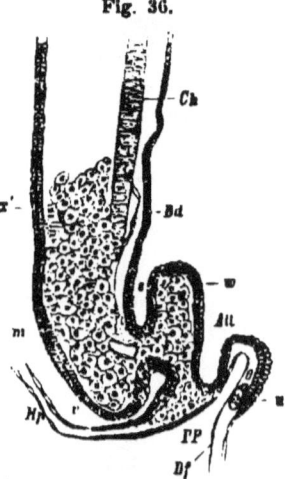

Fig. 36.

Zwei mit einander parallele Röhrenschenkel im Schwanzdarme eines Hühnerembryo des dritten Tages. Erklärung wie bei Fig. 35.

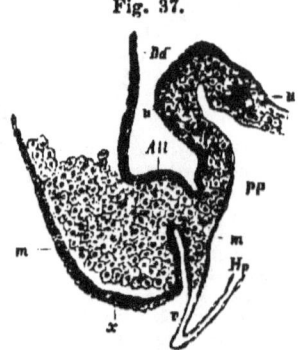

Fig. 37.

Längsschnitt durch den Schwanzdarm eines drei Tage alten Hühnerembryo. *Allantois* an der unteren Wand des Schwanzdarmes. *Dd* Darmdrüsenblatt. *U* Gefässdurchschnitte. *All Allantois. G* Schwanzdarm. *M* Mittleres Keimblatt. *x* Aeusseres Keimblatt. *v* Amnioshöhle. *PP* Pleuroperitonealhöhle. *Hp* Hautmuskelplatte.

Darmfaserplatte biegt mit dem Darmdrüsenblatte zur Bildung des Schwanzdarmes und der Allantois an die Bauchfläche des Embryo um. Zwischen der Darmfaserplatte und der Hautmuskelplatte ist die Pleuroperitonealhöhle (das *Coelom*) am Schwanzende. Diese Höhle wird durch das Aneinanderrücken des Amnios und der Allantois kleiner, bis sich die beiden letzteren berühren.

Rücken die Amniosfalten sowol vom Kopfe und Schwanzende als auch von den Seitentheilen des Embryo an der Bauchfläche einander näher, so liegt zwischen diesen der Stiel der Allantois und der Dotterblasengang. Um diese beiden Gebilde wird vom Amnios ein Ueberzug gebildet. Die Dotterblase kommt daher zwischen der Amniosfalte des Kopfendes und der Allantois bei den Säugethieren und Vögeln zu liegen.

Dem geschilderten Lageverhältnisse entsprechend, finden wir die Reste der Dotterblase am Neugeborenen als ein verkümmertes Gebilde zwischen Chorion (Product aus der Allantois) und dem Amnios.

Gasser tritt diesen Anschauungen entgegen, indem er annimmt, dass die unpaare und solide paarige Anlage der Allantois sich beide einander ergänzen, um die vollendete, mit Gefässen versehene Allantois zu bilden. Die Allantois führt schon in den frühen Entwickelungsstadien Blutgefässe, welche Aeste der Aorta sind, die später die im Nabelstrange der Säugethier- und Menschenembryonen auftretenden vasa umbilicalia darstellen. Beim Hühnerembryo legt sich die grösser gewordene Allantois sammt ihren Gefässen zum guten Theile der Schalenhaut des Eies an.

Anlage des Herzens.

Unterhalb des Vorderdarmes findet das Centralorgan der Kreislaufsorgane seine erste Anlage. Die früheren Autoren (Reichert) waren der Meinung, dass das Herz in ähnlicher Weise sich bilde, wie man die Gefässe sich entwickeln liess. Aehnlich wie die Letzteren ursprünglich solide waren, sollte das Herz eine verdickte Zellenmasse darstellen, die später hohl werde und mit den Gefässen in einer nicht genau gekannten Weise in Verbindung trete. In neuerer Zeit gelangte man zu einer anderen Anschauung über die Anlage des Herzens.

Hiernach ist das Herz als eine Ausstülpung der Darmfaserplatte zu betrachten, und zwar jenes Theiles, welcher unterhalb des Vorderdarmes an dem Darmdrüsenblatte liegt. Man sieht anfangs das Herz als eine kleine rundliche hohle Vortreibung der Darmfaserplatte. (Beim Kaninchen, Huhne und Batrachier.)

Innerhalb dieses ausgestülpten Organes beobachtet man eine Lage von Zellen, die auf dem Durchschnitte Spindeln gleichen. Von diesen kann ich nicht genau angeben, aus welchem Substrate des Embryonalleibes sie stammen, doch ist soviel gewiss, wie man aus der Untersuchung der späteren Stadien ersieht, dass diese Zellenlage dem mittleren Keimblatte entnommen ist.

Das Herz wird allmälig grösser, indem sich seine Höhle erweitert. Es hängt durch ein mesenterialähnliches Gebilde (*E*) mit der übrigen Darmfaserplatte (*Df*) an der unteren Wand des Vorderdarmes (Fig. 38. 39. *II*.). Geht man längs der äusseren Fläche des Herzens nach rechts oder links vom Embryo, so gelangt man zunächst an die Darmfaserplatte (*Df*), hierauf kommt man in die Pleuroperitonealhöhle (*PP*) rechts oder links vom Herzen, von da kann man an der Fortsetzung der Hautmuskelplatte bis an die äussere Oberfläche des Amnios gelangen. Das Herz stellt in diesem Stadium ein schlauchförmiges Gebilde dar, das vorne mit den Arterien des Embryo in Verbindung steht; sein hinteres Ende geht in die Venen über. Bald darauf macht dieser Schlauch eine S förmige Krümmung, so dass der venöse Theil des Herzens nach links und hinten, der arterielle nach rechts und vorne zu liegen kommt.

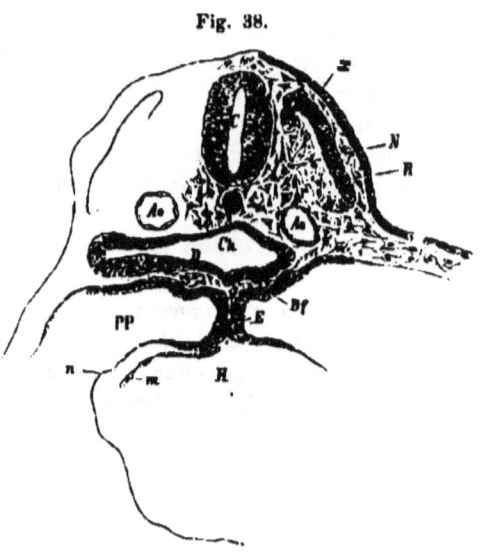

Fig. 38.

Durchschnitt eines Kaninchenembryo in der Höhe des Herzens. (12 Tage alt). *C* Centralnervensystem. *ch* chorda dorsalis. *D* Vorderdarm. *Ao* Aorten. *H* Herzhöhle. *m* innere und *n* äussere Schichte desselben. *U* Urwirbelmasse. *R* Rest des peripheren Theiles der Urwirbel. *z* Nervenhornblatt. *Df* Darmfaserplatte. *PP* Pleuroperitonealhöhle. *E* Mesenteriumähnliches Gebilde, durch welches das Herz am Vorderdarme hängt.

Die Anlage des Herzens, wie wir sie hier geschildert, stimmt mit den Angaben von His und Dareste insoferne nicht überein, als diese Autoren das Herz nicht als unpaariges Organ in seinem ersten Auftreten kennen, sondern dasselbe als paarig in seiner Anlage auffassen.

Nachdem sich das Herz zu einem Schlauche umgestaltet, beginnen die rythmischen Contractionen desselben; diess geschieht noch bevor in dem Herzen hämoglobinhaltiges Blut zu sehen ist.

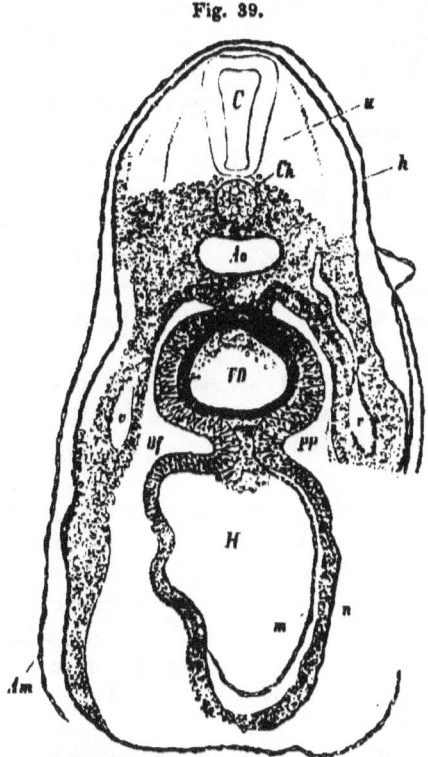

Fig. 39.

Querschnitt eines Hühnerembryo in der Höhe des Herzens. (Ende des dritten Tages der Bebrütung). *U* Urwirbelmasse. *C* Centralnervensystem. *ch* chorda dorsalis. *Ao* Aorta. *h* Nervenblatt. *VD* Querschnitt des Vorderdarmes. *H* Herz. *m* innere und *n* äussere Schichte desselben. *v* Gefässdurchschnitte. *Am* Amniosstücke von in seiner Continuität getrenntem Amnion.

Die rythmischen Contractionen besitzen von Anfang an eine Regelmässigkeit; nur durch Abkühlung beginnt sie unregelmässig zu werden und kommt bei fortgesetztem Abkühlen endlich zur Ruhe. Wird hierauf das embryonale Herz neuerdings erwärmt, so kann man es zur Contraction wieder anregen, welche so lange fortdauert, als man eben die Temperatur auf der Höhe der Bebrütungstemperatur (beim Huhne) erhält. Diess ist der Fall sowohl am Herzen des Embryo innerhalb des eröffneten Eies, oder wenn man den Embryo ausschneidet. Ja man kann diese Versuche am herauspräparirten Herzen, oder an einzelnen Stücken desselben, wobei ein Stück noch ohngefähr den zwölften Theil des ganzen Herzens ausmachen muss, mit gutem Erfolge öfter wiederholen.

Von der Wirkung der chemischen Reize ist zu bemerken, dass Ammoniakdämpfe, welche den quergestreiften Muskel im Allgemeinen zur Contraction reizen, auf die Elemente des embryonalen Herzens tödtend einwirken. Bringt man ein embryonales Herz oder Stücke desselben bis auf 48—50° C., so kann man durch Abkühlen bis zur Bebrütungstemperatur keine Contraction mehr hervorbringen.

In späteren Entwickelungsstadien wird der S-förmig gekrümmte Herzschlauch derart gestellt, dass das venöse Ostium gegen die Rückenwand und der arterielle Abschnitt gegen die Bauchwand gewandt ist. Am venösen Theile beobachtet man zwei kleine seitliche Hervortreibungen, die rundlich sind. Sie stellen die Anlage der Herzohren des embryonalen Herzens dar, welche während des Entwickelungslebens auffällig gross im Verhältnisse zu den übrigen Herzabschnitten werden.

Die Verlängerung des venösen Ostiums geht in zwei Gefässröhren aus, welche die ins Herz mündenden Venen darstellen. Der venöse Abschnitt wird als *Venensinus* bezeichnet. Der arterielle Abschnitt stellt zwei Stücke dar, die mit einander communiciren, nur äusserlich anscheinend von einander getrennt sind.

Der rechte Theil (rechte Kammer) bildet ein kolbenflaschen ähnliches Stück, dessen Hals *(Bulbus aortae)* in die sechs Kiemenschlagadern des Embryo (Aortenbogen) jederseits drei ausgeht. Der linke Theil ist mehr rundlich. Zwischen ihm und dem venösen Abschnitte des embryonalen Herzens bildet sich eine Verengerung, die man canalis auricularis nennt.

Am dritten Tage der Bebrütung beim Hühnerembryo sieht man nach Lindes und Rokitansky innerlich am *Canalis auricularis* eine $\frac{x}{y}$ förmige Spalte, wo x y zwei denselben begrenzende Lippen darstellen, die Lindes Auriculo-ventricular-Lippen nennt. Die beiden Lippen stehen parallel der Querachse des Vorhofraumes. Der quer schwarz bezeichnete Raum in der Spalte stellt die Communication zwischen Vorhof und Kammer als Ostium auriculo-ventriculare dar.

Bald wird das Herz in allen seinen Theilen auffällig grösser und es hört im Embryo der erste Kreislauf durch die *Vasa omphalo mesaraica* auf und statt dessen tritt bei den meisten Thierreihen und dem Menschen der zweite Kreislauf durch die Aorta und die *Vasa umbilicalia* auf.

Die Aorta zerfällt in zwei Stämme, nachdem sie die fünf Kiemenschlagadern jederseits abgegeben, welche anfangs getrennt sind und später an der Berührungsstelle sich vereinigen, so dass man später eine unpaare Aorta findet. Eine der früheren *Arteriae mesaraicae* wird zur bleibenden *Arteria mesenterica superior*, die den Darmkanal mit arteriellem Blute versorgt, die andere obliterirt.

Von den Kiemenschlagadern obliteriren die zwei vordersten, das, was zurückbleibt, bildet bei den höheren Thieren beiderseits die Carotis. Aus der dritten Kiemenschlagader von vorne wird jederseits die Subclavia. Die vierte von vorne schwindet rechterseits, auf der linken Seite bleibt sie als *Arcus aortae*. Die unterste Kiemenschlagader wird jederseits zur Pulmonalis und von der linken stammt überdiess der Ductus Botalli ab, durch welchen eine Communication zwischen Aorta und Pulmonalis hergestellt ist.

Mit dem weiteren Wachsthume des Herzens tritt bald eine Trennung der beiden Kammern durch eine Scheidewand ein, welche sich in den *Bulbus arteriosus* fortsetzt. Durch die Bildung der Scheidewand entstehen aus dem Bulbus arteriosus die beiden Hauptstämme für den Lungen- und Körperkreislauf: die Arteria pulmonalis und die Aorta. Man beobachtet äusserlich an der Stelle, die der Scheidewand entspricht, eine Furche, welche beim ausgewachsenen Thiere schwindet. Im Venensinus, der sich mittlerweile zum grösseren Vorhofe umgestaltete, tritt von vorne und oben nach hinten und unten eine Scheidewand auf, die gegen die hintere Wand zu eine Oeffnung zurücklässt, durch welche die beiden Vorkammern noch längere Zeit mit einander communiciren.

Nach den Angaben von Lindes und Rokitansky gewahrt man, dass von der hinteren Auriculo-ventricular-Lippe eine Leiste längs der hinteren Wand des Vorhofes hinzieht und da mit einer Falte, die von der oberen Wand des Venensackes kommt, zusammentrifft. Am vierten Tage hängt das Vorhofsseptum courtinenartig in den Vorhofsraum mit unterem freiem Rande hinein. Bald erreicht dieser freie Rand die Auriculo-ventricular-Klappen, verwächst mit ihnen und wir haben eine vollständige Scheidewand der Vorkammer und zwei atrio-ventricular-Ostien. Diese Scheidewand ist mehrfach durchbrochen, die Lücken sind von einem zottigfilzigen Balkenwerke begrenzt. Es fehlt somit anfangs ein Foramen ovale.

Die durchbrochene Scheidewand bildet sich erst später zur bleibenden Scheidewand der Vorkammer aus. Das Gitter soll als Ergebniss vielfacher Durchbrüche durch den Blutdruck vom rechten Vorhofe zu Stande gekommen sein.

Bei der Bildung der Venen in späteren Stadien ist nach Rathke zu beachten, dass wir zwei grösseren Venen auf jeder

Körperhälfte im Embryo begegnen, die man als Cardinalvenen bezeichnet. Es existirt für jede Körperhäfte eine obere und untere Cardinalvene. Beide Stämme vereinigen sich zu den Ductus Cuvieri, die ins Herz münden und später zu den Hohlvenen werden.

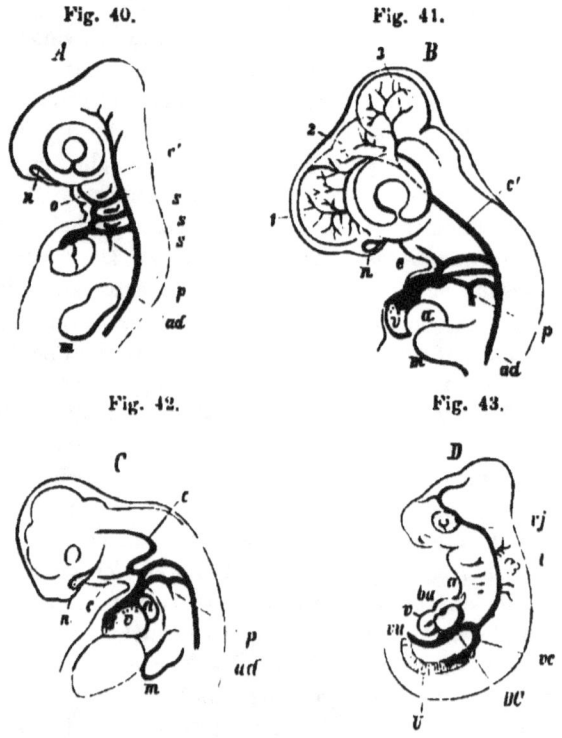

Fig. 40. Fig. 41. Fig. 42. Fig. 43.

Entwickelung der grossen Gefässtämme aus der primitiven Anlage. (Nach Rathke.) *A* Reptil (Eidechse). *B* Vogel. *C* Säugethier (Schwein). Bei diesen sind die beiden ersten Aortenbogenpaare verschwunden. In *A* und *B* bestehen der dritte, vierte und fünfte Bogen (Kiemenschlagader) vollständig, bei *C* nur die beiden letzten, die Verbindung des dritten mit dem vierten Bogen, respective mit der Aortenwurzel, ist gelöst. Vom fünften (letzten) primitiven Bogen geht ein Ast (*p*) als Pulmonalarterie ab, angedeutet in *A*, weiter entwickelt in *B* und *C*. Der von Abgabe dieses Abschnittes bis zur Aorta verlaufende Abschnitt des letzten Bogens stellt den Ductus Botalli vor. *c* Carotis externa, *c'* Carotis interna, bei *A* und *B* noch als vordere Fortsetzung der Aortenwurzel, bei *C* mit der Carotis externa einen gemeinsamen Stamm bildend, der von dem vierten linken Bogen (dem bleibenden Aortenbogen) entspringt. *a* Vorhof, *v* Kammer. *ad* Aorta descendens, *s* Kiemenspalten, *n* Nasengrube, *1, 2, 3* Vorder-, Mittel- und Zwischenhirn, *m* Anlage der vorderen Gliedmassen. In *A* und *B* ist am Auge noch die Chorioidealspalte wahrnehmbar. *D.* Vorderer Abschnitt des Venensystems eines Schlangenembryos (nach Rathke), *v* Herzkammer, *ba* bulbus arteriosus, *c* Vorhof, *Dc* linker Ductus cuvieri, *cc* linke Cardinalvene, *vj* linke Jugularvene, *vu* Umbilicalvene, *U* Urniere, *L* Labyrinthanlage.

Eine der früheren *Venae omphalo-mesaraicae* obliterirt, die andere bleibt als Ast der *Vena mesenterica* und tritt mit den Lebergefässen in Anastomose. Die beiden oberen Cardinalvenen werden jederseits zur *Iugularis externa*. Aus den unteren Cardinalvenen wird rechts die *Vena Azygos* und links die *Vena haemiazygos*.

Achtes Capitel.

Verhalten der Urwirbel. Verwendung der Urwirbelmasse. Wucherung der Urwirbelmasse, um das Nervensystem, die *Chorda dorsalis* und den Urnierengang. Seitenplatte. Darmplatte. Bildung der unpaaren Pleuroperitonealhöhle. Schichten des embryonalen Darmes. Verhalten der Urwirbelmasse am Kopfende. Erste Kopfkrümmung. Kiemenfortsätze. Zunge. Mundhöhle. Verhalten der Urwirbelmasse am Schwanze des Embryo. Das mittere Keimblatt bei den Amphibien und Fischen.

Veränderung der Urwirbel.

Nachdem wir nun die Vorgänge am Kopf- und Schwanzende kennen gelernt haben, können wir uns dem mittleren Keimblatte abermals zuwenden, um das Verhalten der beschriebenen Gebilde bei den Organanlagen näher zu besprechen.

Wir lernten als Hauptgebilde im mittleren Keimblatte die Urwirbel kennen. Dabei deuteten wir schon oben an, dass dieser Theil des mittleren Keimblattes im hervorragendsten Maasse sich am Aufbaue des Embryonalleibes betheilige.

Wenn wir einen Blick auf einen Querschnitt durch den Rumpftheil eines Säugethier- oder Hühner-Embryo werfen, so ergibt sich sogleich, dass wir am Querschnitte einige Höhlen zu Gesichte bekommen, die theilweise ringsherum verschlossen sind, theilweise auch mit benachbarten Höhlenräumen in Verbindung stehen können (Fig. 41). Sämmtliche Höhlen verlaufen mit der Längsachse des Embryo parallel. Die Höhlen sind das Centralnervensystem, die beiden Pleuroperitonealhöhlen und der Darmkanal. Ausser diesen grösseren Höhlen sind die Röhren der Gefässe und der Ausführungsgang vom Wolff'schen Körper sichtbar. Sämmtliche erwähnte Hohlräume werden von den Gebilden der Urwirbel umwuchert. Dabei ist zu beachten, dass es zum grössten Theile der Kern der Urwirbel ist, dessen Gebilde sich vermehren, und um alle erwähnten Höhlen herum sich lagern, während die Elemente des peripheren Theiles der Urwirbel für längere Zeit unverändert bleiben und nach aussen und oben vom Embryo zu liegen kommen.

Die vermehrten Elemente der Urwirbel bilden das Bindegewebe, die Muskeln, Knochen etc., welche um den angelegten Höhlen in späteren Stadien zu finden sind. Sie liefern ferner das Substrat für die Gewebe der sogenannten Darmdrüsen und der Wandungen der Ausführungsgänge derselben, bis auf das Epithel, welches diese auskleidet. Es ist aber hier zu erwähnen, dass die Elemente, aus denen sich die Gewebe entwickeln, nicht in allen Fällen ausschliesslich von den Elementen der Urwirbelmasse stammen müssen, sondern es ist anzunehmen, dass, nachdem einmal die Gefässverzweigungen im Embryonalleibe schon verbreitet sind, durch die Gefässwandungen ausgewanderte Elemente der embryonalen Gefässe als Grundlage für das eine oder das andere der oben angeführten Gewebe angesehen werden können. Diess anzunehmen sieht man sich veranlasst mit Rücksicht darauf, dass man in durchsichtigen Partien des Embryonalleibes, deren Kreislauf der microscopischen Beobachtung unterzogen werden kann, die Auswanderung der Elemente in hervorragendem Masse zu sehen Gelegenheit hat.

So z. B. ist dies im Schwanze der Batrachierembryonen, im Leibe des Forellenembryo bei durchfallendem Lichte, zuweilen auch (mit Hartnack Object. V. Ocul. III.) an Hühnerembryonen beim auffallenden Lichte zu beobachten.

Am Rumpftheile der Embryonen wuchert die Urwirbelmasse zunächst zwischen das Centralnervensystem und jenen Theil des Hornblattes, welcher sich bei der Bildung des Centralnervensystems vom letzteren abgeschnürt hat, hinein.(Fig. 40.*N*).

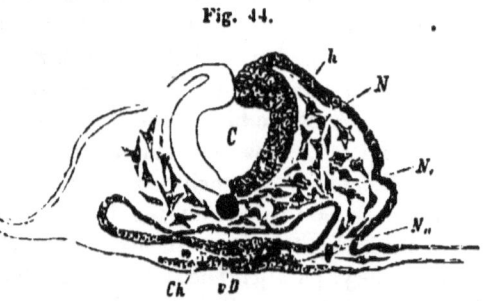

Fig. 44.

Durchschnitt durch den Embryo eines Huhnes in der Höhe des Vorderdarmes (zweiter Tag der Bebrütung). *C* Centralnervensystem im Abschliessen begriffen. *h* Nervenhornblatt. *N* Urwirbelmasse, die um das Centralnervensystem wuchert. *N,* Urwirbelmasse, die von beiden Seiten des Embryo die *Chorda* umgibt. *N,,* Urwirbelmasse, welche den Querschnitt des Vorderdarmes umschliesst. *ch chorda dorsalis. VD* Vorderdarm.

Bald darauf begegnet sich die Urwirbelmasse von beiden Seiten unterhalb des Centralnervensystems und schliesst die *Chorda dorsalis* (Fig. 44. *N,*) ein. Der beschriebene Theil der Urwirbelmasse bildet die *Mem-*

brana reuniens superior (Reichert). Jener Theil, welcher über dem Rücken des Embryo das Centralnervensystem umschliesst, dient zur Anlage der Bögen der bleibenden Wirbel und der Bandapparate zwischen den Wirbeln.

Der Theil der Urwirbelmasse, welcher die Chorda umgibt (N_i), bildet die Grundlage für die Körper der bleibenden Wirbel und der zwischen den Wirbel-Körpern liegenden Bandmasse. Ausserdem bildet dieser Theil der Urwirbelmasse die Hüllen des Gehirnes und Rückenmarkes.

Somit ist das in der Längsachse befindliche Rohr, dessen Wandungen aus den Elementen des äusseren Keimblattes gebildet werden, von der Urwirbelmasse vollständig umschlossen. Diese Umgebung des Nervensystems bildet die perennirende Wandung zum Einschluss desselben.

Fig. 45.

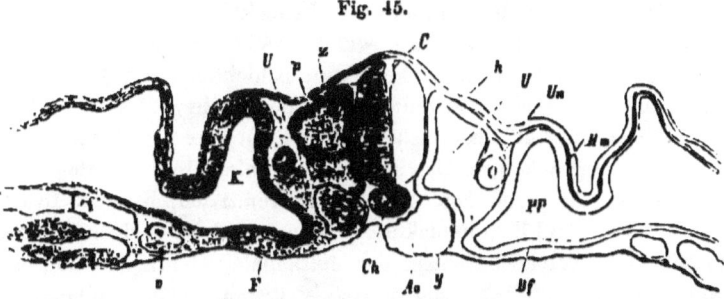

Querschnitt durch die untere Hälfte eines Hühnerembryo des dritten Tages. C Centralnervensystem. h Nervenhorublatt. U Urwirbel. U_i Urwirbelmasse, die um den Ausführungsgang des Wolff'schen Körpers gewuchert ist. Un Urnierengang. Hm Hautmuskelplatte. Pp Pleuroperitonealhöhle. Df Darmfaserplatte. y Darmdrüsenblatt. Ao Aorta. ch Chorda dorsalis. F Urwirbelmasse, die zwischen die Hautmuskelplatte und das Darmdrüsenblatt vorgeschoben ist, Darmplatte genannt. o Blutäume. p Peripherer und z centraler Theil der Urwirbel. K Uebergang der Hautmuskelplatte in die Darmfaserplatte. (Waldeyer's Keimhügel).

Zu beiden Seiten der Mittellinie (Fig. 45), an der Uebergangsstelle der Urwirbel in die Hautmuskel (Hm) und Darmfaserplatte (Df) findet sich der Urnierengang (Un), welcher zwischen äusserem und mittlerem Keimblatte liegt. Um diesen lagert sich bald die Urwirbelmasse (U_i), welche die Wandung des Ganges mit Ausnahme des Epithels liefert. Dieser Gang wird durch die Entwickelungsvorgänge im Embryo durch die Umbiegung der Seitenwände, welche zum Abschliessen des Darmkanals und der Leibeshöhle beitragen, aus seiner ursprünglichen Lage so verschoben, dass er vom äusseren Keimblatte sich entfernt und tiefer bis an die Uebergangsstelle der Hautmuskelplatte in die Darmfaserplatte verlegt scheint, wo er dem Schwanzende näher gerückt, mehr gegen die Mittellinie des Embryo reicht.

Nachdem der Urnieren-Gang *(Un)* von der Urwirbelmasse *(U_1)* umgeben ist, setzt sich dieselbe zwischen die Hautmuskelplatte *(Hm)* und das äussere Keimblatt *(h)* fort. Dieses Vorwärtsschieben der Urwirbelmasse *(U_1)* in diesem Raume kann man allmälig verfolgen, indem sie bei jüngeren Embryonen ihre Grenze näher der Mittellinie hat, während diese Grenze bei den älteren mehr hinausrückt. Das Vorrücken der Urwirbelmasse vom axialen Theile des Embryo gegen den peripheren hängt von Vermehrung derselben ab. Mit dieser gleichzeitig nimmt der Embryo auffällig in seinen körperlichen Dimensionen zu.

Dieser vorgeschobene Theil der Urwirbelmasse *(U_1)* ist nach aussen vom äusseren Keimblatte *(h)* bedeckt, nach innen liegt ihr die Hautmuskelplatte *(Hp)* an, welche selben gegen die Pleuroperitonealhöhle zu bedeckt. Diese drei Schichten *(h U, Hp)* geben zusammen die sogenannte Seitenplatte des Embryo. Diese bildet die Leibeswand mit ihren sämmtlichen Organen und Gebilden.

Die vorgeschobene Urwirbelmasse, welche in der Seitenplatte liegt, bildet die Grundlage für die Extremitäten, Rippen, Brustbein, Rücken- und Bauchmuskeln, die Cutis und die übrigen Gewebe und Organe, welche zwischen der epithelialen Hautbedeckung und dem Epithel des *Peritoneum parietale* liegen. Das Bindegewebe des *Peritoneum parietale* stammt aus der Urwirbelmasse in der Seitenplatte.

In ähnlicher Weise, wie die Urwirbelmasse zwischen das äussere Keimblatt und die Hautmuskelpatte vorgeschoben wird und die Leibeswand bildet, sieht man dieselbe zwischen die Darmfaserplatte und das Darmdrüsenblatt gleichzeitig vorrücken, (Fig. 45), um die Darmwand, das *Peritoneum viscerale, Mesenterium* und die Darmdrüsen zu bilden, soferne die letzteren aus dem mittleren Keimblatte ihr Bildungsmaterial beziehen.

Das Vorschieben (Fig. 46) dieses Theiles der Urwirbelmasse *(f)* geschieht ebenso allmälig, als wir es von jenem Theile *(U_1)* aussagten, der zwischen das äussere Keimblatt und die Hautmuskelplatte zu liegen kam.

Durch diesen Theil der Urwirbelmasse *(f)* wird der Darmkanal ringsherum umgeben. Ferner wird die Darmwand gegen die Pleuroperitonealhöhle durch die Darmfaserplatte *(Df)*, welche das erste Epithel des *Peritoneum viscerale* abgibt, abgegrenzt. Die Auskleidungsgebilde der Pleuroperitonealhöhle *(Df, Hm)* sind anfangs cylindrisch, später werden sie mehr platt, nur jener Theil, welcher den nach Waldeyer als Keimhügel bezeichneten Abschnitt überzieht, bleibt als Cylinderepithel.

Fig. 46.

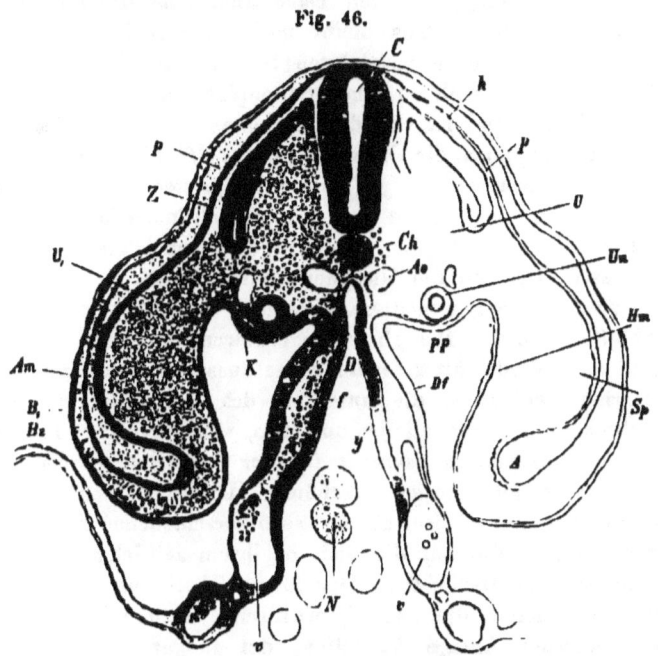

Durchschnitt eines Hühnerembryo in der Höhe des offenen Mitteldarmes (Anfang des vierten Bebrütungstages). *C* Centralnervensystem. *h* Hornblatt. *U* Urwirbel. *U,* Urwirbelmasse, die zwischen das äussere Keimblatt und die Hautmuskelplatte vorgerückt ist. *P* peripherer und *Z* centraler Theil der Urwirbel. *Un* Urnierengang. *Ch* Chorda dorsalis. *Ao* Aorta. *Hm* Hautmuskelplatte. *Sp* Seitenplatte. *A* Amnioshöhle. *PP* Pleuroperitonealhöhle. *Df* Darmfaserplatte. *v* Vasa omphalo-mesaraica. *D* Darm der in Communication mit der Dotterhöhle steht. *N* offener Nabel, Ductus omphalo-mesaraicus. *f* Darmplatte. *B₁* Aeussere Epithelschichte und *B₂* innere Epithelschichte des Amnion. *Am* Amnion.

Den Theil der Urwirbelmasse, welchen man zwischen Darmfaserplatte und Darmdrüsenblatt findet, bezeichne ich mit dem Namen der Darmplatte (Fig. 45, und 46 *f*).

Nachdem die Urwirbelmasse in den Seitenplatten und in der Darmwand so weit vorgerückt ist, dass sie in den ersteren bis zu ihrer Umbiegung ins Amnion *(Am)*, ja vielleicht auch schon in dieses hinein sich erstreckt, ferner als Darmplatte *(f)* soweit reicht, als überhaupt die *vasa omphalo - mesaraica (v)* in der

Darmwand zu sehen sind, so kommt es zur Vereinigung der Seitenplatten von beiden Seiten sowohl, als auch vom Kopf- und Schwanzende, nachdem der Darmcanal zu einem Rohre sich umgestaltete. Wir haben in diesem Stadium die bisher getrennten, paarigen Peritonealhöhlen *(PP)* zu einer gemeinsamen grösseren Höhle vereinigt, die den Darmcanal umgibt; nur an der Stelle des künftigen Nabels bleibt noch kürzere Zeit eine Verbindung mit der vorne vereinigten Seitenplatte. Eine ähnliche Verbindung findet auch zwischen Seitenplatte und Leber statt.

Die Darmwand ist von drei Schichten umgeben. Diese sind von aussen nach innen, die Darmfaserplatte *(Df)*, die Darmplatte *(f)* und das Darmdrüsenblatt *(y)*. Die Seitenplatten bestehen ebenfalls aus drei Schichten, die von aussen nach innen folgende sind: das äussere Keimblatt *(h)*, der vorgeschobene Theil der Urwirbelmasse *(U)*, und die Hautmuskelplatte *(Hm)*.

Versuchen wir nun diese Vorgänge mit Rücksicht auf die Keimblätterlehre von Reichert zu erklären, so finden wir, dass sämmtliche Gebilde mit Ausnahme des äusseren Keimblattes und des Darmdrüsenblattes, die unterhalb des Centralnervensystems die Höhlen im Embryonalleibe umgeben, von Reichert mit dem Namen der *Membrana reuniens inferior* bezeichnet werden und seinem *stratum intermedium* angehören. Dieses müssen wir nach seiner Entwickelungsweise, als aus zwei verschiedenen Theilen zusammengesetzt auffassen, die sich in ihrem zeitlichen Auftreten von einander unterscheiden. Der ältere Theil besteht aus den Theilungsproducten, die das Remak'sche mittlere Keimblatt in seiner frühesten Anlage darstellen, der jüngere Theil ist die später auftretende vergrösserte Urwirbelmasse, welche in bekannter Weise die angelegten Höhlen umwuchert.

Die Lehre Remak's erleidet durch die geschilderten Vorgänge im mittleren Keimblatte insoferne eine Abänderung, als wir nicht mehr mit Remak die Darmfaserplatte als jenen Theil ansehen, aus dem die Faserschichten des Darms gebildet werden, eben so wenig können wir der Hautmuskelplatte die Aufgabe vindiciren, dass aus ihr die Gewebe der Seitenplatten hervorgehen, da wir in der Urwirbelmasse die Gebilde kennen, welche das Material für diese Gewebe liefern. Für die Entwickelung der Faserschichten des Darmes und des Magens aus der Urwirbelmasse, die wir hier mit dem Namen Darmplatte bezeichneten, wurde durch die Arbeiten von Barth und Laskovsky der endgiltige Nachweis geliefert.

Verhalten der Gebilde des mittleren Keimblattes am Kopfende.

Die Urwirbel reichen nicht bis an das Kopfende des Embryo, dagegen kann man die Urwirbelmasse und die *Chorda dorsalis* weiter hinauf gegen das Kopfende verfolgen. Die Urwirbelmasse (deren Fortsetzung gegen das Kopfende) umgiebt am Kopfende das Gehirn, respective dessen Blasen. Jener Theil, der über die Gehirnblase zu liegen kommt, aus welcher die *Medulla oblongata* wird, ist mit der oben vereinigten dünnen Lage des äusseren Keimblattes (des Centralnervensystems) verwachsen.

Fig. 47.

Querschnitt in der Höhe des Vorderdarmes oberhalb der Lungen- und Herz-Anlage. *C* Nervensystem. *U* Urwirbel. *U*, Urwirbelmasse, die sich in die Seitenplatte fortsetzt. *D* Vorderdarm. *y* Darmdrüsenblatt. *f* Darmplatte. *Df* Darmfaserplatte. *Hp* Hautmuskelplatte. *v* Blutgefässquerschnitte. *Ao* Aorta. *Am* Amnionreste, die auf dem Querschnitte zurückblieben. *Ch* Chorda dorsalis.

Die Gebilde der Urwirbel (*u*) umgeben (Fig. 47) ferner die einzelnen Gefässröhren (*v*) den Vorderdarm (*D*), indem sie sich zwischen Darmfaserplatte (*Df*) und das Darmdrüsenblatt (*y*) vorschieben und dadurch in der Höhe des Herzens das Herz welches durch einen mesenterialähnlichen Fortsatz an dem Vorderdarme hängt, (siehe Fig. 39), von dem letzteren mehr nach abwärts entfernen.

Ist nun die Urwirbelmasse so weit um das Centralnervensystem vorgerückt, dass man die Gehirnblasen vollständig vom motorischen Blatte umgeben findet, so kommt eine Krümmung des Kopftheiles zur Beobachtung, wobei die erste Gehirnblase nach abwärts gebogen wird, so dass sie mit der Längsachse des Embryo einen Winkel bildet. Diese Kopfkrümmung ist beim Säugethiere und Vogelembryo am besten zu beobachten. Dadurch kommen die Gehirnblasen aus ihrer ursprünglichen Ebene, in welcher sie gelegen waren, heraus. Die Lage der Gehirnblasen wird eine derartige, dass die dritte Gehirnblase, die sogenannte Vierhügelblase, am vordersten Theil des Embryo zu liegen kommt. Sie ist die grösste unter den Hirnblasen.

Durch die Krümmung des Kopfes kommt die *Chorda dorsalis* der mittleren Gehirnblase näher zu liegen, wo sie von den Gebilden des mittleren Keimblattes umgeben knopfförmig endet. Dursy behauptet, dass der Chordaknopf (das ist ihr vorderstes Ende) ringsherum von den Gebilden des mittleren Keimblattes umgeben ist. Nur nach vorne und hinten sei diess nicht der Fall. Hier legt sich der Chordaknopf einerseits an das Medullarrohr und anderseits an das Darmdrüsenblatt an. Bei der Knickung der Schädelbasis, was bei der Kopfkrümmung der Fall ist, bleibt nach Dursy das Darmdrüsenblatt an ihm in Form eines Zipfels der Schlundausstülpung haften. Schliessen sich die Gebilde des mittleren Keimblattes so wird diese Ausstülpung (Reichert) abgeschnürt. Das abgeschnürte bläschenförmige Gebilde wächst unter Faltenbildung seiner Wandung. Dieses Bläschen wird vom Chordaknopf umlagert. Durch das Knopfende der Chorda und die Schlundausstülpung kommt nach Dursy die Bildung des Hirnanhanges zu Stande.

Die Gebilde des mittleren Keimblattes am Kopftheile betheiligen sich ferner an der Bildung der Sinnesorgane. Sie geben wohl nicht die spezifischen Elemente der Sinnesorgane her, wohl aber bilden sie jenen Theil derselben, die dem Sinnesorgane gewissermassen als Schutz oder Hilfsmittel beigegeben sind. So bilden sie beispielweise sämmtliche Gebilde sammt den Schutzorganen des Augapfels mit Ausnahme der Linse, *Retina*, des *Stratum pigmentosum chorioideae*, des vorderen Epithels der *Cornea*, des Irispigments und des Epithels an der hinteren Fläche der vorderen Linsenkapselwand. Ferner bilden sie die Augenmuskeln, die *Orbita* und die übrigen in der *Orbita* liegenden Gebilde.

Die Labyrinthblase wird von dem mittleren Keimblatte umgeben, dessen Elemente sämmtlichen knöchernen und häutigen Gebilden des Labyrinthes den Ursprung geben, während die nervösen und epithelialen Gebilde dem äusseren Keimblatte entnommen sind.

Nachdem die erste Krümmung des Gehirnes des Embryo vollendet ist, oder bei den Batrachiern und Fischen, nachdem sie ungefähr bis auf ein so weit vorgerücktes Stadium in der Entwickelung gekommen sind, dass sämmtliche Höhlen im Embryo von den Gebilden des mittleren Keimblattes umwuchert sind, kommt es im motorischen Blatte zur Bildung der Kiemenbögen (Kiemenfortsätze) Fig. 48 $KK_1 K_2$ (Reichert). Mit ihrem Auftreten ist die äusserliche Trennung in Gesicht, Hals und Rumpf vollzogen.

Man unterscheidet anfangs fünf Kiemenfortsätze, in deren jedes ein kleines Aestchen der Aorta hineinzieht. Die zwei untersten verschwinden mit der Zeit der vorgeschrittenen Entwickelung, dagegen betheiligen sich die drei ersteren an der Bildung bleibender knöcherner oder knorpeliger Theile des Gesichtes und Halses. Die Kiemenbögen entspringen aus jenem Theile der Urwirbelmasse, welcher die Fortsetzung in den Seitenplatten darstellt. Sie sind vom äusseren Keimblatte bedeckt. Sind die Kiemenfortsätze so weit entwickelt, dass sie rundliche, seitlich auf dem Halstheile freistehende Gebilde darstellen, so sieht man zwischen ihnen Spalten, welche Kiemenspalten genannt werden. Der vorderste der bleibenden Kiemenfortsätze theilt sich jederseits in zwei Aeste. Der untere Ast vereinigt sich mit dem ihm von der Anderen Seite entgegenkommenden unteren Aste des vordersten Kiemenbogens. Dadurch bekommt man den Unterkiefer, der bei einigen Thieren bleibend, bei sämmtlichen Wirbelthieren aber wenigstens während des grösseren Theiles der Entwickelungsdauer aus zwei gesonderten Stücken besteht. An der Stelle wo sich die beiden Aeste des Unterkiefers berühren, kommt eine Wucherung zu Stande, die an der Innenwand des vordersten Kiemenbogens liegt. Diese Wucherung ist die Anlage der Zunge. Sie besteht (Fig. 45) aus den Gebilden des mittleren

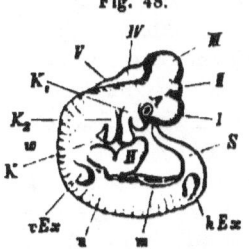

Fig. 48.

Kaninchenembryo mit den ausgebildeten Kiemenfortsätzen. *I, II, III, IV, V* die fünf aufeinander folgenden Gehirnblasen. *K K₁ K₂* die drei vorhandenen Kiemenbögen. *U* Urwirbelgrenzen, äusserlich bemerkbar. *vEx* vordere und *hEx* hintere Extremität. *S* Schwanz. *A* Auge. *H* Herz. Labyrinthbläschen war äusserlich nicht sichtbar. *m* Stelle des Nabels, an der das Amnion abgerissen ist.

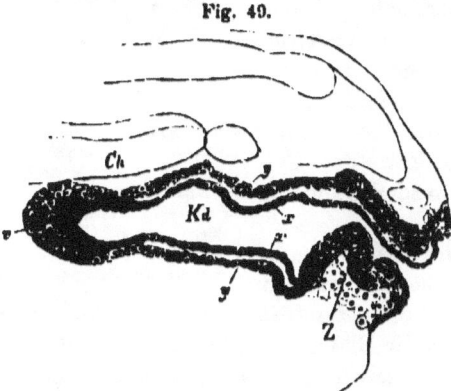

Fig. 49.

Längsschnitt durch die Mundhöhle eines Embryo von *Bufo cinereus*. *Kd* Mundhöhle von zwei Zellenlagen ausgekleidet. *x* innere und *y* äussere Zellenlage. *v* Tiefste Stelle der Mundbucht, an der beide Zellenlagen vereinigt sind in Form einer Verdickung. *Z* Zunge, an der die tiefere Lage der sie bedeckenden Elemente des äusseren Keimblattes verdickt ist. *Ch* Chorda dorsalis (vorderstes Ende).

Keimblattes *(Z)*, welche von den umkleidenden Elementen des ersten Kiemenbogens *(xy)*, die dem äusseren Keimblatte angehören, überzogen sind. Somit findet man die Zunge in ihrer Anlage mit Horngebilden und Nervengebilden bekleidet, die dem äusseren Keimblatte entnommen sind, während die Muskulatur, das Bindegewebe, die Gefässe etc. sich aus dem Substrate des mittleren Keimblattes entwickeln. Am äusseren Theile des unteren Astes entwickelt sich der Hammer und Ambos, was erst in späteren Stadien vor sich geht. Die Verbindung zwischen Hammer und Unterkiefer bleibt längere Zeit während des Embryonallebens, in Form eines knorpeligen Fortsatzes, den Meckel zuerst beschrieben hat. Er wird der Meckel'sche Fortsatz genannt.

Der obere Ast des vorderen Kiemenfortsatzes bildet beiderseits die Gesichtsknochen (Fig. 50). Durch die Vereinigung der beiderseitigen unteren und oberen Aeste des ersten Kiemenfortsatzes wird die gemeinschaftliche Mund- und Nasenhöhle umgeben. *(Zw K* Fig. 50.*)* Die letztere besteht aus zwei nach aussen und unten offenen Grübchen, die anfangs von der Mundhöhle getrennt, später mit derselben offen communiciren. Die Trennung beider Höhlen nach aussen geschieht durch Queräste vom *Processus orbitalis*, während sie nach innen hinter den Querästen längere Zeit des Entwickelungslebens mit einander communiciren.

Fig. 50.

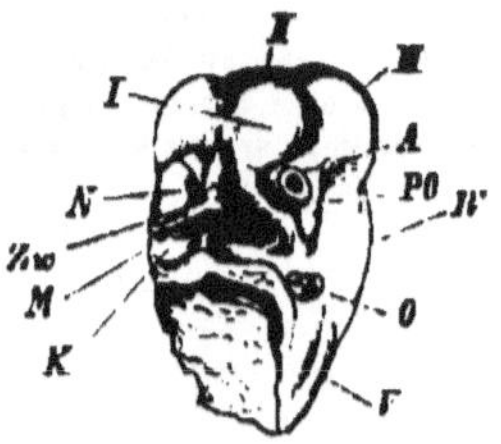

Abbildung des Kopfes eines Embryo vom Menschen von ungefähr 6—8 Wochen. *I, II, III, IV, V* Gehirnblasen. *N* Nasengrübchen. *Zw* Zwischenkieferknochen. *M* Mundhöhle. *K* Unterkiefer (erster Kiemenbogen). *O* äusseres Ohr. *Po Processus orbitalis* (erster Kiemenbogen). *A* Auge.

Bei der Besprechung der Veränderungen des ersten Kiemenbogens, von dem wir wissen, dass er die Grenze des Gesichtes nach unten bildet, können wir nicht umgehen die Bildung der Mundhöhle zu schildern, die mit der Bildung der Kiemenfortsätze und der Krümmung der vordersten Gehirnblasen bei Säugethieren und Vögeln einhergeht.

Die Mundhöhle stellt uns in ihrem ersten Auftreten eine Bucht, die Mundbucht genannt wird, dar. Sie entsteht dadurch, dass von vorne eine Knickung der Gehirnblasen eintritt, wodurch die Vierhügelblase zumeist nach vorne, als grösste Blase ragt. Die Basis der ersten und zweiten Gehirnblase bildet mit der unteren Fläche des vorderen Rumpftheiles eine Bucht, die seitlich von den Kiemenfortsätzen begrenzt ist. Hiedurch entsteht vor dem blindsackförmigen Ende des Vorderdarmes eine Höhle, die in ihrer ganzen Ausdehnung vom äusseren Keimblatte ausgekleidet ist und seitlich durch die Kiemenspalten mit der Umgebung des Embryo communicirt. Sie stellt uns die gemeinschaftliche Mund-, Nasen- und Rachenhöhle dar. Bei jenen Thieren (Batrachier, Fische etc.) wo keine ähnliche Krümmung der Gehirnblasen vorkommt, wird die Mundbucht dadurch gebildet, dass eine Einstülpung des Hornblattes in Form eines kleinen von oben nach unten ovalen Grübchens gebildet wird, nachdem die Kiemenfortsätze nach aussen sichtbar sind. — Die Vertiefung bildet sich derart, dass die Nasengrübchen anfangs von ihr getrennt sind, später mit ihr communiciren. Bei *bufo cinereus* findet man die Mund- und Nasenhöhlen (Török) von beiden Zellenlagen des äusseren Keimblattes ausgekleidet, welche in der tiefsten Stelle der Mundhöhle bedeutend verdickt sind. (Fig. 49.)

Der mittlere Kiemenfortsatz ist ebenso wie der vorderste paarig, aus ihm entwickelt sich der Steigbügel (Reichert), ferner der *Processus styloideus* und die kleinen Hörner des Zungenbeins.

Der hintere Kiemenfortsatz vereinigt sich mit dem von der anderen Seite entgegenkommenden und giebt an der Vereinigungsstelle den Körper des Zungenbeins. Seitlich von der Vereinigungsstelle sind die beiden grossen Hörner des Zungenbeins als Reste des hinteren Kiemenfortsatzes.

Im Gewebe der Kiemenbögen entstehen nach Babuchin die elektrischen Organe bei Torpedo und zwar an jener Stelle, wo untere und obere Aeste sich nach aussen kniefömig vereinigen. Bevor man irgend welche Anlage des Organes beobachten kann, sieht man schon feine embryonale Nervenstämmchen zum Kiemenknie ziehen und hier in eine feinkörnige Substanz ausstrahlen. An den Wurzeln dieser Stämmchen (vier an der Zahl) sind schon frühzeitig Ganglien zu finden. In jedem Kiemenknie entsteht das elektrische Organ mit seiner Anordnung in Säulchen, wobei die Kiemenknie anschwellen und miteinander verwachsen.

Die erste Kiemenspalte, in welcher die Gehörknöchelchen zu liegen kommen, ist die Anlage für die Paukenhöhle und die *Tuba Eustachii*. Während eines grossen Theiles des Embryonallebens, ja sogar bei Neugeborenen findet man das mittlere Ohr bei Säugethieren und Menschen mit einer schleimigen Masse ausgefüllt, die bei näherer Untersuchung sich als aus embryonalem Bindegewebe bestehend ergiebt. Dieses Bindegewebe wird an der

Innenseite des Trommelfells (Urbantschitsch, v. Tröltsch) von einer Membran überzogen, die an der dem Bindegewebe zugekehrten Fläche mit einem Plattenepithel überzogen ist. Die äussere Begrenzung des vorderen und mittleren Kiemenbogens kann als die Stelle bezeichnet werden, an welcher das Trommelfell zu liegen kommt. Ueber die Vereinigung des Vorderdarmes mit der Mund-Rachenhöhle, kommen wir bei der Behandlung des Darmdrüsenblattes zu sprechen.

Verhalten der Urwirbelmasse am Schwanzdarme.

Am Schwanztheile des Embryo ist (bei Säugethieren und Vögeln) eine ähnliche Krümmung des Centralnervensystems zu sehen, wie wir selbe am Kopfende beschrieben haben, so dass man auf Querschnitten, die durch das Schwanzende des Embryo gelegt sind, in ähnlicher Weise wie am Kopfende das Centralnervensystem und die übrigen Gebilde in der Längsachse des Embryo zweimal zu Gesichte bekommt. Durch diese Krümmung gegen die Bauchfläche des Embryo, am vorderen und hinteren Ende desselben wird seine Längsachse gegen die Bauchwand gekrümmt, so dass der Kopf und Schwanz sich nahezu berühren und nur durch die Allantois oder deren Stiel die Umschlagstelle des Amnios und der Dotter-Nabelgang von einander entfernt sind. Die Pleuroperitonealhöhle ragt bis an das Schwanzende. Ebenso verhält es sich mit dem Darmkanale und dem Centralnervensystem, welches sogar im Schwanze bis an dessen hinterstes Ende sich fortsetzt.

Die Urwirbelmasse (*U*, Fig. 51) so wie die Urwirbel *(U)* setzen sich bis in den Schwanztheil des Embryo fort. Hier umgeben sie in einem Entwickelungsstadium, wo die Allantois am Embryo an der unteren Fläche des Darmes zu liegen kommt, sämmtliche Höhlen, die am Querschnitte zu sehen sind. Das Centralnervensystem (*C* Fig 53) umgebende Gebilde der Urwirbelmasse sind die bleibenden Wirbel und Muskeln des Schwanzes, ferner die Umhüllungen des Centralnervensystems. Die Urwirbelmasse umwuchert ferner die Chorda *(ch)*, den Darmkanal *(D)* und die beiden Peritonealhöhlen *(PP)*. Sie setzt sich als mittlere Schichte des embryonalen Darmes in die Allantois fort (v. Dobrynin), wo sie die Gefässschichte derselben darstellt. Endlich ist noch zu erwähnen, dass die Urwirbelmasse in die Umschlagstelle des Amnios *(Am)*, als dessen mittlere Schichte übergeht.

Aus jenem Theile der Urwirbelmasse am Schwanzende, welcher die mittlere Schichte der Seitenplatte bildet, kommt es zur Anlage

Fig. 51.

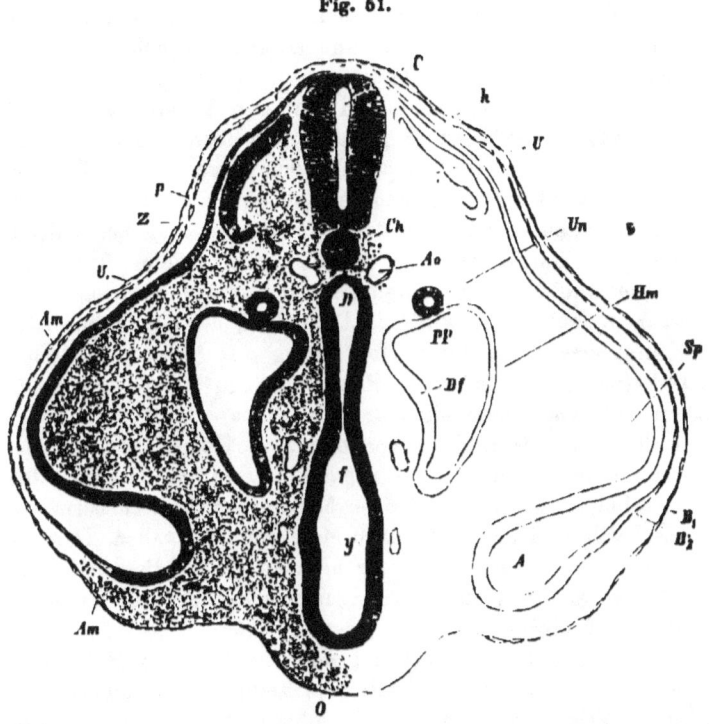

Querschnitt durch die untere Hälfte des Hühnerembryo vom 4. Tage. In der Schwanzgegend. *C* Centralnervensystem. *h* Hornblatt. *U* Urwirbelmasse zu beiden Seiten des Nervensystems. *U,* Urwirbelmasse in der Seitenplatte die sich zwischen die Epithelschichten (B^1 B^2) des Amnion fortsetzt. *Ch* Chorda. *Ao* Aorta. *Un* Urnierengang. *D* Darm. *Hm* Hautmuskelplatte. *PP* Pleuroperitonealhöhle. *Df* Darmfaserplatte. *Sp* Seitenplatte. *f* Darmplatte. *y* Darmdrüsenblatt. *A* Amnionhöhle. *Am* Amnion. *O* Abgeschlossene Leibeshöhle. *p* Peripherer Theil der Urwirbel. *Z* Centraler Theil der Urwirbel. B^1 Aeusseres Blatt des Amnion. B^2 Inneres Blatt des Amnion.

der Extremitäten, der Knochen und Muskeln des Beckens. Die Fortsetzung der Gebilde der Urwirbelmasse über das Schwanzende des Darmkanals hinaus in der Richtung der Längsachse des Embryo, liefert das Material für die knöchernen, muskulösen und bindegewebigen Gebilde des bleibenden Schwanzes der Wirbelthiere.

Die Anlagen im mittleren Keimblatte bei Amphibien und Fischen.

Die bisher geschilderten Vorgänge beziehen sich auf Säugethier- und Hühnerembryonen. Bei den Batrachiern und den Fischen sind die einzelnen Krümmungen und Biegungen theils nicht so klar ausgesprochen, theils fehlen sie auch gänzlich. Wie wohl wir im Allgemeinen die Anlagen im mittleren Keimblatte bei den verschiedenen Thierklassen so ziemlich dieselben finden, scheint es doch, dass der Organisationsplan bei den verschiedenen Thieren in mancher Beziehung mehr weniger von einander abweicht. Die Verschiedenheiten bestehen zunächst darin, dass man bei einigen Thieren z. B. Batrachiern und Fischen kein Amnion findet, es werden somit alle Bildungsvorgänge, die mit der Amniosbildung einhergehen, fehlen. So wird die Ausbildung der Kopfkappe und des Kopfdarmes nicht durch Umstülpung des Blastoderma oder durch Faltenbildung bei den Batrachiern zu Stande kommen, sondern wir sehen, dass sie bei Bufo, Rana etc. gänzlich fehlt, ferner dass mit der Bildung der einzelnen Keimblätter bei den Batrachiern der Darm in toto angelegt wurde, so dass wir alle drei Abschnitte des Darmes Kopf-, Mittel- und Schwanzdarm als gemeinschaftliche Höhle mit einem Male angelegt haben. Demzufolge vermissen wir auch am ausgebildeten Thiere dieser Klassen einen Nabel, als Rest der Vereinigungsstelle der drei Darmabschnitte des Embryo.

Wir finden ferner, dass bei den Amphibien und Fischen die Anlage der einzelnen Theile im mittleren Keimblatte in ähnlicher Weise vor sich geht, wie wir das in den vorhergehenden Abschnitten beschrieben haben. Es bezieht sich diess auf die Chorda, Urwirbel, Darmfaser und Hautmuskelplatte, ferner auf die Pleuroperitonealhöhle, die zwischen beiden liegt.

Die Chorda reicht bis nahe über die Höhe der Gehörbläschen, und da keine Krümmung der Axe des Centralnervensystems zwischen Grosshirn und Mittelhirn bei diesen Thieren zu beobachten ist, so kommt es auch schwerlich zu einer Lagerung der *Basis cranii* unmittelbar an der Chorda. Das Fehlen der Kopfkrümmung hängt mit dem Baue dieser Thiere zusammen, wo die Schädelhöhle und der Rückenmarkskanal in einer Axe liegen.

Bezüglich der Anlage des Herzens können wir auf die Arbeit von Oellacher, über die Anlage des Herzens und der

Pericardialhöhle bei den Batrachiern, verweisen. Hierin schliesst sich Oellacher meinen Angaben vom Hühnerembryo an, wonach wir auch bei diesen Thieren das Herz als eine Ausstülpung aus der Darmfaserplatte zu betrachten haben. Eine innere Auskleidung des Herzens besteht in diesen frühen Stadien aus Elementen, die auf dem Durchschnitte, Durchschnitten von Spindeln in ihrer Längsachse, gleichen. An den Urwirbeln unterscheidet man in ähnlicher Weise, einen centralen und einen peripheren Theil. Es ist das Verhalten dieser beiden Abschnitte im Urwirbel ähnlich der obigen Schilderung, allerdings ist hiebei zu bemerken, dass die Gebilde, welche diesen Thieren fehlen, von der Urwirbelmasse nicht betheiligt werden. Auch hier zeigt es sich, dass es der centrale Theil der Urwirbel ist, wo die massenhaftere Wucherung seiner Elemente die einzelnen Höhlen des Embryo umgiebt, während der periphere Theil, längere Zeit ohne wesentliche Veränderung zu zeigen, persistirt. Es wurde diess durch die umfassenden und klaren Arbeiten Oellachers für die Fische dargethan (Fig. 52). Es scheint diesem Forscher, wiewol er die Schicksale des peripheren Theiles der Urwirbel als nicht endgiltig gelöst betrachtet, dass der periphere Theil der Urwirbel seinen Charakter als Epitheliallage nicht verkennen lässt, während Götte Bindegewebe von der Urwirbelhülse ableiten will. Götte schliesst sich im Uebrigen für *Bombinator igneus*, unseren erwähnten Angaben über das Verhalten der Urwirbel an.

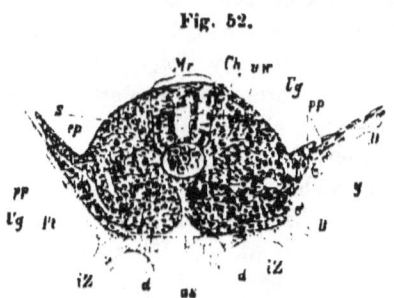

Fig. 52.

Querschnitt durch die mittlere Rumpfgegend und die Urnierenfalte eines Forellenembryo nach Oellacher. *Mr* Medullarohr. *Ch* Chorda dorsalis. *uw* Urwirbel. *Ug* Urnierengang oder Urnierenfalte. *pp* Peritonealplatten. *D* Dottermasse. *iZ* Intermediäre Zellenmasse des mittleren Keimblattes (Urwirbelmasse). *d* Darmdrüsenblatt (oder inneres Keimblatt). *as* Aortenstrang. *Pt* Peritonealhöhle. *S* Aeusseres Keimblatt (innere Schichte). *ep* Aeusseres Keimblatt (äussere Schichte).

Bei den Batrachiern ist noch eines zu beachten. Wir wissen aus unseren früheren Mittheilungen, dass jener Theil, welchen wir im Froscheie als centrale Dottermasse (Reichert) oder Drüsenkeime (Remak) bezeichnet haben, der den grössten Theil des Bodens der Furchungshöhle ausmacht und längere Zeit, wenn schon der Embryo in die Länge gezogen ist und man die Anlagen der einzelnen

Gebilde im mittleren Keimblatte findet, als eine Masse fortexistirt, die aus grosszelligen Stücken besteht. Diese Masse kommt an die Bauchfläche des Embryo zu liegen. Sie wird in den späteren Entwicklungsperioden, wenn der Darm und die Darmdrüsen sich weiter ausbilden, kleiner. Diess geschieht auf Kosten ihrer Betheiligung am Aufbaue des Darmes und der Darmdrüsen. Der Vorrath am Boden der ursprünglichen Furchungshöhle ist nichts anderes, als der Rest des mittleren Keimblattes, welcher erst in späteren Stadien seinem Bestimmungsorte zugeführt wird. Es scheint mir nicht unwahrscheinlich, dass dieser Theil in späteren Entwicklungsstadien, gemeinsam mit einem Theile der Urwirbelmasse, welcher die Darmhöhle umschliesst, an der Bildung der Wandung der letzteren sich betheiligt.

An der Basis des Gehirnes wurden von Rathke zwei balkenähnliche Gebilde beschrieben, die von hinten nach vorne an jeder Seite des Kopfes verlaufen. Sie bestehen aus Knorpel und sind durch eine bindegewebige Membran mit einander verbunden. Sie stellen die embryonale *Basis cranii* bei den Batrachiern dar. Stricker hat die von Rathke beschriebenen Balken in ihren früheren Entwicklungsstadien verfolgt. Er fand selbe anfangs auf dem Querschnitte in Form einer dreieckig angelegten Zellenmasse. Er bezeichnete sie als Schienen. Später metamorphosiren sie sich in Knorpel. Sie beginnen dort wo die *Chorda dorsalis* aufhört und stehen nach hinten hufeisenförmig mit einander verbunden. Sie stehen an der *Basis cranii* durch eine Membran miteinander in Verbindung, die später knöchern wird. Ferner zeigten die Untersuchungen Stricker's, dass sich aus den Schienen jederseits Muskeln und Knorpel ausbilden, sowohl am Gesichte als auch am Schädel.

Im Uebrigen verhalten sich die Gebilde des mittleren Keimblattes am Kopftheile des Embryo der Batrachier, ähnlich denen des Huhnes und Säugethieres. Sie umgeben die spezifischen Elemente der Sinnesorgane und bilden überdiess Schutzorgane derselben.

Am Schwanzende beobachtet man bei den nackten Amphibien und Fischen keine ähnliche Krümmung, wie sie beim Säugethier und Huhn beschrieben wurde. Die Allantois fehlt gänzlich, oder man sieht nur eine rudimentäre Ausbildung derselben, wie von Kupfer für die Fische angegeben wurde, was bisher von eingehenderen Forschern, wie Oellacher, bei den Forellen keine

Bestätigung fand. Die Gebilde des mittleren Keimblattes setzen sich, bedeckt vom äusseren Keimblatte, in einen, bald nach der Anlage der Organe sich bildenden Schwanz fort. Man kann diess an bufo und rana am leichtesten beobachten. Nachdem der Embryo in die Länge gezogen ist, beobachtet man am Schwanzende, wo der Darm nahezu aufhört, dass die *Chorda*, die Urwirbelmasse und das Centralnervensystem in Form eines Fortsatzes am Schwanzende hervorragt. Macht man durch denselben einen Querschnitt, (Fig. 53.) so beobachtet man das vom Centralnervensystem abgeschnürte Hornblatt (*x y*) nach oben (*o*) spitz auslaufen, so dass es den Durchschnitt eines leistenartigen Gebildes darstellt. Die Leiste an der unteren Fläche (*u*) des Embryo ist länger als an der oberen. Unter dem Hornblatte ist das Centralnervensystem (*c*) mit kleinerem Lumen und dünnerer Wandung als im übrigen Embryo. Unter dem Nervensystem ist die hier sehr breite Chorda (*Ch*). Im Anfange des Schwanzes sieht man noch die Fortsetzung des Darmrohres, die weiter nach hinten fehlt. Alle diese Anlagen sind von den Gebilden des mittleren Keimblattes (*U*) umgeben, aus welchen sich später Muskeln, Bindegewebe, Knorpel, etc. bilden. Im Schwanze der Batrachier beobachtet man später ausserdem zahlreiche Gefässe, Nerven und Pigmentzellen. Die letzteren sind sowohl in der epithelialen Bedeckung des Schwanzes vorhanden, als auch in der Tiefe desselben. Hier sieht man selbe mit mehreren Fortsätzen versehen, die Pigment führen, während die oberflächlichen Pigment führenden Zellen polygonal sind.

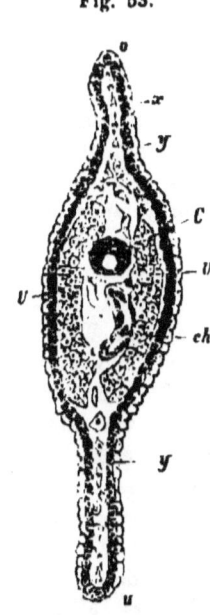

Fig. 53.

Quersch. durch den Schwanz eines Embryo von *bufo cinereus*. *x y* Die beiden Schichten des vom Centralnervensystem abgeschnürten Hornblattes. *o* Obere Leiste des Schwanzes. *u* Untere Leiste des Schwanzes. *C* Centralnervensystem. *Ch* Chorda dorsalis (geschrumpft). *U* Urwirbelmasse.

Neuntes Kapitel.

Das Darmdrüsenblatt im Allgemeinen. Nabelbläschen. Dottergang. Dotterblase. Der Vorderdarm. Rachenhaut. Rachenspalte. Leber. Ductus choledochus. Leberzellen. Lebergefässe. Lunge. Oesophagus Trachea. Kehlkopf. Schilddrüse. Thymus.

Das Darmdrüsenblatt.

Jene Zellenlage, die wir als innere Auskleidung des embryonalen Darmkanals finden, bezeichnen wir mit dem allgemein angenommenen und von Remak angegebenen Namen des Darmdrüsenblattes. Die Elemente dieses Blattes bestehen anfangs aus platten Zellen, die sich auf dem Durchschnitte als in der Mitte gebaucht ergeben. Sie liegen dicht gedrängt neben einander und stehen als eine isolirte Zellenschichte längs der ganzen Ausbreitung des Keimes. Sie betheiligen sich nicht im axialen Theile des Embryo an der Verwachsung des Keimes, während des Auftretens der Rückenfurche. (Fig. 15 d, 16 a). Das Darmdrüsenblatt stammt aus den Zellen des gefurchten Keimes, wie diess die Untersuchungen von Stricker, Oellacher, Rienok und Klein lehren. Zu erwähnen ist an diesem Orte, dass diesen Lehren die Angaben Van Bambecke's und Kupfer's bei den Fischen gegenüberstehen.

Die anfangs platten Gebilde werden später cylindrisch, so dass man den ganzen Darmtractus, sowohl den Vorder-, Mittel- und Schwanzdarm, als auch die diesen anhängenden Gebilde, in welche sich das Darmdrüsenblatt fortsetzt, mit cylindrischen Gebilden, die dem Darmdrüsenblatte entstammen, ausgekleidet findet.

Das Darmdrüsenblatt ist die Grundlage für das Epithel des Darmkanals, ferner für das Epithel der Trachea und der Bronchien. Das Epithel der grösseren Gallengänge mit eigenen Wandungen der Gallenblase, der grösseren Pancreasgänge, sind die ursprünglich angelegten Zellen des Darmdrüsenblattes.

Wir müssen hier gleich anfangs darauf aufmerksam machen, dass man die Anlage der sogenannten Darmdrüsen, deren Entwicklung nach Remak im inneren Keimblatte stattfindet, nicht im Sinne der älteren Autoren auffassen kann, dem zufolge die einzelnen Anhangsorgane des embryonalen Darmes, wie Lunge, Leber etc., Ausstülpungen des Darmkanals wären. Vielmehr sieht man sich genöthigt, an diesen sämmtlichen Organen nur insoferne das Darmdrüsenblatt als betheiligt anzusehen, als diess blos Epithelialgebilde, für die Auskleidung der einzelnen Ausführungsgänge oder deren Verzweigungen abgiebt. Die Elemente, welche das Parenchym dieser Organe ausmachen, werden zumeist der Urwirbelmasse entnommen, welche den Darmkanal umgiebt.

Wir sehen uns daher genöthigt, mit den Veränderungen im Darmdrüsenblatte, zugleich jenen Theil der Urwirbelmasse zu berücksichtigen, welcher an der Bildung der Darmdrüsen sich betheiligt.

Nabelbläschen.

Beim Eichen der Säugethiere beobachtet man in der ersteren Zeit nach der Befruchtung, dass der Embryo am Bauchtheile nach Beendigung der Furchung und der Keimblätterbildung eine Einschnürung zeigt, durch welche ein blasenförmiges Gebilde an der Bauchfläche des Embryo hängt. Diese Blase wird Dotterbläschen oder Nabelbläschen genannt. Sie communicirt mit dem Darmkanale durch den weiten *Ductus omphalo-mesaraicus*, Dotterblasengang. Längs des Dotterblasenganges laufen Gefässverzweigungen, die sich auf dem Dotterbläschen ausbreiten. Das Nabelbläschen (Dotterbläschen) persistirt während der ganzen Embryonalzeit bei den Menschen und Säugethieren. Nur in der Zeit, bevor die Eihüllen vollständig ausgebildet sind, steht sie mit dem Darmkanale in Verbindung. Die Communication beider wird durch das Engerwerden und Abschnüren des *Ductus omph. mes.* aufgehoben. Dann kann man das Nabelbläschen im Nabelstrange an einem länglichen Stiele hängend beobachten. Später rückt das Dotterbläschen zwischen die Eihüllen hinaus, ohne dass man mehr einen Zusammenhang mit dem Darme nachweisen kann. Die Reste des Nabelbläschens mit dem verkümmerten Gange kann man in den späteren Perioden der Entwickelung zwischen den Eihäuten liegend vorfinden, ja sogar zwischen den Eihäuten, welche an der ausgestossenen Placenta des Menschen hängen, sieht man ein Gebilde, welches als Rest des Dotterbläschens beschrieben wird. (Schultze).

Beim Vogel und den beschuppten Amphibien und Fischen hängt die den Nahrungsdotter führende Blase — die sogenannte Dotterblase — mit dem Nahrungkanale zusammen. Ihr Rest ist noch in den ersten Tagen, nachdem das Hühnchen der Eischale entschlüpft, vorhanden und mit Resten des Nahrungsdotters versehen. Bei den Batrachiern fehlt ein ähnliches Gebilde; hier wird der Darm mit dem Embryo zugleich allmählig mehr länglich und stellt ein röhrenförmiges Gebilde dar, das vom Darmdrüsenblatte ausgekleidet ist. Remak bezeichnete dieses Rohr als primären Darmkanal, und meinte, dass dieser durch einen später auftretenden verdrängt wird, welcher letztere zum bleibenden Darmkanal wird. Allein die späteren Entwickelungsvorgänge lehren, dass der einmal angelegte Darm persistirt und zum bleibenden Darm des Batrachierembryo wird.

Bei den Plagiostomen beobachtete Leydig innerhalb des Dotterganges in späteren Stadien im Lumen ein Flimmerepithel (bei *Mustelus vulgaris*). Bei diesen Thieren mündet der Dottergang in den Spiraldarm ein und führt zwei Gefässe, die nach oben und unten vom länglich gezogenen Dottergang liegen. Die Dotterblase ist ziemlich gross und bleibt verhältnissmässig lange als Nahrungsbehälter für das neugeborene Thier. In den Dottergang setzen sich sämmtliche Schichten der Keimanlage fort. (Joh. Müller). An Querschnitten desselben beobachtet man zwischen dem Seitenplattentheil und dem Darmtheil des Nabelstranges einen Spalt, der von Plattenepithel ausgekleidet ist. Dieser Spalt kann mit der Pleuroperitonealhöhle im Embryonalleibe verglichen werden.

Der Vorderdarm.

Der Vorderdarm bildet ein Röhrenstück, welches gegen die Dotterhöhle offen ist, gegen das Kopfende blindsackartig endet. Wir bezeichnen mit dem Namen des Vorderdarmes jene Höhle und die sie umgebenden Elemente am Vordertheile des Embryo, aus welcher wir den Oesophagus, Magen, Duoden, Leber, Lunge, Trachea und Schilddrüse hervorgehen sehen.

Das blindsackförmige Ende des Vorderdarmes grenzt an die tiefste Stelle der Mundbucht, die wir oben beschrieben haben. Da, wo die Mundhöhle und der Vorderdarm an einander stossen, ist während einer kurzen Zeit des Embryonallebens die Communication beider durch ein membranartiges Gebilde unterbrochen, das Remak als Rachenhaut bezeichnet. Am vierten Brüttage beim Huhne findet ein Durchbruch dieser Membran statt, welcher eine Längsspalte darstellt. Sie ist die hergestellte Communication zwischen Vorderdarm und Mundbucht und wird nach Remak

Rachenspalte genannt. An Längsschnitten von *Bufo cinereus* beobachtet man an der Uebergangsstelle des Vorderdarmes in die Mundbucht eine wulstförmige Verdickung der Epithelauskleidung. An dieser Stelle kommt es zu einem vollständigen Uebergange des Darmdrüsenblattes in das äussere Keimblatt.

An Querschnitten des Vorderdarmes der frühesten Stadien beobachtet man, (Fig. 33 D, Fig. 29 Kd) dass derselbe im Querdurchmesser beim Säugethiere und Huhne grösser ist, als im Durchmesser von oben nach unten. Später, sobald die Amniosfalte den Kopftheil des Embryo bedeckt und das Herz unterhalb des Vorderdarmes liegt, wird an dem unteren Drittel des letzteren der Durchmesser von oben nach unten länger, so dass der Querschnitt des Vorderdarmes nahezu einem Dreiecke gleicht, dessen Winkel mehr oder weniger abgerundet sind und dessen breite Basis der Chorda zugewendet ist. In den späteren Stadien wird jener Winkel des dreieckigen Vorderdarmes, der nach unten liegt, mehr vorgebaucht, (Fig. 54 r.), so dass der Vorderdarm an dieser Stelle eine längliche Rinne hat, die in offener Communication mit dem Vorderdarme steht. Der ganze Vorderdarm *(Vd)* wird rings herum von der Urwirbelmasse *(f)* (Darm-

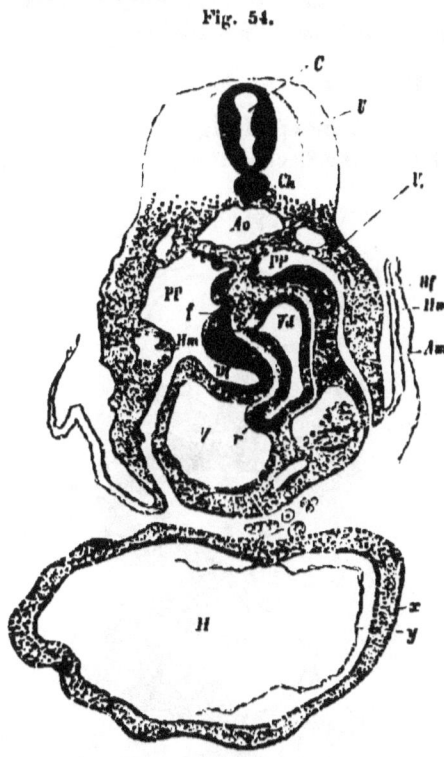

Fig. 54.

Querschnitt in der Höhe des Vorderdarmes eines 3 Tage alten Hühnerembryo. *C* Nervensystem. *U* Urwirbel. *U,* Urwirbelmasse in der Seitenplatte. *Ch* Chorda dorsalis. *Ao* Aorta. *PP* Pleuroperitonealhöhle. *Df* Darmfaserplatte. *Hm* Hautmuskelplatte. *Am* Amnion. *Vd* Vorderdarm. *r* Rinnenförmiger unterer Winkel des Vorderdarmes. *V* Venöses Ende des Herzens. *H* Ein Stück des durchschnittenen Herzschlauches. *x y* Aeussere und innere Schichte des Herzens.

platte) umgeben. Diese wuchert zu beiden Seiten des beschriebenen rinnenförmigen Abschnittes keilförmig zwischen diesem und dem Vorderdarm, bis sie denselben vom Darme derart abgeschnürt hat, dass ein kurzes röhrenförmiges Gebilde *(chd* Fig. 55*)* zu finden ist, das anfangs parallel mit dem Vorderdarme liegt.

Der röhrenförmige Abschnitt ist mit dem Vorderdarme in Communication. Sein hinteres Ende ist blindsackförmig.

Die Leber.

Das in der Höhe des Vorderdarmes *(Vd* Fig. 55*)* abgeschnürte, röhrenförmige Stück *(chd)* des Darmdrüsenblattes *(D)* mit der ihn umgebenden Urwirbelmasse *(f)* stellt die erste unpaarige Anlage der Leber dar.

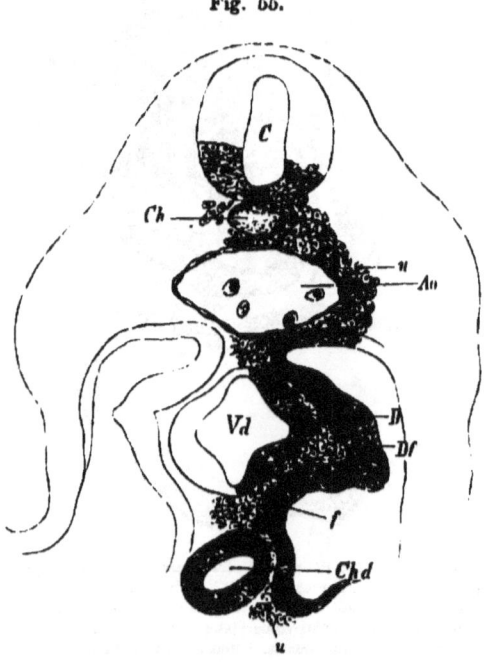

Fig. 55.

Die umgebende Urwirbelmasse *(u)* ist die Anlage der Leberzellen, der Wandung der Gallenblase und der Gallengänge, mit Ausnahme des Epithels derselben. Die Elemente des Darmdrüsenblattes dienen zur Auskleidung des *ductus choledochus,* der grösseren Gallengänge und der Gallenblase.

Diese Angaben über die erste Anlage der Leber gelten für das Kaninchen, das Huhn, *Rana* und *Bufo.* An den Querschnitten der Embryonen von beiden letzteren Thieren beobachtete schon

Durchschnitt in der Höhe des röhrenförmigen, abgeschnürten *Ductus choledochus.* C Centralnervensystem. *ch* Chorda. *U* Urwirbelmasse. *Ao* Aorta mit einigen Blutkörperchen darin. *D* Darmdrüsenblatt. *Df* Darmfaserplatte. *F* Darmplatte. *Chd* Ductus choledochus. *Vd* Vorderdarm.

Remak in der Höhe der Leber zwei mit einander parallel verlaufende Röhrenstücke. Er verkannte aber ihre Bestimmung, indem er den oberen Querschnitt als den primären Darm bezeichnete, während der untere zum bleibenden Darm werden soll. Diese Lehre Remak's über den primären Darm kann man verlassen, da man sich hinreichend davon überzeugen kann, dass der ursprünglich angelegte Darm bei den Batrachiern zum bleibenden wird. Götte bestätigt diess für *Bombinator igneus*. Das untere Röhrenstück, welches Remak auf Querschnitten abbildete, ist nichts anderes, als der vom Darm sich abscheidende *ductus choledochus*. Nach der Bildung des *ductus choledochus* zeigt der Vorderdarm (*Vo* Fig. 55) am Querschnitte eine rhomboidale Figur, in welcher zwei Winkel rechts und links gelagert sind, die beiden anderen liegen nach oben und unten gerichtet. Die geschilderte Anlage der Leber ist in der Höhe des Herzens zu suchen. Später, wenn der Embryo weiter ausgebildet wird, rückt die untere Wand des Vorderdarmes mehr nach hinten. Das Herz bleibt an seiner früheren Stelle und ist nur von den vorüberziehenden Schichten bedeckt, welche sich bei der Bildung des Vorderdarmes vor das Herz über den Kopf des Embryo zurückgeschlagen. Das Herz hängt aus der nicht abgeschlossenen Brusthöhle heraus (*Ectopia cordis*).

Die Leber hingegen, welche durch den *ductus choledochus* mit dem Vorderdarme in Verbindung ist, rückt gleichfalls mehr nach hinten, so dass sie nicht mehr mit dem Herzen nahezu in einer Ebene steht, sondern so weit nach hinten gerückt ist, dass man sie in gleicher Höhe mit dem Pancreas und der Milz findet.

Die Angaben über die Anlage der Leber, die wir in der Literatur verzeichnet finden, stimmen mit dieser meiner Angabe nicht vollkommen überein. Die meisten älteren Embryologen waren der Meinung, dass die erste Anlage der Leber eine paarige Ausstülpung des Darmrohres unter der zum Magen erweiterten Stelle wäre. Bischoff gab durch seine Zeichnung vom Hundeembryo hiezu den ersten Impuls. Nur Reichert behauptet, dass die Leber als ein solides Gebilde in ihrem ersten Auftreten zu sehen sei.

Die beiden Aussackungen der paarigen Anlage seien nach den früheren Angaben *ductus choledochus* und *cysticus*. Die rechte Ausstülpung erweitere sich überdiess zur Gallenblase. Ich habe nach gleichen Bildern, wie sie Bischoff vom Hundeembryo lieferte, beim Hühnchen- und Kaninchenembryo gesucht. Allein alle Bemühungen bei der Untersuchung nach dieser Richtung

Fig. 56.

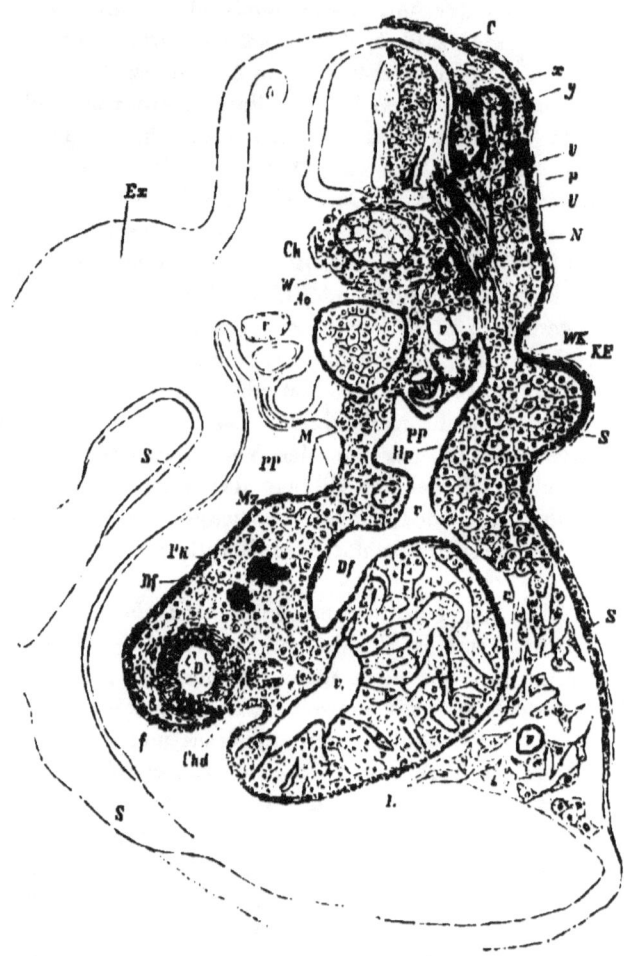

Querschnitt durch den Embryo eines Hühnchens in der Höhe der Leber und der Pancreas-Anlage. (Zeichnung des umgekehrten Bildes). *C* Nervensystem (graue und weisse Substanz, Cylinderepithel mit der vorderen Wurzel.) *N* Rückenmarksnerven. *X* Das vom Nervensystem abgeschnürte Hornblatt, mit der angebildeten Epidermisschichte *U* Urwirbel. *p* Peripherer Theil desselben. *Ch Chorda dorsalis*. *W* Anlage des Wirbelkörpers. *Ao* Aorta. *v* Gefässdurchschnitte. *WK* Wolff'scher Körper. *KE* Keimepithel (Waldeyer.) *Ex* Extremität. *chd Ductus choledochus* angeschnitten. *S* Seitenplatte, die den ganzen Embryonalleib umschliesst. *PP* Pleuroperitonealhöhle. *Hp* Hautmuskelplatte *Df* Darmfaserplatte. *M* Mesenterium, darin liegend die *Pk* Pancreasanlage. *F* Mittlere Schichte des Darmkanals. *D* Darmkanal von den Cylinderepithelien des Darmdrüsenblattes ausgekleidet. *L* Leber (unilobulär.) *v, Vena hepatica. v,,* Kleine Aestchen derselben, die radiär in die Leber ziehen.

blieben erfolglos. Wenn man am ausgebreiteten Hühnerembryo die Leber mit der Lupe oder dem zusammengesetzten Microscope bei schwacher Vergrösserung sieht, oder wenn man angeben kann, dass sich der Darm zum Magen erweitert, so hat man schon ein so weit vorgerücktes Stadium, welches keine Einsicht in die erste Leberanlage oder in die des *ductus choledochus* verschafft.

An der Leber liegt die Fortsetzung des venösen Ostiums des Herzens in Form eines weiten Gefässes, in welchem man auf Querschnitten wie in den übrigen Gefässen flache Gebilde als Begrenzungswand hat, die auf dem Durchschnitte Durchschnitten von Spindeln in deren Längsachse gleichen. Um das Gefäss (*v*, Fig. 54) herum sieht man anfangs die Leberzellen zerstreut liegen, später findet man den grossen Gefässstamm mit einer Reihe von kleineren radiären Aestchen zwischen der Leberzellenmasse in Verbindung. Zwischen diesen Aesten liegen die Leberzellen radiär angeordnet. Die embryonale Leber stellt uns in diesem Stadium einen einzelnen Lobulus der Leber des Erwachsenen dar. Die Lebercylinder der früheren Autoren sind die Leberzellen, die um die Gefässräume angeordnet sind. Um den Beweis zu liefern, dass das vom Vorderdarme abgeschnürte Röhrenstück der *ductus choledochus* ist, muss man Durchschnitte der späteren Entwickelungsstadien diessbezüglich prüfen. Dabei ergiebt es sich, dass man diesen Gang oberhalb des Herzens nicht findet, derselbe liegt tiefer unten und zieht in die unilobuläre Leber hinein. Ferner kann man sich überzeugen, dass der Gang anfangs einen sehr spitzen Winkel mit dem Darmrohre macht, später steht der *ductus choledochus* vom Darmrohre nahezu um einen rechten Winkel ab.

Der anfangs unpaare *ductus choledochus* wird später dichotomisch gespalten. Diese Theilung kömmt höchst wahrscheinlich dadurch zu Stande, dass die Gebilde des mittleren Keimblattes keilförmig dem hohlen *ductus choledochus* entgegen wuchern, wodurch der erste Gang in zwei Stücke getheilt wird. Diese Theilung erfolgt dann an den einzelnen Aesten und so entstehen die grösseren Gallengänge. Die Art und Weise, wie die feinsten Gallengänge entstehen, ist ebenso wie die Zeit ihres ersten Auftretens gänzlich unbekannt.

Lunge.

Die Anlage der Lunge lässt sich bei Säugethieren und beim Huhne am leichtesten erforschen. Man beobachtete sie ohngefähr in jener Zeit der Entwickelung, in welcher man die Anlage des Herzens als schlauchförmiges Organ, das sich rhythmisch contrahirt, findet. Allgemein erkannte man die erste Lungenanlage als paarige Ausstülpungen aus dem Vorderdarme, die zu beiden Seiten des Herzens liegen und als kleine längliche Säckchen dem herauspräparirten Darme anhängen. Remak nahm diese Art der Lungenbildung nicht an, sondern behauptete, dass die Lunge als kleines, paariges, solides Gebilde zu beiden Seiten des Herzens vorhanden ist, in welches eine Ausstülpung des Darmdrüsenblattes sich fortsetzt. His zeichnet die Lunge als unpaarig in ihrer ersten Anlage, die aber in späteren Stadien in zwei getheilt werde. Nach seinen Zeichnungen liegt die Lunge anfangs unter dem Darmrohre.

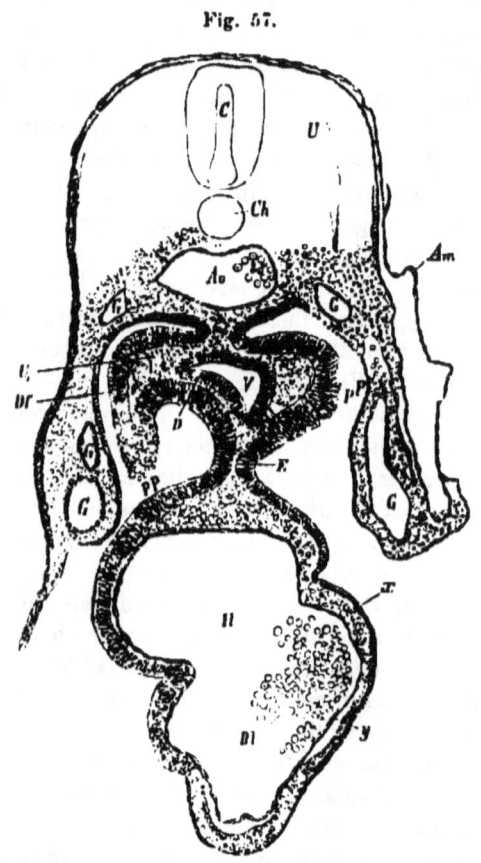

Fig. 57.

Querschnitt durch den Embryonalleib eines Hühnerembryo vom dritten Tage in der Höhe der Lunge und des Herzens. C Centralnervensystem. U Urwirbelmasse. Ch Chorda dorsalis. Ao Aorta (unpaar). G Gefässquerschnitte. V Vorderdarm. PP Pleuroperitonealhöhle. D Darmdrüsenblatt. U, Die Urwirbelmasse, welche den Vorderdarm umgibt. (Darmplatte genannt). Df Darmfaserplatte. L Lunge des Embryo auf dem Querschnitte. H Herz. x Aeussere Schichte desselben. y Innere Schichte desselben. Bl Blutkörperchen, die in der Herzhöhle liegen. E Uebergang der Darmfaserplatte in die äussere Schichte des Herzens.

Die Lunge kann als ein paarig angelegtes Organ betrachtet werden, welches an beiden Seiten des Vorderdarmes, in der Höhe des Herzens, ohngefähr um dieselbe Zeit als die Leber gebildet wird.

Die beiden seitlichen Winkel des Vorderdarmes (*V* Fig. 57) sind von einer verdickten Lage der Urwirbelmasse (*U,*) und der

Darmfaserplatte *(Df)* umgeben. Diese Umgebung ragt in Form einer konischen Vortreibung *(L)* in die Pleuroperitonealhöhle *(PP)*. Die seitlichen Winkel des Vorderdarmquerschnittes *(V)* findet man an Durchschnitten in der Höhe der Lunge, *(L)* in die letztere hineinragen. Somit hätten wir die Lunge anfangs als eine Verdickung des lateralen Theiles der Vorderdarmwandung, in welcher sich zugleich ein Theil des Darmdrüsenblattes fortsetzt.

Fig. 58.

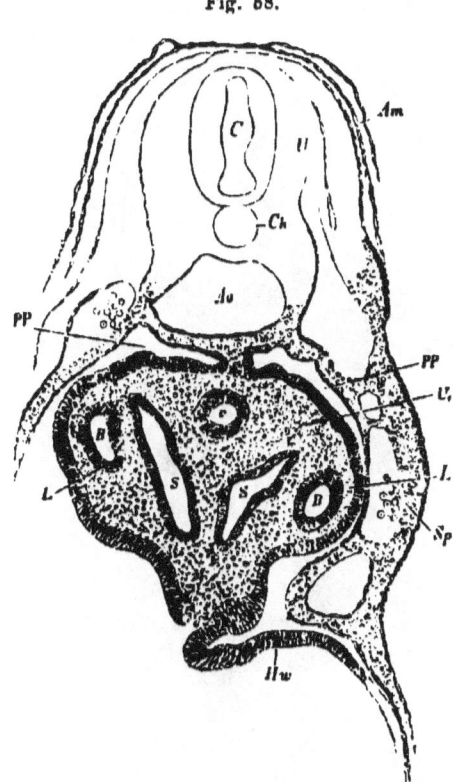

Querschnitt in der Höhe der Lungen eines Hühnerembryo am Ende des dritten Tages. *C* Centralnervensystem. *U* Urwirbelmasse. *Ch Chorda dorsalis. Ao* Aorta. *PP* Pleuroperitonealhöhle. *U,* Darmplatte. *L* Lungen. *B* Querschnitte der Bronchien. *S* Spalten zwischen Lunge und Vorderdarmwand. *M* Vereinigungsstelle der Lungen- und der Vorderdarmwand. *PP* Pleuroperitonealhöhle. *Sp* Seitenplatte. *Am* Amnion. *Hw* Herzwand. *v* Darmrohr.

Von den drei Zellenlagen, welche die Lunge des Embryo umgeben, ist die mittlere *(U,)* als jene zu bezeichnen, die die mächtigste wird. Sie ist die Fortsetzung der Elemente der Urwirbelmasse. Sie bildet das Substrat für sämmtliche Gewebe der Lunge und Pleura mit Ausnahme des Epithels der Pleura, welches von der Darmfaserplatte *(Df)* stammt, ferner des Cylinderepithels der Bronchien, welches dem Darmdrüsenblatte *(D)* des Vorderdarmes entnommen ist.

Bald nachdem die Lunge in die Pleurahöhle des Embryo vorragt, wird dieselbe grösser, ohne dass man noch den von den älteren Autoren beschriebenen Stiel, mit welchem sie am Vorderdarme hängt, bemerkt. Man sieht dieselbe nach unten umbiegen, bis sie von der Seite her den Vorderdarm erreicht, um mit seiner Wandung, wie diess beim Huhne zu sehen ist (Fig. 58 *M*), sich zu vereinigen. Die

Vereinigung *(M)* findet jedoch anfangs nur zum Theile statt, so dass man zwischen Lunge und Darmwand einen länglichen Raum *(S)* findet, der von den Elementen der Darmfaserplatte ausgekleidet ist. In der Lunge jederseits beobachtet man anfangs einen Querschnitt von einem kleinen runden, mit Cylinderepithel ausgeklei-

Fig. 59.

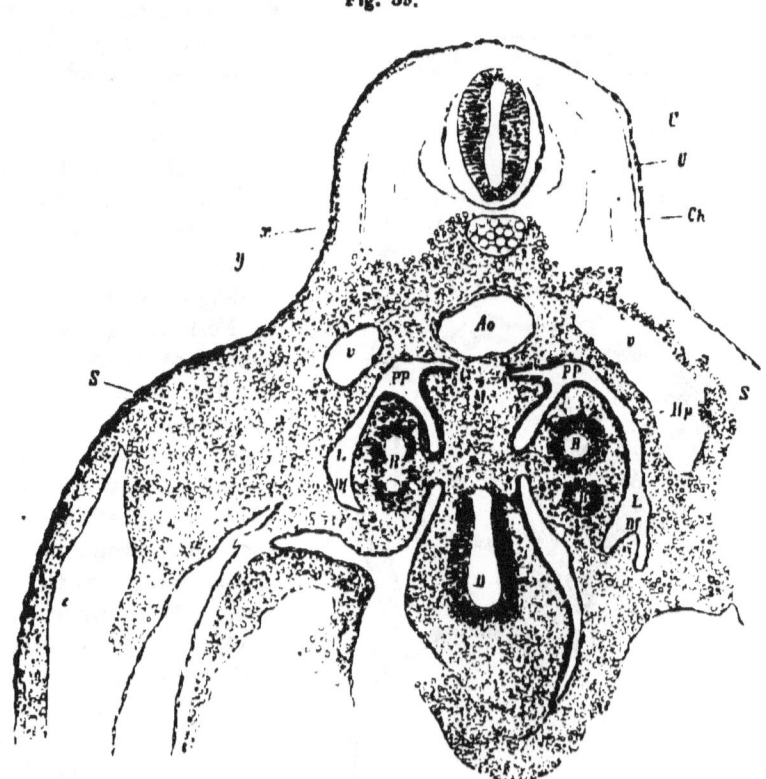

Querschnitt eines Embryo vom Huhne in der Höhe der Lunge. *C* Centralnervensystem. *U* Urwirbel. *Ch Chorda dorsalis*. *x* Epidermis, äusseres Keimblatt. *y* Malpighi'sche Schichte, äusseres Keimblatt. *S* Seitenplatte. *Ao* Aorta. *v* Gefässquerschnitt mit den auskleidenden Elementen. *PP* Pleuroperitonealhöhle. *Hp* Hautmuskelplatte. *Df* Darmfaserplatte. *D* Darmrohr. *B B*, Bronchi. *L* Lunge und deren Stiel. *M* Mesocardium.

deten Gange *(B)*, welcher Abkömmling der Seitenwinkel des Vorderdarmrohres ist *(B)*. Beide sind die zwei zuerst auftretenden Hauptäste der Bronchi und stecken in den Gebilden der Urwirbelmasse *(U,)*, vom Cylinderepithel des Drüsenblattes ausgekleidet. Die beiden ersten Bronchi sind bis in den noch übrigen Theil des

Vorderdarmes zu verfolgen und bleiben mit demselben in Verbindung. Die weiteren Verzweigungen der Bronchi (*B B*, Fig. 59) werden derart gebildet, dass die Urwirbelmasse den Hauptstämmen der Bronchi keilförmig entgegenwächst, wodurch die Bronchi jederseits in zwei Aeste getheilt werden. In ähnlicher Weise werden die kleinen Bronchi in der Lunge gebildet. Die Anzahl der Querschnitte von Bronchialästen in der Lunge nimmt sehr rasch zu, so dass man am Ende des vierten bis fünften Tages beim Huhne die Lunge nur aus einer Menge von Bronchialquerschnitten, die von der Urwirbelmasse umgeben sind, bestehend findet.

Während der Vergrösserung der Lunge werden die beschriebenen Spalten zwischen Lunge und Vorderdarmwand kleiner, bis man sie endlich auf einer Reihe von Querschnitten nicht mehr findet. Kommt man bei den Querschnitten in die Höhe der Leber, so findet man schon in frühen Stadien, dass die Leber, Vorderdarmwand und Lunge von einer gemeinschaftlichen Zellenmasse gebildet sind und dadurch mit einander in Verbindung stehen. Diese Zellenmasse sieht man in der Leber zu Leberzellen umgebildet. In der Lunge und dem Reste des Vorderdarmes liefert sie die bezüglichen Gewebe, die um die Anlagen des Darmdrüsenblattes gelagert sind. Der Zusammenhang dieser Organe lässt sich bald erklären, da sämmtliche aus einer gemeinschaftlichen Zellenlage — der Urwirbelmasse — aufgebaut werden, soferne sie aus dem mittleren Keimblatte ihr Material zum Aufbaue beziehen. Bald sieht man die Lunge sich mehr isoliren. Sie hängt dann am Vorderdarme mittelst eines dünnen Stieles (Fig. 59), wie man sich aus einer Reihe von Durchschnitten, die auf einander folgen, überzeugen kann. In den darauf folgenden Stadien werden die Querschnitte der Bronchi zahlreicher. Bald sieht man an ihren Endstücken beim Vogelembryo spitze Ausbuchtungen, in welche sich das Epithel fortsetzt. Jedoch ist das Letztere nicht so hoch als in den Bronchi, sondern mehr einem cubischen Epithel ähnlich. Dieser anhängende Theil an den Bronchien dürfte mit der Bildung der Lungenpfeifen und der Alveoli im Zusammenhange stehen.

Oesophagus, Trachea, Kehlkopf.

Nachdem die Leber und Lunge angelegt sind, stellt uns der Rest des Vorderdarmes in seinem Verlaufe auf den Querschnitten ein Lumen dar, dessen Durchmesser von oben nach unten grösser als der Querdurchmesser ist (Fig. 60 *D*). Aus diesem Stücke wird bis zur ersten Theilung der Bronchialäste, das ist bis zur Höhe der Lunge, die gemeinschaftliche Anlage des Oesophagus

Fig. 60.

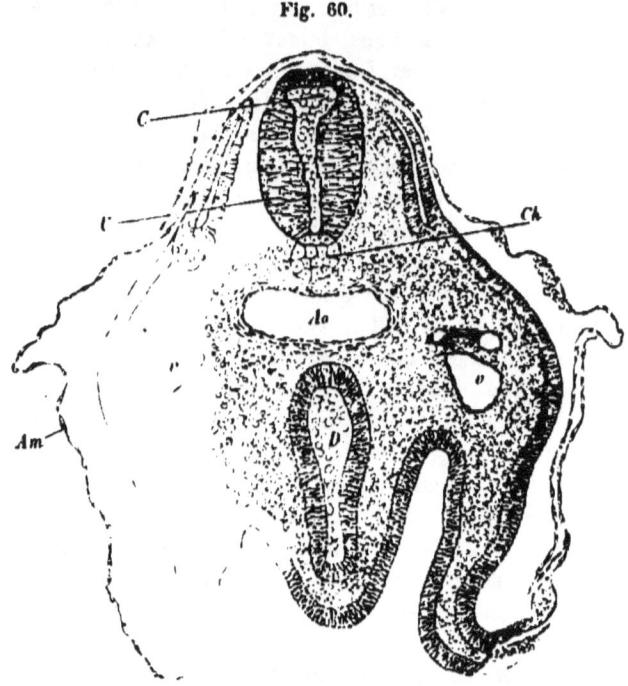

Durchschnitt in der Höhe des Vorderdarmes eines Kaninchenembryo, wo Oesophagus und Trachea eine beiden gemeinschaftliche Röhre darstellen. *C* Nervensystem. *U* Urwirbelmasse. *Ao* Aorta (beide Stämme zu einem vereinigt). *V* Venen *(cardinales.)* *Am* Amnion. *D* Vorderdarm. *Ch* Chorda dorsalis

und der Trachea. Die Trennung des gemeinschaftlichen Rohres in zwei, mit einander parallel verlaufende Röhrenstücke erfolgt dadurch, dass die Urwirbelmasse von beiden Seiten gegen die Mitte des Rohres wächst (Fig. 61 *U,*), wobei man auf ein Stadium kommt, in welchem der Querschnitt des Vorderdarms bisquitähnlich ist. An jener Stelle, wo beide Röhren ungetrennt bleiben, bildet sich das *Cavum pharyngeale*, welches dem vordersten Theile des ursprünglichen Vorderdarmes entspricht. Dieser vorderste Abschnitt, das sogenannte blindsackförmige Ende, war schon früher mit der Mundbucht in Verbindung getreten. Somit ist die Communication des ursprünglich angelegten embryonalen Darmrohres und des Respirationsorganes der Wirbelthiere mit der Aussenwelt hergestellt.

Die Fortsetzung unterhalb der Trachea und des Oesophagus übergeht in den Magen und Dünndarmtheil des Embryo. Das vorderste Ende der Trachea bildet eine längliche Anschwellung, welche beim Menschen in der fünften und sechsten Woche zu sehen ist. Vom Schlunde aus sieht man nach Coste zwei wulstförmige Erhabenheiten, die den Eingang zum Kehlkopfe begrenzen. Diese beiden wulstförmigen Erhabenheiten sieht Kölliker als Anlage der *Cartilagines arytenoideae*. Eine Querleiste von den *Cartilagines arytenoideae* gibt die Anlage des Kehldeckels. Nach Reichert sollen die einzelnen knorpeligen Theile des Kehlkopfes mit der Zunge an der Innenseite des ersten Kiemenbogens entstehen. Bis in der neunten Woche sind die einzelnen Knorpel vollständig ausgebildet, während die Stimmbänder zu Ende des vierten Monates zu sehen sind.

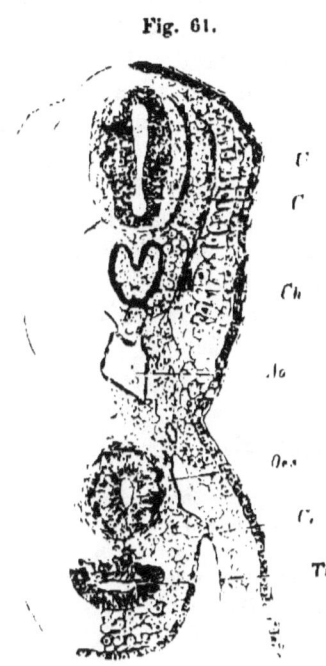

Fig. 61.

Durchschnitt eines Hühnerembryo in der Höhe des bereits getrennten Vorderdarmes im *Oesophagus* und *Trachea*. *C* Nervensystem. *U* Urwirbelmasse. *Ch* Chorda mit den umgebenden Gebilden, die die Anlage des bleibenden Wirbelkörpers darstellen. *Ao* Aorta. *Oes* Oesophagus. *Tr* Trachea. *U* Zwischen beide hineinwachernde Urwirbelmasse.

Bildung der Schilddrüse.

Ohngefähr in der 70. Stunde, wenn das Aortenende den zweiten Kiemenbogen verlassen hat, zeigt sich nach Remak dicht über dem Aortenende des Herzens ein kleiner, runder, undurchsichtiger Fleck, der von einer Verdickung des Darmdrüsenblattes herrührt. Der verdickte Theil schnürt sich alsbald zu einem blasenförmigen Gebilde ab, welches an der Bauchfläche des Embryo genau in der Mittellinie oberhalb des Herzens zu liegen kommt. In letzter Zeit berichtet W. Müller über die Entwickelung der

Schilddrüse beim Huhne folgendermassen: „Das früheste Stadium boten Hühnchen von der Mitte des dritten Tages. Sie besassen drei Schlundplatten, der vorderste Kiemenbogen war verdickt, die Verbindung zwischen Kiemenarterienstamm und erstem Kiemenbogen gelöst. Die zweite, dritte und vierte Kiemenarterie waren vorhanden. An der Stelle, wo die beiden vordersten Kiemenarterien aus dem Stamme entsprangen, um in die Schlundwand einzutreten, fand sich eine birnförmige, gegen die Arterienbifurcation gerichtete Ausbuchtung des Schlundepithels in der Mitte der vorderen Schlundwand. Sie war inwendig hohl und stand durch eine verengte Oeffnung mit der Höhle des Schlundes in Communication. Von der Adventitia der vordersten Kiemenarterien erhielt sie einen sehr dünnen, aus spindelförmigen Zellen bestehenden Ueberzug. In späteren Stadien war die Schilddrüse eine rundliche Blase, die von Cylinderepithel ausgekleidet war, und stand mit dem Schlundepithel durch einen feinen Gang, der von Cylinderepithel ausgekleidet ist, in Verbindung.

Zehntes Kapitel.

Mesenterium. Pancreasanlage. Bildung des *Ductus pancreaticus*. Lage des Pancreas in späteren Stadien beim Hühnerembryo. Bildung des zweiten Pancreas-Ganges. Anlage der Milz. Bildung der einzelnen anatomischen Bestandtheile derselben. Entwickelung der Lymphdrüsen. Veränderungen des Darmtractus vom Magen bis zum Afterdarme. Ausbildung der Magen- und Darmwand und deren Drüsen. Das Peritonaeum und die Netze.

Mesenterium, Pancreas, Milz und Lymphdrüsen.

Nachdem die Lunge und Leber angelegt und beide als isolirte Organe zu erkennen sind, ferner die Leber schon tiefer gegen das Schwanzende gerückt ist, beobachtet man an den Embryonen sämmtlicher Thierklassen, dass das Darmdrüsenblatt der *Chorda dorsalis* nicht mehr anliegt, sondern durch die dazwischen liegende Urwirbelmasse, die um der *Chorda dorsalis* liegt, mehr nach abwärts gedrängt ist. Dadurch ist eine Zellenmasse angelegt, die dem mittleren Keimblatte angehört, welche gegen die Pleuroperitonealhöhle durch die Darmfaserplatte und gegen die Darmhöhle durch das Darmdrüsenblatt begrenzt ist. Diese Zellenmasse mit der sie bedeckenden Darmfaserplatte stellt uns das Mesenterium oder jene Bindmasse dar, durch welche das Darmrohr mit dem übrigen Embryonalleibe in Verbindung steht. Anfangs ist diess beschriebene Stück kurz, später wird es länger und zeigt auf dem Durchschnitte grössere oder kleinere Querschnitte von Gefässen, die als Aeste der absteigenden Aorta in demselben verlaufen. Das Mesenterium präsentirt sich in verschiedener Dicke und Länge, je nach der Höhe, in der es sich im Embryonalleibe befindet. Am breitesten findet man dasselbe in jener Höhe, in welcher die Anlage des Pancreas und der Milz zu suchen ist. Diess entspricht jenem Theile des Mesenteriums, welcher in der Höhe des Magens und des Duodenums liegt.

Innerhalb dieses Theiles des Mesenteriums kommt es zu Veränderungen einzelner Elemente, die seine Hauptmasse ausmachen und zur Entwickelung des Pancreas, der Milz und der Lymphdrüsen führen.

Die ältere Ansicht über die Anlage des Pancreas ist folgende: Das Pancreas sei anfangs eine Ausstülpung, später sollen dem Endstücke eine Reihe von Acini aufliegen, die mit dem Ausführungsgange zusammen das Bild einer Dolde bieten (v. Baer, Bischoff). Ueber den Ort, an welchem man die erste Anlage des Pancreas zu suchen hat, liegen uns wenig übereinstimmende Angaben vor. Bischoff meint, das Pancreas entwickele sich auf der linken Seite des Darmes, v. Baer will auch an der rechten Seite eine ähnliche Wucherung gesehen haben, die bald verschwindet. Rathke findet bei der Natter die Pancreasanlage in der hinteren Darmwand. Reichert lässt Pancreas und Leber aus einer beiden gemeinschaftlichen Zellenmasse hervorgehen. Später sondern sich beide derart, dass die Leber nach rechts zu liegen kommt, die Pancreasanlage ist dann links zu sehen. Es scheint ferner Reichert, als ob die Pancreasanlage nur mehr ein gesonderter Lappen der embryonalen Leber sei. Remak, dessen Lehre jetzt allgemein angenommen ist, behauptet, dass das Pancreas vom Anfange an eine hohle Ausstülpung ist, welche von den Gebilden des Darmdrüsenblattes ausgekleidet ist. Sie sind es, welche die Grundlage für das Drüsengewebe liefern, indem sie sich vermehren und zu Enchymzellen des Pancreas werden. Die zu Gängen angeordneten Zellen des Darmdrüsenblattes sollen solide Sprossen treiben, die hohl werden. Kölliker, der Remak's Arbeiten bestätigt, findet beim Menschen dieselbe Entwickelungsweise des Pancreas wie beim Huhne. His reiht in seinem Werke das Pancreas den Abschnürungsdrüsen an. Nach ihm geschieht die Anlage des Pancreas nicht aus der Drüsenrinne des Darmdrüsenblattes, sondern aus dem Stammtheile des letzteren.

Es dürfte nicht leicht sein, genau die Bebrütungsstunde anzugeben, in welcher man die Anlage des Pancreas beim Huhne zu suchen hat, da man aus Versuchen weiss, dass Embryonen von gleichem Alter verschiedene Entwicklungsstufen bei verschiedenen Thieren bieten können. Remak giebt die 65. Brütestunde bei Hühnerembryonen als jene an, in welcher man die Pancreasanlage zu finden hat. Er sagt ferner, die Anlage des Pancreas zeige sich später als die der Leber und früher als die der Lungen. Hiernach hat Remak das bereits vollkommen angelegte Pancreas beobachtet und nicht dessen erste Anlage. Die Pancreasanlage ist vielmehr nach dem ersten Auftreten der paarigen Lunge und der unpaarigen Leberanlage zu sehen.

Verfolgt man den Abschluss des Darmkanals, so findet man, dass die vordere Wand beim Säugethier- und Hühnerembryo, wie wir bereits wissen, dem Nabel und somit dem Schwanzende des Embryo näher rückt. Noch kann man durch den ziemlich weiten *Ductus omphalo-mexaraicus* die hintere Wand des Darmrohres sehen und findet äusserlich in der Höhe der Leber keine wahrnehmbare Veränderung, die auf die Anlage des Pancreas schliessen liesse.

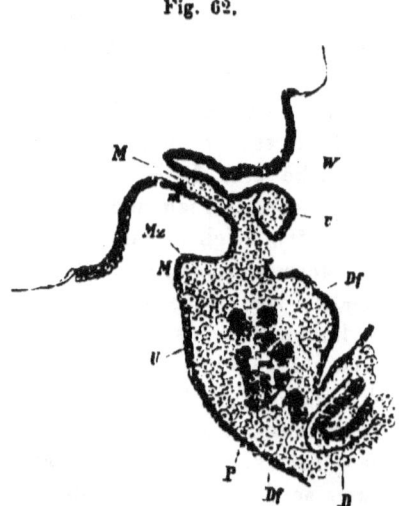

Fig. 62.

Anlage vom Pancreas der Milz. Das Mesenterium. *M* Mesenterium. *W* Waldeyer'sches Keimepithel. *D* Gefässdurchschnitt im Mesenterium. *Df* Darmfaserplatte. *D* Darmkanal. *P* Pancreasanlage. *U* Urwirbelmasse im Mesenterium.

Durchsieht man aber die Reihenfolge der Querschnitte, so begegnet man Veränderungen in den Elementar-Organismen der Darmplatte, welche im Mesenterium liegen, die die erste bekannte Anlage des Pancreas darstellen (Fig. 62 *P*). In welche Zellenlage im Sinne der Remak'schen Keimblätterlehre haben wir die Gebilde einzureihen, welche in ihrem veränderten Zustande die Pancreasanlage ausmachen? Bekanntlich nahm Remak an, dass die Enchymzellen des Pancreas dem Darmdrüsenblatte entstammen. An diese lege sich die Faserschichte, Remak's Darmfaserplatte, an. Nun wissen wir, nach den weiter oben angeführten Auseinandersetzungen, dass das Darmdrüsenblatt und die Darmfaserplatte nur durch eine relativ kurze Zeit des Entwickelungslebens einander anliegen und dass sich später zwischen ihnen eine von den Urwirbeln vorgeschobene Zellenmasse befindet. Diese Zellenmasse ist es, welche die Elemente beherbergt, durch deren Metamorphose es zur Bildung der Pancreasenchymzellen kommt. Die Pancreasenchymzellen sind demzufolge die im Mesogastrium präformirten Gebilde des mittleren Keimblattes (Fig. 63 P). Die Elementarorganismen, welche zu Enchymzellen werden, zeigen sich bald, was die Grösse des Protoplasmas betrifft, den umgebenden bedeutend überlegen, dieselben sind feinkörnig mit einem rundlichen Kerne und Kernkörperchen. Diese Zellen sind durchsichtiger als die sie umgebenden. Die letzteren werden länglich mit länglichem Kerne und bekommen einige Fortsätze. Sie sind die Grundlage für jene Gewebe im Pancreas, welche um die Enchymzellen gelagert sind (Fig. 64, 3).

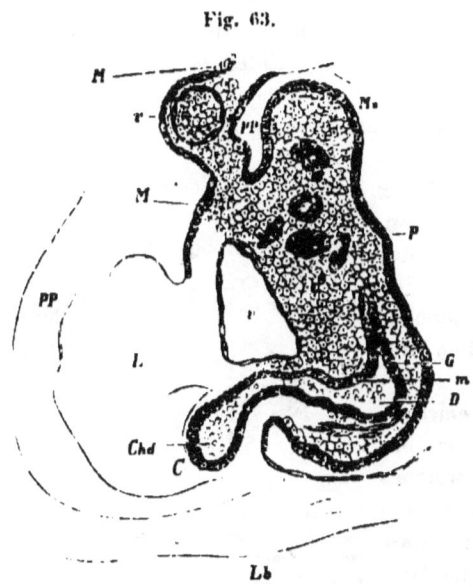

Fig. 63.

Durchschnitt durch einen Hühnerembryo vom fünften Tage in der Höhe des Pancreas und der Leber. Es wurde nur jener Theil des vollständigen Querschnittes gezeichnet, der auf das Pancreas und Mesenterium Bezug hat. *M* Mesenterium. *PP* Pleuroperitonealhöhle. *L* Leber. *Chd* Ductus choledochus. *C* Gallenblase sammt dem auskleidenden Cylinderepithel. *Lb* Ein Stück der Leibeswand. *D* Darm sammt seinem Epithel m. *G* Ductus pancreaticus. *P* Pancreasenchymzellen im verdickten Theil des Mesenterium. *Ms* Milzanlage. *v* Gefässdurchschnitte.

Die Pancreasenchymzellen sind anfangs zu einzelnen Gruppen angeordnet (Fig. 64 1), die unregelmässig zerstreut im Mesogastrium liegen (Fig. 62 *P*). Später ordnen sich die Zellengruppen zu Schläuchen an. Man findet Zellengruppen und Zellenschläuche neben einander im Pancreas der Embryonen, ja sogar im Pancreas des neugeborenen Hühnchens sieht man neben den schlauchförmig angeordneten Zellen noch die Zellengruppen vorhanden. An Präparaten des Herrn Dr. Latschenberger vom Pancreas junger Kaninchen sah ich noch ziemlich häufig neben den Zellenschläuchen zerstreut die Zellengruppen liegen.

Die vergleichende Anatomie bietet uns eine Reihe von Erscheinungen, die den angeführten Bildern beim Embryo in mancher Beziehung gleichen. So findet man (Leydig, Gegenbaur, Leukart,) das Pancreas verschiedener Wirbelthiere (mancher Plagiostomen, Chimaera, Ringelnatter, Eidechse) der Milz unmittelbar angewachsen. An Pelobates fällt es auf, dass das Pancreas mit der hinteren Magenwand fest verwachsen ist, wo es der Muscularis anliegt. Beim Landsalamander hängt ein Theil der Drüse der Darmwand innig an.

Der Ausführungsgang des Pancreas bildet sich nach den Erfahrungen am Huhne unabhängig von den Euchymzellen des Pancreas.

Nach Baer ist am embryonalen Pancreas rechterseits ein Rudiment zu beobachten, welches bald schwinden soll. Von diesem Stücke wurde angenommen, dass es sich möglicherweise zum *Ductus pancreaticus minor* umgestalte.

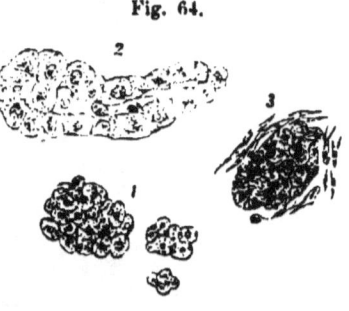

Fig. 64.

1. Pancreasenchymzellen zu einzelnen Gruppen angeordnet. 2. Dieselben als Schläuche. 3. Pancreasenchymzellen von zu embryonalem Bindegewebe metamorphosirten Elementen umgeben.

Da wir das Pancreas gewöhnlich an der oberen Wand des Darmes finden, so ist es sehr bedenklich, diese Annahme als richtig anzusehen. Ueber die Entstehung des zweiten Pancreas-Ganges meint Remak, dass derselbe als Ausläufer des Pancreas mit dem Darme secundär in Verbindung trete. Ganz unaufgeklärt blieb es bis in letzterer Zeit, wie es kommt, dass der *Ductus pancreaticus* und *choledochus* neben einander in den Darm münden, was beim Huhne durch die Vereinigung beider Gänge an einer kleinen hügelförmigen Erhabenheit an der Innenwand des Darmes geschieht.

An jener Stelle, wo dem Darmtractus im Embryo die Pancreasanlage anliegt, findet man, dass der Darmtractus länger wird. Er bildet in dieser Höhe eine Darmschlinge, welche sich anfangs derart krümmt, dass ihre Convexität der vorderen Bauchwand zugewendet ist. Bald darauf kehrt diese Schlinge ihre Convexität nach links. Zwischen beiden Aesten der Schlinge befindet sich das Mesenterium mit dem darin liegenden Pancreas. Zur Zeit, wo die erste Krümmung zur Bildung der Schlinge wahrzunehmen ist, sieht man vom Darmlumen einen Gang, der bis an die Pancreasanlage reicht. Dieser Gang liegt nahezu in der Höhe des *Ductus choledochus*. Von diesem wissen wir, dass er sich während der Entwickelung in verschiedener Höhe befindet. Das eine Mal ist er als abgeschnürtes Röhrenstück in der Höhe des Herzens, später rückt er allmälig dem Schwanzende näher, wiewohl seine Einmündungsstelle dieselbe bleibt. Der Pancreasgang ist beim Huhne in seiner ersten Anlage eine seitliche Fortsetzung des Darmes, knapp in der Höhe der Einmündungsstelle des *Ductus choledochus*. In diese Fortsetzung erstrecken sich die Elemente des Darmdrüsenblattes. Diese reichen bis an die präformirten Gebilde in der Darmplatte, welche die Enchymzellen des Pancreas ausmachen. Daselbst übergehen sie in die Pancreaselemente, ohne dass eine deutliche Grenze zwischen beiden wahrgenommen wird.

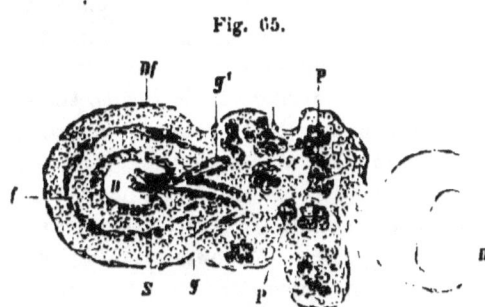

Fig. 65.

Querschnitt des Pancreas, welches in der Darmschlinge liegt (Hühnerembryo). *Df* Darmfaserplatte. *gg*, Erster und zweiter Pancreasgang. *P* Pancreasenchymzellen. *DlP* Darmlumina. *N* Einmündungsstelle des Pancreasganges in das Darmlumen. *f* Ringfaserschichte des Darmes.

Später verengert sich der Gang und macht mehrere Biegungen, so dass man ihn auf einem Querschnitte nur theilweise trifft. Einen Querschnitt aus diesem Stadium zeigt Fig. 63. Man bemerkt in demselben das Darmlumen (*D*) den *Ductus pancreaticus* (*G*) und den *Ductus choledochus* (*chd*) sammt einem erweiterten Endstücke (*C*), welches in der Leber steckt und die Anlage der Gallenblase darstellt. — Die benachbarten Querschnitte vom Geschilderten belehren uns näher von den Biegungen des Pancreasganges.

Der zweite Ausführungsgang ist erst mit der Loupe am Hühnerembryo des 15—17. Bebrütungstages zu beobachten. Will man ihn aber an Embryonen jüngerer Stadien zu Gesichte bekommen, so muss man die Darmschlinge, in der das Pancreas liegt, in eine

Reihe von Querschnitten zerlegen. Einen Querschnitt vom Pancreas des Hühnerembryo stellt Fig. 65 dar, aus welchem auch die Bildungsweise des zweiten Ganges zu entnehmen ist. Man sieht zunächst (Fig. 65) die beiden Darmlumina (D D') durchschnitten, die von Cylinderepithelien ausgekleidet sind. Um diese herum sind die metamorphosirten Elemente des mittleren Keimblattes, welche direct in das querangeschnittene Pancreas (P) übergehen. Der ganze Querschnitt ist von einem Epithelüberzuge (Df) umgeben, der aus den zum Epithel des Peritonaeums veränderten Gebilden der Darmfaserplatte besteht. In das Lumen des Darmdurchschnittes D sehen wir eine Hervorragung sich erstrecken. In dieser Hervorragung ist ein kurzer Gang in seiner Längsachse durchschnitten. Er stellt den Vereinigungsort dar von den beiden Pancreasgängen (g und g') und dem in diesem Entwickelungsstadium senkrecht zu den Pancreasgängen verlaufenden *Ductus choledochus*.

In dem gemeinschaftlichen kurzen Gange sieht man ein kubisches Epithel, das sich über der ganzen Hervorragung im Darme ausbreitet und sich dann in das Cylinderepithelium des Darmes fortsetzt.

Das kubische Epithel setzt sich ferner in die beiden Gänge (g und g') fort, welche die erste dichotomische Theilung des ursprünglich unpaaren Pancreasganges darstellen. Man kann behaupten, dass diese Theilung und die dichotomische Trennung durch das Wachsthum der Gebilde des mittleren Keimblattes, die nicht zu Enchymzellen des Pancreas wurden, bedingt sei. An unserer Abbildung (Fig. 65) bemerkt man, dass zwischen beiden Pancreasgängen (g und g') eine keilförmige Masse sich befindet, durch die möglicherweise der unpaarige Pancreasgang zu einem paarigen umgestaltet wurde.

In gleicher Weise geht die Bildung der kleineren Gänge vor sich, an welchen die Zellenhaufen des Pancreasenchyms liegen, die uns das von den früheren Autoren beschriebene Bild einer Dolde darstellen. Auch hier sieht man immer zwischen die kleinen dichotomischen Verzweigungen der grösseren Pancreasgänge die zu Bindegewebe metamorphosirten Elemente des Pancreas keilförmig vorgeschoben.

Im weiteren Verlaufe der Entwicklung werden die beiden Pancreasgänge aus der Ebene, in welcher sie sich befinden, allmälig verschoben; sie neigen sich in ihrem Verlaufe mehr zu einer senkrecht zu unserer Schnittfläche gestellten Ebene, in der sie auch im extra-embryonalen Leben verbleiben. — Die Einmündungsstelle im Darme bleibt ihnen gemeinsam.

Nun fragt es sich, wie die Entwickelung des Pancreasganges zu erklären wäre bei jenen Thieren, welche zwei Ausführungsgänge des Pancreas besitzen, deren jeder besonders in den Darmkanal einmündet, wie diess beispielsweise beim Hunde der Fall ist. Die vorliegenden Ergebnisse beim Hühnerembryo bieten uns Anhaltspunkte zu weiteren Untersuchungen an anderen Thieren.

Wir wissen, dass der ursprünglich unpaarige Gang durch das Entgegenwachsen einer keilförmigen Masse der Elemente des mittleren Keimblattes in zwei Schenkel gespalten wird. Nun bleibt die Form des Keiles beim Huhne während des extra-embryonalen Lebens fortbestehen. Die Elemente desselben metamorphosiren sich theils zum Bindegewebe des Mesenteriums, theils zu den Geweben der Wandungen der Pancreasgänge selbst. Der an die Darmwand stossende Theil des Keiles hilft zum Theile die Darmwand bilden, etwa jenen Raum, der zwischen den beiden einmündenden Pancreasausführungsgängen liegt. Nun könnte möglicherweise bei jenen Thieren, bei welchen die Ausführungsgänge gesondert in den Darm einmünden, die keilförmige Masse tiefer dem angelegten, unpaaren Ausführungsgange entgegenwachsen, bis eine vollständige Trennung desselben in zwei Gänge stattfände. Es würde hierbei das spitze Ende der keilförmigen Masse bei einer allmäligen Abflachung seiner Spitze mit einem grösseren Theile der Darmwand in Berührung kommen, dabei eine grössere Strecke der Darmwand bilden helfen, etwa ein Stück, welches der Entfernung der beiden Gänge entspricht.

Die Ausführungsgänge der Leber und des Pancreas entstehen anscheinend in verschiedener Höhe des Darmrohres, was nur mit Rücksicht auf die Entwickelungszeit des Embryo gilt. So findet man in einer frühen Zeit, wo das Herz als schlauchförmiges Organ angelegt ist, den *Ductus choledochus* in der Höhe des Herzens, während vom Pancreas noch Nichts zu sehen ist. Erst wenn die untere Darmwand tiefer rückt, was mit dem Abschliessen des *Ductus omphalo-mesaraicus* geschieht, wird auch mit ihr die Einmündungsstelle des *Ductus choledochus* mehr gegen die untere Körperhälfte rücken. Ist dieser in seine bleibende Lage gekommen, dann erst entsteht der *Ductus pancreaticus* entweder in der Höhe des *Ductus choledochus* oder nahe an demselben. Zuweilen beträgt die Höhendifferenz zwischen beiden Gängen eine Grösse, die dem Höhendurchmesser zweier oder dreier mikroscopischer Schnitte, die so dünn sind, dass sie mit unseren stärksten Vergrösserungen im durchfallenden Lichte beobachtet werden können, entspricht.

Milz.

So wie uns längere Zeit die Function und der Bau dieses Organes unbekannt war, erging es uns auch mit der Kenntniss über die Entwickelung der Milz. Später wurde sichergestellt, dass die Anlage der Milz im Mesogastrium in Verbindung mit dem Pancreas, dessen Drüsenelemente bereits zu erkennen sind, zu finden ist. Arnold lehrte diess vom Menschen und diese Angabe fand ihre Bestätigung bei einer grösseren Reihe von Thierklassen. Nach den gegenwärtigen Kenntnissen über die Anlage der Milz und der übrigen Organe, die in verschiedener Höhe um den embryonalen Darm liegen, wissen wir, dass sämmtlichen zum grösseren Theile die Urwirbelmasse, welche im Mesogastrium oder Mesenterium liegt, als gemeinschaftliche Anlage dient. Demzufolge sind die Milz und das Pancreas nicht nur neben einander gelagert, sondern sie nehmen auch aus einer Zellenmasse ihr Bildungsmaterial.

Die Anlage der Milz ist zu einer Zeit zu sehen, in der man die Leber als unilobulär und im Pancreas Zellgruppen von Enchymzellen sieht. Die Milz liegt im Embryo des Huhnes und der Säugethiere zum Theile vorne, die grössere Masse ist aber links gelegen (Fig. 63). Auf Querschnitten in der Höhe der Leber findet man dieselbe auf der Seite der Leber, mit einem Gefässquerschnitte versehen (Fig. 63 *Mz*). Es ist die Milz gleichsam eine Zellenmasse am obersten Theile des Mesenteriums, welche in dem axialen Theile unter der Chorda und Aorta liegt, die aber in späteren Entwickelungsstadien als abgeschnürtes Organ nach links gedrängt wird, ein Vorgang, der in den Wachsthumsverhältnissen der einzelnen Organe des Embryo seine Erklärung findet. Die ersten Gefässlumina, welchen man in der Milz begegnet, stammen direct aus der absteigenden Aorta, die in diesem Stadium bereits aus der Vereinigung der beiden Aorten hervorgegangen ist.

Soweit die früheste Anlage der Milz, wie man sie an jungen Säugethier- und Hühnerembryonen nur auf Querschnitten findet. Erst in späteren Entwickelungsstadien, wo man dieselbe an den Embryonen der verschiedenen Wirbelthiere finden kann, tritt innerhalb der Milz eine Differenzirung der Zellen auf, welche sie zusammensetzen. Mit dieser Differenzirung zugleich geht eine Trennung des Pancreas und der Milz einher, welche anfangs durch eine breite Verbindungsbrücke vereinigt sind, die allmälig dünner wird, jedoch nicht vollständig schwindet, sondern längere Zeit als eine gleichmässige Zellenmasse vorhanden ist, bis sie später zur Bildung des Peritonaeums verwendet wird. Bald darauf sieht man Veränderungen der Elemente der Milz, die zur Bildung eines bindegewebigen Gerüstes führen. Zwischen diesem Gerüste liegen die Elemente der Milzpulpa. Bei Rindsembryonen von 10 Centimeter Länge fand Peremeschko die einzelnen Bestandtheile der Milz nahezu vollständig ausgebildet (Fig. 66). An späteren Stadien der

Fig. 66.

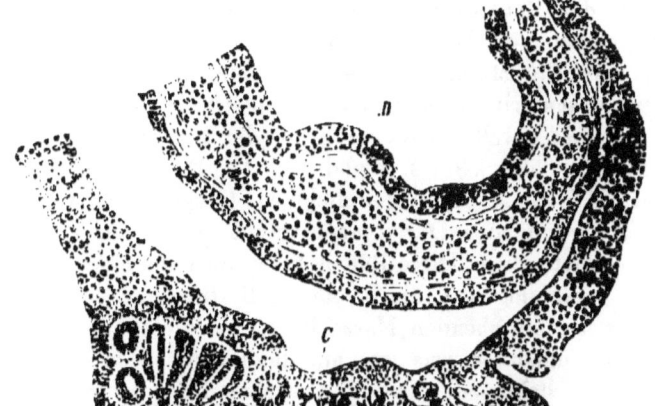

Durchschnitt durch den Embryo eines Schweines von 2 Centim. Körperlänge (nach Peremeschko) a Milz, b Pancreas, c Verbindungsbrücke. D Darmwand mit den in ihr angelegten Schichten.

Säugethierembryonen sah Peremeschko stellenweise kleinere umschriebene Partien an Querschnitten der Milz, wo das bindegewebige Gerüste grössere Maschenräume bildete, das von viel zarteren Fäden durchzogen ist. In diese Maschenräume häufen sich zahlreiche kleine Körne an, die mit dem Gerüste zusammen ein Malpighi'sches Körperchen darstellen. Wir kommen bei der

Entwickelung der Lymphdrüsen auf ähnliche Vorgänge zu sprechen, wie sie von Sertoli mitgetheilt wurden. Die Maschen der Pulpa sind bei ganz jungen Embryonen mit Blutkörperchen gefüllt, so dass man die intermediären Gefässräume der ausgebildeten Milz als in der Entwickelung dieses Organes vorgebildet ansehen kann.

Entwickelung der Lymphdrüsen.

Die früheren ungenauen Kenntnisse über den Bau und die Function der Lymphdrüsen veranlassten, dass man die Anlage dieser Drüsen als einen Plexus von Lymphgefässen betrachtete. Engel glaubte, dass die Lymphdrüsen nur aus den Sprossen der sich windenden Lymphgefässe gebildet werden. Mit der genaueren Kenntniss des Baues der Lymphdrüsen kam man auch auf das Studium der Entwickelung dieser Gebilde. Sertoli machte uns Mittheilungen von Untersuchungen über die Entwickelung der Lymphdrüsen im Mesenterium bei Säugethierembryonen. Am ausgebildeten Mesenterium sieht man die Lymphdrüsen beim Rinde in einer mehr weniger parallelen Richtung mit der Darmschlinge gelagert. Durchschnitte durch die Lymphdrüsen bei Embryonen (Rindsembryonen 3 Zoll Länge) zeigen nichts als Längsräume, welche sich einerseits gegen den Darm, andererseits gegen die Wurzel des Gekröses erstrecken. Diese Räume findet man von einer an Kernen reichen Masse umgeben, die in einer gallertigen, aus embryonalem Bindegewebe bestehenden Masse liegen. Diese Räume communiciren unter einander, was man auf dünnen Schnitten nicht immer zu Gesichte bekommt. Die Räume sind die angelegten Lymphräume oder Lymphgefässe. Die kernhaltigen Elemente um dieselben bilden das Epithelium dieser primitiven Lymphbahnen. Fragen wir uns nun, aus welcher Schichte der Keimanlage diese Kerne entstehen und in welcher Schichte die Lücken zu suchen sind, so ist die Antwort jedesmal, dass das mittlere Keimblatt Remaks das Substrat für den Aufbau dieser Gebilde gibt. Wie wir bereits erwähnten, constituiren die Gebilde des mittleren Keimblattes, die im Mesenterium liegen und das Gewebe desselben liefern, die Urwirbelmasse, die an diese Stelle durch Vermehrung der Elemente allmälig vorgeschoben wurde. In späteren Entwickelungsperioden sieht man eine Vermehrung der Elemente in der nächsten Umgebung der beschriebenen Räume. Die Letzteren werden mehr unregelmässig gewunden und complicirter in ihrem Verlaufe. In

Folge der Zunahme der Elemente in der Lymphdrüse wird das Gewebe, welches die Drüse durchzieht, unregelmässig, so dass man Substanzstücke zwischen den Lymphbahnen bekommt, die die **Trabekeln** darstellen.

Jener Theil der Drüse, wo die Räume sind, entspricht dem Hylus, der andere bildet die Grundlage für die Corticalsubstanz. Bald bildet sich an der Peripherie der Drüse eine dünne Schichte, faserig in tangentialer Richtung zur Drüse. Sie bildet die Hülle der Drüse. Nun tritt eine Menge von Kernen auf, die als Lymphkerne die ganze Drüse bis zu den Lymphräumen ausfüllen, wobei auch eine auffällige Grössenzunahme der Drüse zu beobachten ist. Soweit über die Anfänge der Lymphdrüsenbildung. Man kann im weiteren Verlaufe noch das Auftreten der Lymphsinus, der *Vasa in* und *efferentia* etc. beobachten, bis man die vollendete Drüse noch während der intramentralen Periode vor sich hat. Die ferneren Veränderungen, die man beobachten kann, beziehen sich im Wesentlichen nur auf das Wachsthum der Drüse.

Der Mitteldarm.

Wir lernten bisher den Darm als ein einfaches Rohr kennen, um das die beschriebenen Organe wie Lunge, Leber, Milz etc. gelagert sind. Während aber diese Organe im Embryo der verschiedensten Wirbelthiere ausgebildet werden, verändert das Darmrohr stellenweise sein Lumen, ferner seine Lage und es tritt hiebei eine Differenzirung in der Darmwand ein, wobei die einzelnen Schichten des Magens und des Darmes sichtbar werden.

Das Darmrohr, in Communication mit der Mundhöhle, ist bekanntlich dadurch zu Stande gekommen, dass der Schwanzdarm und Kopfdarm einander näher rückten (eine Ausnahme hievon bilden die schwanzlosen Batrachier) und an der Stelle des Nabels zum Theile in der Bauchwand eingelagert sind, dort wo derselbe mit der Dotterblase zusammenhängt. Wir können an diesem einfachen Rohre für den Verdauungstract drei Abschnitte bezeichnen. Die drei Abschnitte sind der Munddarm, Mitteldarm und Afterdarm. Unter Mitteldarm versteht man die beiden Schenkel des Darmrohres, die nach vorne und hinten vom Nabel ziehen. Sie sind von dem in der Anlage vorhandenen Vorderdarm und Schwanzdarm gebildet, indem durch das Aneinanderrücken dieser beiden Abschnitte das einfache Darmrohr gebildet wurde, wobei der mittlere Theil des Darmes, der noch rinnenförmig gegen die Dotterblase gewendet lag, mit einbezogen wurde. Das vorderste Stück gegen das Kopfende wird als Munddarm bezeichnet, während das hinterste Ende sammt dem Analtheil als Afterdarm beschrieben wird.

Den Munddarm lernten wir bereits kennen. Aus ihm lässt man die Gänge und Höhlen der Gebilde bis zum Magen sich entwickeln. Er umfasst nach unseren bisherigen Lehren die Mundrachenhöhle und einen Theil des Vorderdarmes bis zum Magen. Den Magen und einen Theil des Duodenum lassen wir aus dem Abschnitte des Darmes hervorgehen, der als Vorderdarm beschrieben wurde.

An jener Stelle des Darmrohres, wo wir später den Magen ausgebildet finden, beobachtet man bei sämmtlichen Wirbelthieren eine Erweiterung, die anfangs in der Längsachse des Embryo liegt und später bei einigen Thieren und beim Menschen mehr oder weniger quer gestellt wird, wobei die linke Fläche des Magens nach vorne und die rechte Seite mehr nach hinten gedreht wird. Hiebei beginnt an seinem hinteren Abschnitte die erste Andeutung der Hervortreibung eines Blindsackes. Der vordere Rand des ursprünglich in der Längsachse des Embryo gelegenen Magens wird zur kleinen Curvatur beim Menschen und jenen Thieren, deren Magen dem des Menschen ähnlich gebaut ist. Der auf den Magen folgende Theil des Darmrohres hebt sich nur wenig von dem Seitenplattentheil des Embryo ab, weswegen er auch mehr der Bauchwand anliegend gefunden wird als der Magen, dessen peritoneale Verbindung eine längere ist. Das Stück nächst dem Magen bildet mehr weniger eine Krümmung, deren Convexität nach rechts gerichtet ist.

Der folgende Abschnitt, den Viele als den eigentlichen Mitteldarm bezeichnen, bildet eine Schlinge, die den Dünndarm und den Dickdarm des ausgebildeten Wirbelthieres liefert. Diese Schlinge geht als Fortsetzung des unteren Querastes des Duodenum aus, zunächst nach links und unten, biegt hierauf nach aufwärts um, wodurch die eigentliche Schlinge gebildet wird, deren Convexität nach rechts gerichtet ist. Von hier zieht das Darmrohr nach rechts und oben, was eine Kreuzung der beiden Schenkel der Schlinge veranlasst. An der rechten Seite steigt dann der Darm nach abwärts, um hier in den Afterdarm zu übergehen. Dieses geschilderte Stück des Darmrohres zeigt an dem nach rechts und oben ziehenden Aste der Schlinge an einer umschriebenen Stelle eine Verdickung, welche das Coecum und den *Processus vermiformis*, wo überhaupt ein solcher ausgebildet werden soll, darstellt. Diese Verdickung zeigt die Grenze zwischen dem Dick- und Dünndarme an. Der Theil der Darmschlinge vom Duodenum bis zur Stelle der Verdickung bildet den Dünndarm. In seinem Verlaufe treten mit dem zunehmenden Längenwachsthume bald mehrere Schlingen auf. Aus dem Stücke des Darmrohres von der Verdickung bis zum Afterdarm werden das *Colon ascendens, transversum descendens* und ein Theil der *Flexura sigmoidea* gebildet.

Bei einigen Thieren findet man noch im extraembryonalen Leben der eben geschilderten primitiven Anlage ähnliche Verhältnisse. Bei Fischen, welche ein *Intestinum valvulare* haben, kann man dieses Stück als aus dem embryonalen Mitteldarme hervorgegangen betrachten und zwar als jenen Abschnitt des primitiven Darmrohres, welcher unterhalb des Dotterganges liegt, da dieser wie bekannt in den Spiraldarm mündet. Der Spiraldarm enthält bei diesen Thieren während des Embryonallebens die einzige resorbirende Oberfläche zu einer Zeit, wo der übrige Darmtractus noch eine durchwegs glatte Oberfläche besitzt. Man findet auch dem entsprechend bei den Plagiostomen zahlreiche Dotterplättchen im Klappendarme, welche zuweilen auch in einer feinkörnigen Masse eingeschlossen sind (Leydig). Am Dickdarme dieser Thiere tritt eine kleine Aussackung auf, die als Appendix des Dickdarmes bezeichnet wird. Ich sah sie an Embryonen von *Mustelus vulgaris*, die bereits ausgebildete Kiemenfäden besitzen. Ihre Bedeutung ist noch nicht hinreichend festgestellt.

Was nun den feineren Bau des embryonalen Darmes betrifft, so haben wir schon oben erwähnt, dass die Wandung desselben aus drei Schichten besteht, von welchen die äussere und innere zu Epithel transformirt wird, während die mittlere Schichte das Substrat für die übrigen Gewebe der Darmwand gibt. Die äussere Schichte bildet das Peritonealepithel des Darmes, das sich zugleich auch auf den Peritonealüberzug der Darmdrüsen fortsetzt. In der mittleren Schichte tritt wie Barth und Laskovsky nachgewiesen haben, bald an einer Stelle eine Veränderung in den Elementen auf, wobei sie länglich spindelförmig werden mit stäbchenförmigem Kerne. Die so ausgebildete Schichte ist zuerst bemerkbar. Sie stellt die Ringfaserhaut dar. Bald darauf entsteht nach aussen von ihr die Längsfaserschichte. Die *Mus-*

cularis submucosa tritt am spätesten auf und zwar zu einer Zeit, wo man bei den verschiedenen Thieren die bezüglichen Veränderungen in der Schleimhaut, welche zur vollständigen Entwickelung des Darmes führen, bereits angelegt findet. Bald nach dem Auftreten der Ringfaserhaut des Darmes bildet sich die Bindegewebsschichte aus. Die Veränderungen in der Magen- und Darmschleimhaut, respective im Darmdrüsenblatte, sind folgende: Im Magen beobachtet man gegen die Innenfläche eine Reihe von Erhabenheiten, die mässig dick sind. Sie gehen von der mittleren Schichte aus und treiben das Darmepithel, welches bereits cylindrisch ist, nach innen vor. Die Vortreibungen sind zuweilen leistenartig und geben die faltigen Erhabenheiten an der inneren Oberfläche des Magens. Auf diesen entstehen die Vertiefungen, entsprechend den Pepsindrüsen. Das erste Auftreten der Pepsindrüsen ist nicht als eine Wucherung der Elemente des Darmdrüsenblattes anzusehen, welche in die darunter liegende Schichte des mittleren Keimblattes hineinwuchern, sondern man fasst nach Laskovsky die Bildung dieser Drüsen derart auf, dass die Gebilde des mittleren Keimblattes rings um die Drüse gegen das Lumen des Magens wuchern und auf diese Weise die Elemente des Darmdrüsenblattes in dem darunter liegenden mittleren Keimblatte eingesenkt erscheinen. Von Letzterem wird das Zwischengewebe der Drüsen gebildet. Die Elemente des Darmdrüsenblattes in den Pepsindrüsen verändern in der Tiefe derselben ihre Cylinderform und werden rundlich oder polygonal. In dieser Gestalt bilden sie die ersten Labzellen. Im Dünndarme beobachtet man ähnliche Vortreibungen wie im Magen, wobei die Elemente des Darmdrüsenblattes in ähnlicher Weise gegen das Darmlumen vorrücken. Diese Erhabenheiten finden sich hier in viel grösserer Menge vor als im Magen und bilden die Grundlage für die *Valvulae conniventes Kerkringii*. Auf den ersten grösseren Erhabenheiten kommen kleinere zum Vorscheine, die nur bis zur Höhe der Begrenzung einer Lieberkühn'schen Krypte reichen. Sie stellen die Wandungen der Krypten dar. Andere Erhabenheiten stehen frei über dem Niveau des Darmes. Sie enthalten anfangs keine Gefässe und bestehen aus dem embryonalen Bindegewebe sammt Gebilden der *Muscularis submucosa* der Darmwand. Sie sind von Cylinderepithelien bedeckt, an denen erst bis in den spätesten Entwicklungsstadien der Saum zu beobachten ist. Im Dickdarme beobachtet man nur eine Art der

Erhabenheiten und zwar diejenige, die wir als Begrenzungswandung der Krypten finden. Diese Erhabenheiten sind im Dickdarme sowohl als auch im Dünndarme unter dem Epithel mit einander in directem Zusammenhange. Die erste Anlage der Brunner'schen Drüsen beobachtet man zur Zeit, wo die Duodenal-Schlinge bereits ausgebildet ist. Man sieht selbe nach den Zeichnungen von Barth als hohle, einfach schlauchförmige Röhren, die mit ihrem offenen Ende in eine Krypte münden, während das blind endigende Stück in der Darmwand liegt.

Peritonaeum. Anus.

Man kann nach den Thatsachen, die uns die Entwickelungsgeschichte liefert, keine eigene membranöse Anlage für das Peritonaeum im Embryo annehmen; blos das Auskleidungsepithel der Peritonealhöhle, wie wir schon öfters erwähnten, ist bereits in der frühen Embryonalanlage zu sehen. Das eigentliche Peritonaeum, sowohl das parietale als auch das viscerale, geht aus der bezüglichen Fortsetzung der Urwirbelmasse hervor. Das *Peritonaeum parietale* bildet sich aus der mittleren Schicht der Seitenplatte, das *Peritonaeum viscerale* geht aus derselben Schicht hervor, aus der die Strata der Darmwand gebildet werden. Diese Schichte bezeichneten wir gleichfalls als eine Fortsetzung der Urwirbelmasse, die mit dem Namen der Darmplatte belegt wurde. Da, wo das *Peritonaeum parietale* in's *Peritonaeum viscerale* übergeht, hängt in frühen Stadien an der Vorderfläche der embryonalen Wirbelsäule am Mesenterium der Darm. Das Mesenterium lernten wir schon oben kennen als ein Gebilde, welches aus der Urwirbelmasse besteht und einen Ueberzug des Peritonealepithels bekommt. In der Höhe des Magens wird aus demselben das Mesogastrium. Jene Darmabschnitte oder Darmdrüsen-Organe, die sich mehr von der Lage des embryonalen Darmrohres entfernen müssen, um ihre spätere normale zu erlangen, werden an einem grösseren Stücke des Mesenteriums oder einer Peritonealfalte hängen, als andere, welche diese Aenderung des Ortes in der Bauchhöhle nicht vorzunehmen haben. Darmstücke, welche ein sogenanntes partielles Peritonaeum haben, entbehren an jener Stelle, die keinen Peritonealüberzug erhalten soll, nur des Peritonealepithels, nie aber des Bindegewebes des Peritonaeums.

Durch bedeutende Localveränderungen der Organe der Bauchhöhle werden die sogenannten Netze (Omenta) gebildet.

An diesem Orte ist noch anzufügen, dass zur Zeit, während welcher die Vorgänge bei der Ausbildung des Darmes stattfinden, am blindsackförmigen Ende des Schwanzdarmes eine Einstülpung des äusseren Keimblattes entsteht, die so weit nach innen reicht, bis sie mit dem Schwanzdarme in Berührung und bald in Communication tritt. Hierdurch wird die Einstülpung zum Anus des Embryo, welcher im Embryonalzustande noch eine vereinigte Ausmündung des Darmtractus und des Urogenitalsystems bildet. Die Veränderungen, welche zur Sonderung der Ausmündungen für den Darm und den Urogenitalapparat führen, werden wir später kennen lernen.

Eilftes Kapitel.

Aeltere Mittheilungen über den Wolff'schen Körper und dessen Ausführungsgang. Urnierengang und dessen Lage in verschiedenen Entwickelungsstadien. Verwendung der Urwirbelmasse zum Aufbaue der inneren Genitalien. Das Keimepithel (Waldeyer). Der Müller'sche Gang. Die Urogenitalanlage ist bei beiden Geschlechtern eine gemeinsame. Ovarium und Eibildung. Feinerer Bau des Wolff'schen Körpers und Ganges, sowie deren weitere Veränderungen. Keimhügel. Anlage der bleibenden Niere. *Plica urogenitalis*. Die Cloake. Weibliche und männliche Geschlechtsdrüse. Ed. van Beneden's Mittheilungen über die Bildung und Bedeutung des Eies.

Harn- und Geschlechtswerkzeuge.

Nachdem wir die Anlagen der einzelnen Organe kennen, die um den Darmtractus gelagert sind, zugleich auch das Verhalten dieses letzteren gegenüber den um ihn gelagerten Gebilden bekannt ist, so müssen wir noch zur Vervollständigung der Beschreibung der Anlagen im Embryo auf die Entwickelungsgeschichte der Harn- und Geschlechtswerkzeuge näher eingehen. Die hervorragenden älteren Arbeiten von Wolff, Oken, E. H. Weber, Meckel, Baer, J. Müller, Valentin und Remak stimmen darin überein, dass wir an jeder Seite der Urwirbelanlage einen compacten drüsigen Körper finden, welcher länglich oval ist und mit dem Namen Urniere, Wolff'scher Körper, oder Oken'sche Niere bezeichnet wird. An der Aussenseite dieses Körpers findet sich ein länglicher Gang, der anfangs solid ist, später hohl wird und als Ausführungsgang in die Cloake, das ist in den gemeinschaftlichen Einmündungsort, der Harn- und Geschlechtswerkzeuge mündet. Nach innen vom Wolff'schen Körper führt ein anderer länglicher Gang, der später als der Wolff'sche Körper entsteht, und gleichfalls anfangs solid ist. Dieser Gang wird Müller'scher Gang oder Geschlechtsgang genannt. Nach den erwähnten Autoren wird der Ausführungsgang des Wolff'schen Körpers beim männlichen Individuum zum bleibenden *Vas deferens*, ein Theil des Wolff'schen Körpers liefert den Hoden und Nebenhoden, der Rest bleibt zuweilen als ein verkümmertes Gebilde, das zwischen Hoden und Nebenhoden liegt, als sogenanntes Giralde'sches Organ zurück. Der Müller'sche Gang verkümmert, nur die Vereinigungsstelle beider bleibt als *Vesicula prostatica* zurück. Beim weiblichen Individuum bleibt der Müller'sche Gang und wird, mit einen oberen Ostium versehen, zur Tuba umgestaltet, die Vereinigung beider Gänge gibt den Uterus, der je nach der stattgehabten Vereinigung zu einem *Uterus bicornis* oder einem einfachen Uterus umgestaltet wird. — Der Wolff'sche Gang sammt dem Wolff'schen Körper verkümmert und die Reste beider bilden nach Kobelt das Parovarium. Zuweilen findet man im *Ligamentum latum* Reste des Urnieren-Ganges, die bei den Wiederkäuern und Schweinen als sogenannter Gärtner'scher Kanal zu sehen sind.

Diese Zusammenstellung der Thatsachen war der bisherige Inhalt sämmtlicher Berichte, die uns über die Entwickelung der Sexualorgane vorlagen. Erst in den letzten Jahren konnte man einige neue wichtige Thatsachen constatiren, die uns näher über das erste Verhalten der Geschlechtsanlage belehren. Wie wir oben erwähnten, herrschte längere Zeit der Streit, aus welcher Keimschichte der Ausführungsgang des Wolff'schen Körpers gebildet wird. Gegenwärtig wissen wir, dass wir im mittleren Keimblatte eine gemeinschaftliche Genitalanlage haben und stimmen sämmtliche Autoren darin überein, dass der Ausführungsgang des Wolff'schen Körpers bei sämmtlichen Wirbelthieren aus dem mittleren Keimblatte entstehen (Bornhaupt, Goette, Oellacher, Rosenberg, Schenk, Waldeyer). Ich bezeichne die Uebergangsstelle des peripheren Theiles der Urwirbel in die Hautmuskelplatte als jene, aus welcher der Urnierengang gebildet wird. — Nachdem nun der Ausführungsgang der Urniere und diese selbst angelegt ist, kommt es im mittleren Keimblatte, im sogenannten Keimepithel Waldeyers, zur Bildung der Müller'schen Gänge. Wir können diese beiden

Gänge an jedem Embryo zu einer bestimmten Zeit der Entwickelung vorfinden, in welchem Stadium noch jeder Wirbelthierembryo einen natürlichen Zwitter vorstellt.

Ist der Ausführungsgang des Wolff'schen Körpers angelegt, so findet man denselben bei sämmtlichen Wirbelthieren nach oben vom äusseren Keimblatte bedeckt, welchem er längere Zeit unmittelbar anliegt. Später wenn die Urwirbelmasse um die einzelnen

Fig. 67.

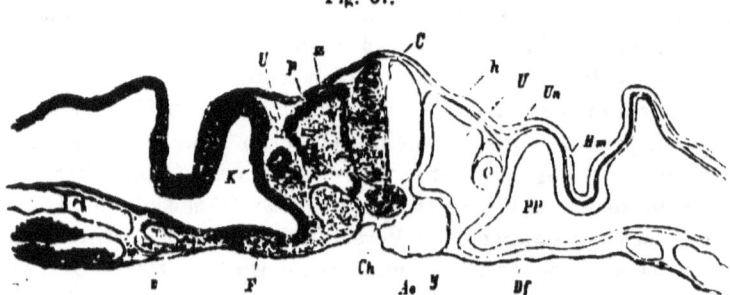

C Centralnervensystem. U Urwirbel. z Centraler Theil der Urwirbel. p Peripherer Theil der Urwirbel. h Hornblatt. Un Urnierengang auf dem Querschnitte. Hm Hautmuskelplatte. Df Darmfaserplatte. y Darmdrüsenblatt. Ao Aorta. ch Chorda. F Darmplatte. v Vasa omphalo-mesaraica.

Höhlen sich vorzuschieben beginnt, tritt der Urnierengang aus seiner ursprünglichen Lage und wird von den Gebilden der Urwirbel umgeben. (Fig. 67.) Diese Gebilde sind die Grundlage der Gewebe, welche man um die Kanäle des Hodens und Nebenhodens findet und welche um die Epithelauskleidung des *Vas deferens* gelagert sind, wo sie sämmtliche Schichten mit Ausnahme des Epithels bilden. Die ursprünglichen Epithelialgebilde des Wolff'schen Körpers sind wahrscheinlich in jenem Theile, der zum Aufbaue des Hodens verwendet wird, als die Vorläufer der Gebilde zu bezeichnen, welche beim Manne zu den Spermatoblasten (Ebner) metamorphosirt werden.

Jener Theil des einschichtigen Epithels, welcher der Pleuroperitonealhöhle (Fig. 67 K) zugewendet ist, bildet die Verbindung zwischen Hautmuskelplatte und Darmfaserplatte und wird nach den neueren Untersuchungen von Waldeyer zum künftigen Ueberzug des Schleimhautepithels des Ovariums, weshalb man auch bei weiblichen Individuen, das heisst bei jenen Embryonen, die zu Weibchen werden sollen, diese Epithellage besser ausgebildet findet. Es sind diese Epithelien höher, in vorgerückteren Stadien als wie wir sie beim Männchen finden. — Ist einmal der Wolff'sche Körper ausgebildet, dann beobachtet man an dem Keimepithel auf Querschnitten durch den Embryonalleib des Wirbelthierembryo eine Einbiegung (Fig. 68 z) gegen die dem Keimepithel angrenzende Urwirbelmasse. Diese Einbiegung schreitet allmälig von vorne nach hinten, und schliesst sich ebenso allmälig zu einem anfangs soliden und später hohlen Gang, der Müller'sche Gang genannt wird. Man kann an einem und demselben Embryo die verschiedenen Entwickelungsstadien des Müller'schen Ganges verfolgen, wenn man Querschnitte von verschiedener Höhe zur Ansicht erlangt. Die vordere Mündung der Tuba, welche der Peritonealhöhle zugewendet ist, kann als in ihrer Anlage gegeben betrachtet werden. Die hintere Mündung ist in der Cloake *(Sinus urogenitalis)*, nachdem beide Müller'schen Gänge zur Vereinigung gekommen sind. Dohrn theilt über die Vereinigung der Müller'schen Gänge mit, dass dieselbe in der Gegend zwischen dem mittleren und unteren Drittheil der Gänge stattfindet. Von hier erstreckt sie sich nach oben und unten. In letzterer Richtung ist die Vereinigung rascher vollendet. Der linke Müller'sche Gang soll in späteren Stadien gewöhnlich weiter nach vorne liegen als der rechte, was Dohrn dem Drucke des Enddarmes zuschreibt. Mit Ablauf des zweiten Monates ist beim Menschen die Verschmelzung vollendet. Der Müller'sche Gang ist in ähnlicher Weise wie der Urnierengang von den Gebilden der Urwirbelmasse umgeben, welche das Bildungsmaterial für die Wandung der Tuba und des Uterus hergeben mit

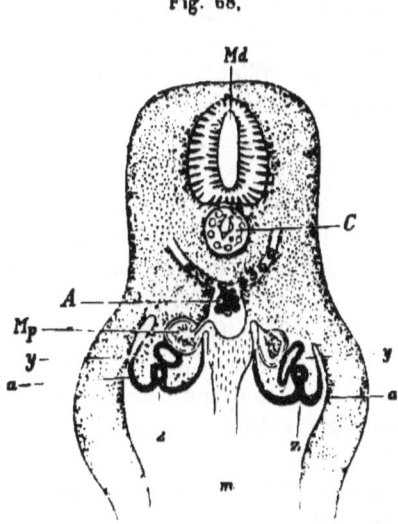

Fig. 68.

Querschnitt eines Hühnerembryo von 99 Stunden. Vorderster Abschnitt des Sexualwalles (nach Waldeyer). Combinirt aus zwei aufeinanderfolgenden Schnitten. Die rechte Hälfte entspricht dem vorderen Querschnitte. *Md* Medularrohr. *C* Chorda. *Mp* Malpighi'sches Körperchen. *A* Aorta. *a* Keimepithel. *z* Müller'scher Gang, respective die Einstülpung des Keimepithels zur Bildung desselben. *m* Mesenterium.

Ausnahme des Epithelbelegs dieser Organe, welches vom aus dem Keimepithel gebildeten Müller'schen Gange herstammt. Die Zellen des mittleren Keimblattes (Urwirbelmasse), welche den Wolff'schen Körper und dessen Ausführungsgang umgeben, sind anfangs nicht ganz zu trennen von denen, die den Müller'schen Gang umgeben, und denen, die dem Keimepithel anliegen, so dass die Anlage der männlichen und weiblichen Genitalien bei den Wirbelthieren im allgemeinen in jenen Gebilden des mittleren Keimblattes zu suchen ist, die beiderseits von der *Chorda dorsalis* an der obersten Kuppel der Pleuroperitonealhöhle anliegen. Da wir aber später sehen werden, dass an der Bildung der Nieren diese Gebilde der Urwirbelmasse in hervorragendem Masse participiren, so lässt sich so viel sagen, dass die Urogenitalanlage bei beiden Geschlechtern in ihrem ersten Auftreten eine gemeinsame ist.

Dem Keimepithel anliegend, finden sich Zellen, die das Substrat für das Stroma des Eierstockes bilden, während das Keimepithel, wie schon erwähnt wurde, nach Waldeyer den Epithelüberzug des Ovarium liefert. Aus diesen Epithelien entwickeln sich die Eichen, welche, wie Waldeyer uns gelehrt, später in die Tiefe des Stroma eingebettet und schon während des Embryonallebens der Wirbelthiere gebildet werden.

Die Anlage des Urogenitalapparates können wir in Kürze somit folgendermassen zusammenfassen: Der Urnierengang, welcher aus den an der Verbindungsstelle der Urwirbel mit der Haut-Muskelplatte gelegenen Zellen besteht, gibt die Urnieren, die bleibenden Nieren (wie wir bald sehen werden) deren Ausführungsgänge, ferner die Hoden, Nebenhoden und das *Vas deferens*. Der Müller'sche Gang, aus dem Keimepithel gebildet, gibt die Tuben, den Uterus, beim Manne die *Vesicula prostatica* und aus dem Keimepithel wird das Epithel des Ovariums. Diese Anlagen sind nur für die Epithelien der erwähnten Organe bestimmt, die übrigen Gewebe derselben werden aus der Urwirbelmasse bezogen und zwar aus jenem Theile der Urwirbelmasse, welcher zu beiden Seiten der Chorda liegt, bis nahe an den Seitenplatten, welche letzteren sich noch zum Theile am Aufbaue dieser Organe betheiligen. Es nimmt also der grösste Theil der Mittelplatten Remak's am Aufbaue des Urogenitalapparates Theil.

Bisher lernten wir die gemeinschaftliche Urogenitalanlage im Allgemeinen kennen; wir wollen nun zur Bildung der einzelnen Organe, die diesen Apparat zusammensetzen, übergehen und beginnen mit der Bildung des Wolff'schen Körpers.

Die Urniere mit ihrem Ausführungsgange an der Aussenseite besteht aus einer Anzahl theils gewundener, ziemlich weiter Kanäle, die stellenweise wie die gewundenen Harnkanäle mit einem Glomerulus in Verbindung stehen. Diese Röhren münden in den seitlich verlaufenden Urnierengang. (Fig. 69.) Das Epithel dieser Röhren ist nach Waldeyer an jenen Stellen, wo die Röhren in den Gang münden, niedriger, als in ihrem übrigen Verlaufe. Zwischen diesen Röhren liegt das embryonale Bindegewebe. In den Wolff'schen Körper ziehen kurz gestielte Gefässästchen, welche von der Aorta entspringen. Der ganze Wolff'sche Körper ragt hügelförmig, vom Keimepithel bedeckt, in die Pleuroperitonealhöhle. Die Hügel beiderseits vom Darmrohre werden Keimhügel genannt. Ober dem Wolff'schen Körper findet sich eine dichtzellige Masse, in welcher sich die bleibenden Nieren entwickeln.

His, Bornhaupt, Rosenberg und Goette gelangten durch ihre Untersuchungen zu dem Resultate, dass mit dem Ausführungsgange des Wolff'schen Körpers eine Reihe von Kanälchen, die unabhängig vom Urnierengange entstehen, später in Verbindung treten und so den aus gewundenen Kanälen zusammengesetzten Körper bilden sollen. Erst in zweiter Reihe sollen diese Kanäle Sprossen treiben. His leitete dieselben sogar aus den Urwirbelkernen ab. Waldeyer beobachtete, dass der Urnierengang gleich anfangs Sprossen treibe, die medianwärts gelagert

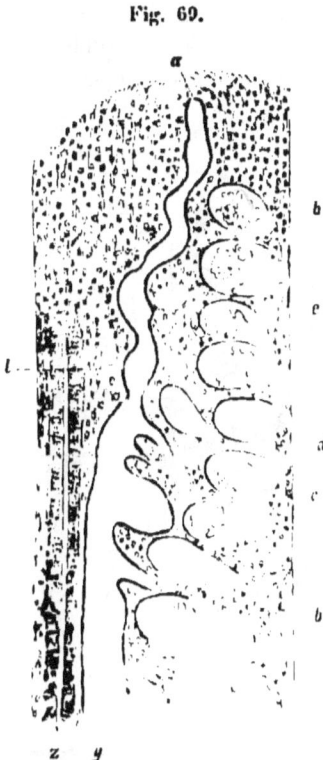

Fig. 69.

Vorderster Abschnitt des Wolff'schen Ganges mit seiner Umgebung. Flächenansicht nach Waldeyer. Hühnerembryo vom vierten Tage. y Wolff'scher Gang. a blindes vorderes Ende desselben. z Müller'scher Gang. b Glomeruli. c kurzer dicker Auslaufer des Wolff'schen Ganges. d schmaler Auslaufer. e und f Auftreibungen des vorderen Abschnittes vom Wolff'schen Gange, wahrscheinlich beginnende Seitensprossen.

sind, so dass man die Querkanälchen als durch Ausbuchtung und epitheliale Sprossung aus dem Wolff'schen Gange selbst entstanden auffassen muss, wofür auch die auf Längs- und Querschnitten gewonnenen Bilder, die Waldeyer in seinem bekannten Werke gibt (Fig. 69), sprechen. Anfangs sind die Ausbuchtungen weit, halbkugelähnlich, später werden sie allmälig enger. Zuweilen sieht man auch am Urnierengange dicke knopfähnliche Vorsprünge, welche wahrscheinlich Epithelialverdickungen seiner Wandung sind. Zugleich mit der Entwickelung der Querkanälchen tritt das Zwischengewebe aus der Urwirbelmasse zwischen dieselben.

Während diese Veränderungen am Wolff'schen Körper wahrzunehmen sind, treten auch im Urnierengange einige Veränderungen bis zu seiner Vereinigung mit dem Müller'schen Gange an der Cloake auf. Zunächst ist das ungleiche Kaliber an ihm hervorzuheben. In seiner unteren Hälfte ist er cylindrisch, in seiner oberen bekommen wir auf dem Querschnitte ein elliptisch geformtes Lumen. In den Entwickelungsperioden, die dem Stadium vom 8.—14. Tage

Fig. 70.

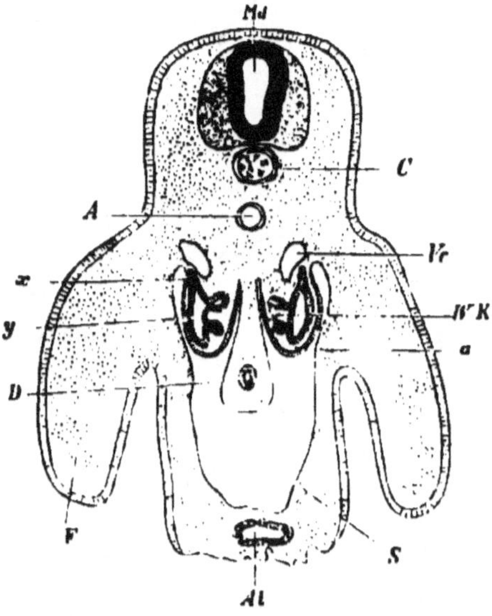

Querschnitt durch den hinteren Rumpftheil eines 88stündigen Hühnerembryo. *Md* Medullarrohr. *C* Chorda. *A* Aorta. *Vc* *Vena cardinalis*. *D* Enddarm mit seinem Mesenterium. *S* Peritonealhöhle. *Al* Allantois. *F* Anlage der hinteren Extremitäten. *WK* Sexualwall mit dem Wolff'schen Körper. *y* Querschnitt des Wolff'schen Ganges mit zwei Zellensprossen. *z* Nierenkanal. *a* Keimepithel.

beim Huhne entsprechen, wird die Wandung des Ganges dicker und der Querschnitt desselben ist rund. Das Epithel bleibt immer niedriger als das des Müller'schen Ganges. Am unteren Abschnitte des Wolff'schen Ganges ist eine recht beträchtliche Ausbuchtung (Fig. 70 *x*) wahrzunehmen, welche, wie Kupfer zuerst zeigte, die Anlage der bleibenden Niere der Wirbelthiere ist.

Man sieht in Fig. 70 am hinteren Umfang des quergeschnittenen elliptischen Urnierenganges (y) nebst den seitlichen Aestchen, welche als Querkanälchen des Wolff'schen Körpers anzusehen sind, an dessen dorsaler Seite eine Ausstülpung seines Epithels, welche in späteren Entwickelungsstadien sich abschnürt und zum Ureter und der Niere (x) umgestaltet wird. An ihrer Innenseite befindet sich ein grösseres Gefäss, welches die Gefässäste für die Harn- und Geschlechtswerkzeuge abgibt. Wir können somit die bleibenden Nieren als Dependenzen des Wolff'schen Ganges auffassen, die sich durch dorsale Ausstülpung dieses Ganges entwickeln. Aus diesem ursprünglich angelegten Gange entwickeln sich die weiteren kleineren und grösseren Harnkanälchen höchst wahrscheinlich in der Weise, wie Waldeyer die Entstehung der Querkanälchen vom Wolff'schen Körper beschreibt, indem sich dem ursprünglich gegebenen ersten Nierenkanal (Kupfer, Waldeyer) durch Hohlsprossenbildung die anderen Kanäle in der Niere gebildet werden. Remak behauptete dass die Nieren beim Huhne, in ähnlicher Weise wie er bei den Lungen angegeben, als ausgestülpte Hohlsäcke aus dem Schwanzdarme entständen. Dieser Ansicht huldigten die meisten Schriftsteller auf dem Gebiete der Embryologie in den letzten Jahren. Beim Menschen und bei den Säugethieren glaubt Kölliker die Nieren als eine Ausstülpung, wenn auch nicht des

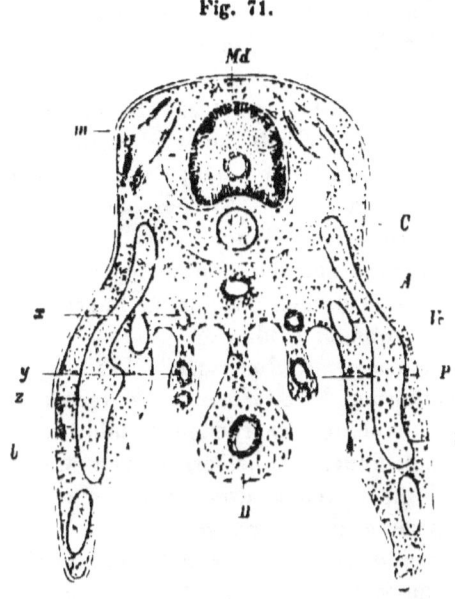

Fig. 71.

Querschnitt durch den hinteren Rumpftheil eines männlichen Hühnerembryo von 8 Tagen. (Nach Waldeyer.) *Md* Medulla. *m* Muskelbündel. *C* Chorda mit der Anlage eines definitiven Wirbels. *A* Aorta. *Ve* Vene. *D* Darm. *b* Knorpelstreifen. *P* Plica urogenitalis, enthält: *x* den Nierenkanal, *y* den Wolff'schen Gang und *z* den Müller'schen Gang.

Mastdarmes, so doch der Harnblase oder des früheren Urachus ansehen zu dürfen.

Zwischen den ersten Ausstülpungen des einmal gegebenen Nierenkanals findet sich bald jener Theil der Urwirbelmasse, welcher hinter dem Wolff'schen Körper liegt, mit der sich auch die Gefässverästlungen in die Niere fortsetzen. Diese Elemente sind die Grundlage für die Gewebe, aus denen sich das Zwischendrüsengewebe der Niere bildet.

Macht man ohngefähr in der Höhe der Beckenregion Querschnitte (Fig. 71) durch den Embryonalleib, so wird beiderseits vom Darmrohre und dessen Mesenterium eine Falte sichtbar, welche die Trägerin der drei Gänge ist, des Nieren-Kanales, des Urnierenganges und des Müller'schen Ganges, die Falte wird mit dem Namen *Plica urogenitalis* benannt. Man findet sie in einem Stadium, wo bereits die knöchernen Gebilde in knorpeliger Anlage im Embryonalleibe vorgebildet sind.

Fig. 71 stellt einen solchen Querschnitt nach Waldeyer dar. Man sieht den Wirbelkörper bereits knorpelig verändert, ebenso findet man in den Seitenplatten knorpelige Gebilde angelegt. In der Pleuroperitonealhöhle findet man beiderseits vom Mesenterium zwei ziemlich lange Falten, welche drei Querschnitte von Gängen zeigen. Der am meisten dorsal gelegene ist der Querschnitt des Nierenkanals, unter diesem ist der Ausführungsgang des Wolffschen Körpers, an welchem dicht der Müller'sche Gang, zumeist der Pleuroperitonealhöhle zugewendet, liegt.

Tiefer gegen das Schwanzende münden alle drei Gänge in den Darm, respective in den erweiterten Theil desselben, welchen Abschnitt des Darmes man mit dem Namen der Cloake (*Cl* Fig. 72) bezeichnet. Sie ist der Einmündungsort der Ausführungsgänge des Urogenitalapparates des Darmtractus und der Allantois und geht ihrerseits wieder in die Afterspalte aus. Die Cloake stellt eine bedeutende Erweiterung des Darmes dar, an der aber vorwiegend nur jener Theil des Schwanzdarmes participirt, welcher, wie wir schon bei der Anlage der Allantois gesehen, den unteren oder ventralen der beiden Röhrenschenkel des Schwanzdarmes darstellt. Man findet die Cloake auf Querschnitten von einem Cylinderepithel ausgekleidet, welches sich in die einzelnen Gänge fortsetzt, die in dieselbe eintreten. Durch die Einmündung dieser Gänge stellt die Cloake ein vom Darmlumen ganz verschiedenes Bild auf dem Querschnitte dar.

So sieht man in Fig. 72 einen solchen Querschnitt, in jener Höhe, welche oberhalb der Afterspalte fällt. Man sieht nach unten eine Fortsetzung, die einen Abschnitt des Allantoisstieles *(Al)* darstellt. Dorsal sind beiderseits zwei Schenkel, die sich allmälig verengern, die man als Cloakenschenkel bezeichnen kann. Sie stellen die gemeinsame Einmündung des Urnierenganges *(y)* und des von ihm stammenden Ausfuhrrohres (Ureters) der Niere *(x)* dar. Der letztere ist wegen seines Verlaufes schief angeschnitten und liegt mehr dorsal. Er nimmt einen guten Theil des jederseits von der Cloake *(Cl)* nach rückwärts (oben) ziehenden Röhrenschenkels ein.

Von der ursprünglich angelegten Allantois wird der tiefste Abschnitt, der der Cloake zunächst anliegt, zur Harnblase. Jener Theil derselben, der bei den Säugethieren und dem Menschen bis an den Nabel in den Nabelstrang reicht, wird innerhalb der Bauchhöhle zum Urachus. Wir haben somit die ganze Reihe der Wirbelthiere bis in den Zustand der Entwickelung ihres Urogenitalapparates verfolgt, wo wir innerhalb der Beckenhöhle einen gemeinsamen Sammelort für den ganzen Urogenitalapparat und den Darmtractus haben. Bei einer grossen Anzahl von Thieren bleibt dieser Zustand während der ganzen Zeit des Lebens. Bei den sogenannten höheren Thierklassen tritt eine Trennung dieses gemeinschaftlichen Raumes ein, so dass sich für die einzelnen Organe gesonderte Ausführungsgänge finden.

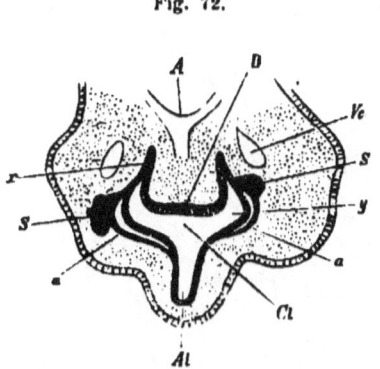

Fig. 72.

Querschnitt durch das Beckenende eines Hühnerembryo von 99 Stunden, um die Form der Cloake zu zeigen. *A* Aorta. *Vc* Vena cardinalis. *S* hinteres Ende des Peritonealsackes mit einem Theile des Peritonealepithels. *Cl* Cloake. *y* hinteres Ende der Wolff'schen Gänge in die beiden Cloakenschenkel übergehend. *a* Keimepithel. *Al* Allantois. *x* Nierenkanal aus dem Beckenende des Wolff'schen Ganges hervorgehend. *D* Ausbiegung der dorsalen Cloakenwand, erste Spur des Darmlumens.

Wir wollen noch einiger Thatsachen erwähnen, die auf die Bildung der männlichen und weiblichen Geschlechtsdrüse Bezug haben. Ohngefähr zur Zeit, wo bei den Hühnerembryonen der Darm abgeschlossen ist, findet man am Keimepithel bei gewissen Embryonen, wo der Hoden nicht zur Entwickelung kam, dagegen die weibliche Sexualdrüse angelegt ist, an der in die Pleuroperitonealhöhle hervorragenden Erhabenheit des Wolff'schen Körpers, beiderseits bei auffallendem Lichte einen weissen Streifen. Dieser reicht ohngefähr bis zur tiefsten Stelle des Wolff'schen Körpers. Um diese Zeit geht noch das Epithel der Tubenöffnung direct auf die Keimdrüse über. An der letzten Stelle sieht man nach Waldeyer diesen Streifen als einen dünnen Flor über der Geschlechtsdrüse sich ausbreiten. Je mehr aber der Wolff'sche Körper wächst, desto mehr wird das Ovarium (Keimepithel mit den daran grenzenden Elementen der Urwirbelmasse) auf den vorderen Abschnitt der Urniere beschränkt, so dass wir in späteren Stadien die Ovarien als abgeplattete Körper dem vorderen Theile der Urniere aufliegend finden. Das Keimepithel bleibt nur in der Tuba und als Ovarial-Epithel. Am übrigen Peritonaeum wie beispielsweise an der *Plica urogenitalis* (Fig. 73) zu sehen ist, wird

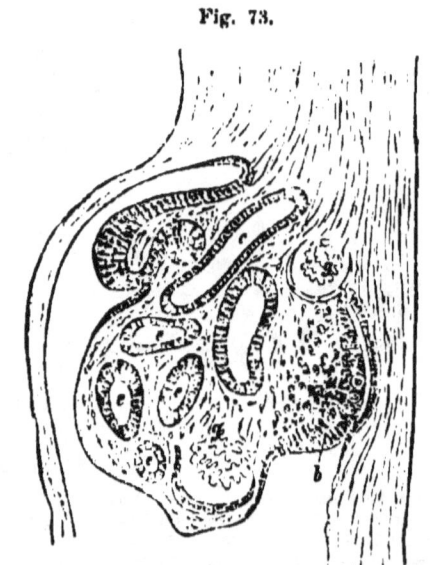

Fig. 73.

Querschnitt des Sexualwalles mit dem Wolff'schen Körper, Müller'schen Gange und der Anlage des Ovariums, combinirt aus den Zeichnungen zweier Präparate, von denen das eine den Wolff'schen Körper mit der Einstülpung des Müller'schen Ganges, das andere einen ziemlich gleich entwickelten Wolff'schen Körper mit der Eierstocksanlage zeigte. Hühnerembryo am Ende des 4. Brüttages (nach Waldeyer). *e* Wolff'scher Körper; seine Querkanälchen im Durchschnitte. *c* Querschnitt des Wolff'schen Ganges. *b* verdicktes Keimepithel auf der dem Müller'schen Gange benachbarten Parthie des Sexualwalles, sowie auf dem Eierstockhügel. *d* Müller'scher Gang im Zusammenhange mit dem Keimepithel. *a* Eierstockhügel. Im verdickten Epithel (*b*) des Ovariums (*a*) sind bereits die metamorphosirten Zellen des Keimepithels zu beobachten, aus denen die ersten Eichen hervorgehen. *g* Malpighi'sche Körperchen. Die Elemente zwischen den mit Buchstaben bezeichneten Gebilden gehören der Urwirbelmasse an.

dasselbe mehr flach. Das Verhältniss zwischen Ovarium und Wolff'schem Körper ändert sich bald, die Keimdrüse wächst, während der Wolff'sche Körper kleiner wird und verkümmert. Das Ovarium kommt dann vor der Niere zu liegen, so dass man bei Neugebornen weiblichen Geschlechtes zwischen beiden den Wolff'schen Körper nur noch als Parovarium findet. Das sogenannte Zwischengewebe ist bei der Niere, Urniere und dem Ovarium mit einander verbunden, da dasselbe, wie wir bereits erwähnt, einer gemeinschaftlichen Zellenmasse entstammt. Eine sehr auffällige Erscheinung am Keimepithel sind nach Waldeyer Epithelialzellen die zwischen dem übrigen Keimepithel liegen, die durchsichtiger sind, ferner rundlich und mit grossen glänzenden Kernen, welche als die ersten Eichen zu betrachten sind. Man findet nach Waldeyer keine Epithelialgebilde in irgend einem Gebiete des Thierleibes die eine so auffällige Verschiedenheit von den umgebenden Elementen zeigen würden, als es bei dem eben genannten ersten Eichen der Fall ist. Wir sind somit in der Lage, behaupten zu können, dass die Eichen früher als die Eierstöcke angelegt sind, da wir das Keimepithel in der Pleuroperitonealhöhle zu einer Zeit zur Ansicht bekommen, wo noch nichts von irgend einer Andeutung einer Geschlechtsdrüse zu sehen ist.

Ueber die Bildung und Bedeutung des Eies wurde von Ed. van Beneden in ausführlicher Weise berichtet. Er verfolgte die Entwickelung der Eier von einer grösseren Reihe von Thieren, sowohl Wirbelthieren als auch Wirbellosen. Zunächst bespricht van Beneden die Eibildung von Säugethieren, Vögeln, Crustaceen und Würmern, wobei er das Verhältniss der Eier dieser verschiedenen Gruppen untersucht. Der wesentliche Theil an einem jeden Eie ist der Keim, welcher eine Zelle, aus durchsichtigem Protoplasma bestehend, darstellt. Dieser ist das Substrat für alle im Eie ablaufenden Entwickelungsvorgänge. Im Protoplasma ist ein Kern (Keimbläschen). Diese geschilderte Form der Eier ist die einfachste. Bald tritt eine Aenderung der Structur auf, indem vom Protoplasma bald gröbere, bald kleinere Fett oder Eiweiss enthaltende Partikelchen aufgenommen werden, welche die Dotterelemente darstellen. Dieser Theil wird von Ed. van Beneden als Deutoplasma bezeichnet, welches sich nur passiv an der Bildung des Embryo betheiligt, indem es das Nahrungsmittel während einer Periode des Embryonallebens dem Thiere bietet.

Protoplasma (Keim) und Deutoplasma ist in manchen Eiern gleichmässig, in anderen ungleichmässig (Hühnerei) vertheilt. In noch anderen kann das Deutoplasma ausserhalb der Eizelle liegen und mit dieser zusammen in einer Eischale eingeschlossen sein

(Trematoden). In diesem Falle wird das Deutoplasma während der Entwickelung vom Embryo gefressen. Bei der Bildung der Eier nimmt van Beneden zwei verschiedene Genitaldrüsen an, die bei der Bildung der Eier, im letzten Falle (Trematoden) thätig sind, einen Keimstock (germigène) und einen Dotterstock (vitellogène). Der erste liefert das Protoplasma (Keim), der zweite das Deutoplasma. Wo aber Protoplasma und Deutoplasma in den Eiern nicht getrennt sind, können beide aus dem Epithel der Eiröhren geliefert werden. Das Protoplasma, als der wesentliche Theil, kann keinem Eie fehlen. Jeder Keim entsteht in gleicher Weise bei allen untersuchten Thieren, und zwar aus einer ungetheilten Protoplasmamasse mit mehreren Kernen, welche v. Beneden als *liquide protoplasmatique* bezeichnet.

Die männliche Geschlechtsdrüse entwickelt sich um eine Zeit, in der das Keimepithel beim männlichen Individuum wohl merklich niedriger wurde als am Ovarium des Weibchen, doch noch immer als deutliches Cylinderepithel vorhanden ist. Man kann zuweilen ein Organ als ausgebildeten Hoden erkennen, ohne dass man das Keimepithel bei dem betreffenden Embryo bedeutend alterirt findet. Waldeyer fand sogar ähnlich verän-

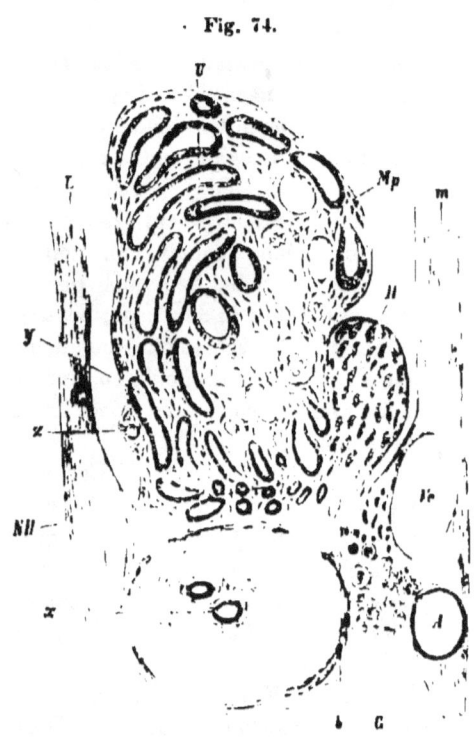

Fig. 74.

Wolff'scher Körper mit seinen nächsten Umgebungen von einem siebentägigen Hühnerembryo auf dem Querschnitte. *L* seitliche Bauchwand. *m* Mesenterium. *A* Aorta. *Ve* Vene. *G* Ganglienanlagen? *b* Vene an der Basis des Wolff'schen Körpers. *x* Anlage der Niere. *U* Urwirbeltheil des Wolff'schen Körpers. *Mp* Malpighi'sche Körperchen. *y* Querschnitt des Wolff'schen Ganges. *z* Müller'scher Gang. *H* Hoden noch mit einer dünnen Lage von Keimepithel (niedriger als beim Weibchen desselben Alters) bekleidet. *NH* Nebenhodentheil des Wolff'schen Körpers mit Querschnitten kleiner Kanälchen.

derte Elemente des Keimepithels bei vorhandenen angelegten Hodenkanälchen, wie die oben beschriebenen zu Eichen metamorphosirten Epithelien des Keimepithels der Weibchen. Das erste Auftreten des Hodens macht sich dadurch bemerkbar, dass man auf Querschnitten am dorsalen und lateralen Theile des Wolff'schen Körpers einen Zellencomplex sieht (Fig. 74), der in sich einige von ihrer Umgebung differenzirte Gebilde trägt, die zu kleinen Kanälchen angeordnet sind. Diese Gebilde stehen mit den Gebilden des Wolff'schen Körpers in inniger Verbindung. Die Kanälchen zeigen anfangs kein Lumen, das sie aber später bekommen. Diese Kanäle stammen aus denen des Wolff'schen Körpers und sie scheinen in letzter Instanz dem Urnierengange anzugehören. Ohngefähr am eilften Tage der Bebrütung kann man ohne besondere Schwierigkeit beobachten, dass die Samenkanälchen hohl sind und mit den engeren Kanälchen, die dem Wolff'schen Körper angehören, direct in Verbindung stehen. Man unterscheidet demzufolge in diesem Stadium am Wolff'schen Körper zweierlei Kanälchen (Dursy), die J. Müller derart auffasst, dass die schmäleren vom Hoden ausgehen, die weiteren hingegen die eigentlichen Harnkanälchen der Urniere sind. Rathke kann nicht mit Bestimmtheit angeben, ob die Hodenkanälchen aus denen des Wolff'schen Körpers oder selbstständig im Hoden entstehen. Waldeyer lässt die Hodenkanälchen direct aus denen des Wolff'schen Körpers stammen und zwar lässt er den Urnierengang, der als Quelle der Kanälchen des Wolff'schen Ganges anzusehen ist, zugleich auch den Hodenkanälen zur Grundstätte ihrer Bildung dienen. Die Angaben v. Wittich's bei den Batrachiern sprechen zugleich für die Angabe Waldeyer's. Wittich beschreibt ein röhriges Organ bei männlichen Batrachiern, aus dem eine Reihe von sackförmigen Ausstülpungen entsteht, welche die ersten Hodenkanälchen sind.

Sind die anfangs vorhandenen zweierlei Keime des Geschlechtsapparates in einem und demselben Individuum derart getrennt, dass man bei näherer Besichtigung der inneren Genitalien das Geschlecht genau erkennen kann, so ist äusserlich in der Analgegend zu Anfang nur die gemeinschaftliche Ausmündung des Verdauungstractes, des Harn- und Geschlechtsapparates zu sehen. Man kann demnach anfänglich an den äusseren Genitalien bei den verschiedenen Geschlechtern der verschiedenen Wirbelthiere nur eine und dieselbe Form der Ausmündung der Gänge des Geschlechtsapparates nach aussen beobachten. Bald darauf ist beim Menschen und den Säugethieren eine Trennung der gemeinschaftlichen Ausmündung in zwei selbstständige Oeffnungen bemerkbar, wovon die vordere für den Harn- und Geschlechtsapparat, die hintere für den Darmtractus dient. Vor der vorderen Oeffnung befindet sich bei beiden Geschlechtern von Thieren mit äusseren Genitalien ein Wulst, der nach seiner vollständigen Ausbildung beim Männchen zum Penis, beim Weibchen zur Clitoris wird. Seitlich von diesem von der Körperoberfläche hervorragenden Wulste und zu beiden Seiten der Ausmündung für den Harn- und Geschlechtsapparat entstehen neuerdings zwei Wülste, die beim Männchen von beiden Seiten zusammentreffen und nach ihrer Vereinigung die beiden Hälften des Hodensackes liefern. Dies gilt für den Menschen und jene Thiere, die einen nach aussen befindlichen Hodensack besitzen, der dem erst später aus der Bauchhöhle verdrängten Hoden zur Aufnahme vorbereitet ist. Beim Weibchen hingegen kommen sie nicht zur Vereinigung und bieten die Grundlage für die grossen Schamlippen. Beim Weibchen wird überdiess die Mündung bei einigen Thieren vollständig, bei anderen nicht ganz bis nach aussen in zwei Partien getrennt. Die obere (beim Menschen, oder die untere bei den Säugethieren) dieser Oeffnungen liegt der Clitoris an und wird zur Uretra. Die andere bleibt als offene Scheide. Die kleinen Schamlippen werden erst später ausgebildet.

Wir sehen somit, dass die Geschlechtsdifferenz bei den verschiedenen Wirbelthieren sowohl in den äusseren als auch in den inneren Geschlechtstheilen zu Anfang in der Anlage nicht vorhanden ist. Erst später tritt der Unterschied deutlicher hervor. Diess geschieht um so vollkommener, je höher wir in der Reihe der Wirbelthiere nach aufwärts steigen, so dass wir beim Menschen und den Säugern die Geschlechtsdifferenz in der ausgebildetsten Weise vor uns haben und beide Geschlechter im leiblichen und geistigen Habitus von einander getrennt erscheinen. Die Geschlechtstheile, obwohl in ihrer Anlage vollständig ähnlich, sind in ihrem ausgebildeten Zustande von einander so different, dass die homologen Organe der äusseren Geschlechtstheile erst in neuerer Zeit als embryologisch identisch erkannt worden sind.

Bei den Thierreihen, die niederer stehen, verflachen sich die geschlechtlichen Unterschiede äusserlich. Bei den Reptilien und Batrachiern ist die äusserliche Geschlechtsdifferenz nahezu verschwindend. Ja auch die inneren Organe nähern sich bei diesen

Thieren theils durch die Persistenz der Organe des anderen Geschlechtes, theils durch die Aehnlichkeit mancher Theile des Geschlechtsapparates. Denn es bestehen zuweilen die Müller'schen Gänge sammt Eichen im Eierstocke beim männlichen Geschlechte fort, während man beim weiblichen nebst den vollständig ausgebildeten Geschlechtsorganen Elemente des Nebenhodens findet. Bei den Fischen finden wir die verschiedensten Formen, die bald den Säugethieren (Ganoidea), bald den Reptilien (Selachier) mehr ähnlich sind. — Die Cyclostomen stellen den niedrigsten Typus dar. Das Keimepithel, welches bei den Batrachiern einen grossen Theil der Peritonealhöhle bedeckt, ist bei den Cyclostomen in der ganzen Bauchhöhle als überkleidendes Epithel zu finden. Die Peritonealhöhle dient zugleich als Tuba. Es stimmt dieser Zustand mit jenen Entwicklungsstadien der Säugethier- und Hühnerembryonen, in denen man das Epithel der Pleuroperitonealhöhle aus Cylinderepithel bestehend findet, ohne dass der Müller'che Gang angelegt wäre. Ferner ist bei den Cyclostomen eine bedeutende Formähnlichkeit beider Keimdrüsen vorhanden. Die niedrigste Stufe ist die der hermaphroditischen Anlage bei sämmtlichen Thiereichen, die sich an die Cyclostomen reiht.

Auffällig bleibt der von Einigen beschriebene Zwitterzustand des Aales, welcher aber in neuerer Zeit durch die Untersuchungen von Syrski's in Zweifel gezogen wurde. Dieser Autor weisst nach, dass zwei anatomisch differente Organe als Geschlechtsdrüsen bei einem und demselben Thiere nicht vorkommen, sondern die Aale sind durchwegs getrennten Geschlechtes. Das Organ, welches mit dem Hoden zu vergleichen ist, besitzt einen lappigen Bau und ein *Vas deferens*. Der Eierstock besitzt einen faltigen Bau, ohne dass an demselben ein ähnlicher Gang nachzuweisen wäre. Die Peritonealhöhle dient als Tuba, von wo die Eier durch den *Porus genitalis* in die Analöffnung gelangen und wahrscheinlich auf diese Weise den mütterlichen Boden verlassen.

Zwölftes Kapitel.

Die Extremitäten in ihrer Anlage. Das äussere Ohr beim Menschen und den Säugethieren. Die Augenlider. Meibom'sche Drüsen und Bindehaut. Die Bildung der Nase. Die Zahnanlage. Die Speicheldrüsen. Die Milchdrüse des Embryo. Die Haut und deren Drüsen. Entwickelung des Knochensystems.

Anlage einiger Körpertheile, die aus dem äusseren und mittleren Keimblatte gebildet werden.

Die Reihe der Organe, die um den Darmkanal gelagert sind, und deren Anlage wir besprochen haben, sahen wir in ihrer Entwickelung das Bildungsmaterial aus dem Darmdrüsenblatte und dem mittleren Keimblatte beziehen, um zur vollständigen Ausbildung zu gelangen. Wir können demnach nicht so streng das eine oder andere dieser Organe ausschliesslich als dem mittleren oder inneren Keimblatte entnommen betrachten, obwohl wir deren frühestes Auftreten genau in einem der beiden Keimblätter localisiren können. Ebenso verhält es sich mit einigen Gebilden, deren Beschreibung wir folgen lassen, die sich nicht auf ein einziges Keimblatt bei ihrer Fortbildung beschränken, ja bei manchen Gebilden, wie beispielsweise den Extremitäten und den Augenlidern, beobachten wir auch in der frühesten Anlage, dass sie in ihrem ersten Auftreten schon aus Elementen des äusseren und mittleren Keimblattes zusammengesetzt sind. Es ist dieser Bildungsmodus darin begründet, dass diese Organe verhältnissmässig später zur Entwickelung gelangen und gleich in ihren ersten Bildungsperioden als Wülste des mittleren Keimblattes von Horngebilden besetzt sind, welche über das Niveau der Körperoberfläche vorgeschoben werden.

Hieher zählen wir zunächst die Extremitäten und den Schwanz, sowol jenen welcher bei einigen Thieren nur während des Embryonallebens besteht, als auch den bleibenden Schwanz der Wirbelthiere.

Die Extremitäten erscheinen zu einer Zeit der Entwickelung der Wirbelthiere, in welcher der Darmkanal bereits abgeschlossen jedoch die Leibeswand an der Bauchfläche des Embryo noch nicht vereinigt ist. In diesem Stadium ist die Urwirbelmasse bereits zwischen das äussere Keimblatt und die Hautmuskelplatte vorgedrungen und bei jenen Thieren, die ein

Amnios besitzen, reicht die Urwirbelmasse bis in die Amniosfalte, die sich über den Rücken des Embryo erstreckt.

Die obere (vordere) Extremität erscheint regelmässig früher als die untere (hintere). Man beobachtet die Extremitätenanlagen als kleine stummelförmige Hervorragungen zu beiden Seiten der Rückenleiste. Untersucht man selbe auf Durchschnitten, so überzeugt man sich, dass die Hauptmasse derselben Bildungselemente sind, die dem mittleren Keimblatte gehören und die man bis zur Urwirbelmasse verfolgen kann, welche in der sogenannten Seitenplatte liegt. Diese Elemente bilden die Grundlage für die Knochen-Muskeln und das Bindegewebe, in den Extremitäten. Zwischen diesen Elementen sieht man in späteren Stadien Stränge von marklosen Fasern liegen, die bis in das Rückenmark des Embryo zu verfolgen sind, wenn die Schnitte gerade glücklich getroffen werden.

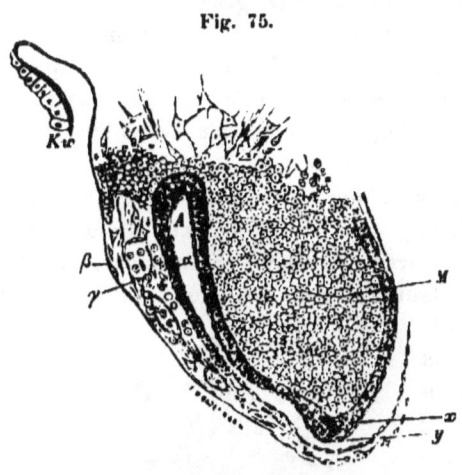

Fig. 75.

Längsschnitt einer Extremität des Hühnerembryo, mit einem Amnionüberzuge. *Kw* Keimhügel. α inneres Epithel des Amnion, β äusseres Epithel des Amnion, γ Gebilde des mittleren Keimblattes im Amnion. *M* Elemente des mittleren Keimblattes, welche die Hauptmasse der Extremität ausmachen. *x* Innere Lage. *y* Aeussere Lage des äussern Keimblattes, welches an der Spitze der Extremität besonders verdickt erscheint.

Ueber diesen Elementen trifft man die beiden Schichten des äusseren Keimblattes, welche die Elemente für die Horngebilde der Extremitäten führen. Diese Schichten sieht man auf Durchschnitten an der äussersten Spitze der Extremität verdickt. Die Verdickung soll nach Remak und andern die Horngebilde noch dicht gedrängt enthalten die später auf einer grösseren Oberfläche an den Phalangen als Ueberzug in dünner Schichte verwendet werden. Allerdings ist so viel festgestellt, dass man an der äusseren Spitze in späteren Entwicklungsstadien eine dünne Lage von beiden Schichten des äusseren Keimblattes findet, an der Stelle, wo wir in der frühesten Anlage der Extremitäten obiger Verdickung begegneten. Doch ist es nicht festgestellt, ob die dünne Lage aus der Verdickung allein hervorgegangen ist, oder ob überdiess noch eine Neubildung von Elementen bei der Vergrösserung der Oberfläche zur Bedeckung der letzteren mitgewirkt hat.

Bei den Fischen ist die Anlage der Flossen eine ganz ähnliche, nur ist zu bemerken, dass die Bauchflossen zu einer Zeit entstehen, wo die Leibeswand nicht ganz geschlossen ist. Man findet dieselben seitlich vom Darmkanale und erst wenn die Leibeswand abgeschlossen wird, kommen die im Embryonalleben seitlich gelegenen Flossen an die untere Fläche, respective die Bauchfläche des Thieres zu liegen, wo sie als Bauchflossen zu treffen sind.

Im weiteren Verlaufe wird der äusserste spitze Theil der Extremität mehr schaufelförmig und plattgedrückt. Bald darauf beobachtet man äusserlich mehrere schwache Einschnitte, die die Anlage der Phalangen andeuten, was bei dem Embryo des Menschen ohngefähr in die siebente Woche fällt. Bei menschlichen Embryonen beobachtete ich in zwei Fällen an Durchschnitten durch die flachen Extremitäten, dass die Anlage der Finger zu sehen ist, noch bevor man die äusserlichen Einschnitte an den Extremitäten beobachtet. Man sieht an den durchsichtigen Schnitten mehrere Reihen von dichtgedrängten Zellen, die in der Richtung der späteren Phalangen angeordnet sind. Zwischen den Anlagen der Phalangen sind die Elemente weniger dicht gelagert, so dass diese Stellen viel durchsichtiger erscheinen.

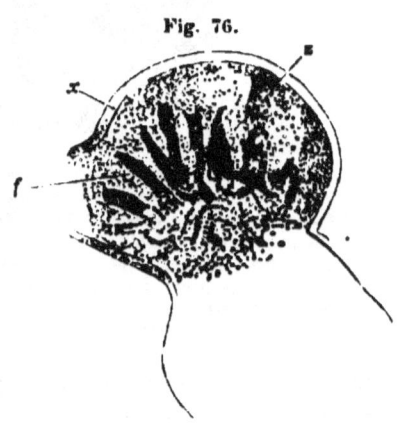

Fig. 76.

Abbildung eines Durchschnittes einer Extremität vom Embryo des Menschen zu einer Zeit, wo äusserlich keine Andeutung der Phalangen zu sehen war. In dieser naturgetreuen Abbildung sind neun Anlagen von Phalangen. Welche zu den bleibenden gehören, ist nicht zu ersehen. x äusseres Keimblatt, f Phalangenanlage. s Zwischenräume.

Auffällig ist hierbei, dass die Anzahl der Phalangen in diesem Stadium an beiden untersuchten Embryonen, an allen vier Extremitäten stets mehr als fünf betrug. In einem Falle waren sogar neun Phalangen angelegt (Fig. 76). Durch die Untersuchung einer grösseren Anzahl von Menschenembryonen dieses

Stadiums konnte ich diese Thatsache nicht bestätigen. Allein die um einige Entwickelungsgrade vorgeschrittenen Embryonen ergaben stets neben den deutlich erkennbaren und zuweilen auch gegliederten fünf bleibenden Phalangen stellenweise Reste der überzähligen in der Anlage ursprünglich vorhandenen Finger. Es lässt sich allerdings nach den bisherigen Untersuchungen, die ich über diesen Gegenstand anstellen konnte, nicht mit Bestimmtheit sagen, welche der ursprünglich angelegten Phalangen zu den bleibenden gehören, und welche schwinden. Ferner kann man auch nicht sicherstellen, ob denn nicht alle anfangs angelegten Finger schwinden und später an deren Stelle die fünf bleibenden neu angelegt werden, zwischen denen man noch Reste der ersten embryonalen Phalangen findet. Doch so viel scheint gewiss zu sein, dass die Polydactylie beim Menschen schon in der ersten Anlage zu treffen ist.

An den Extremitäten schreitet die Entwickelung von der Peripherie gegen die Mittellinie des Embryo vor. Nachdem die Finger angelegt sind, findet man allmälig die Mittelhand respective Fussknochen als dichter gedrängte Zellen angelegt. Bald darauf treten dann in der Richtung nach aufwärts in ähnlicher Weise die anderen Knochen der Extremitäten auf. Bezüglich der Anlage des Schlüsselbeins ist zu bemerken, dass Einige (Gegenbaur) die Anlage derart schildern, dass früher keine dicht aneinanderstehenden Zellen vorhanden wären, welche früher knorpelig werden, sondern sie verknöchern direct, während Andere (Bruch) das Entgegengesetzte behaupten.

Das äussere Ohr, wo wir nämlich einem solchen bei den Wirbelthieren begegnen, zeigt sich anfangs als ein kleines rundes Grübchen, welches nach aussen offen steht und in dessen Tiefe man ein kleines Leistchen beobachtet, das einem Gehörknöchelchen entspricht. Dieses Grübchen ist nach den bisherigen Beobachtungen der Rest des ersten Kiemenspaltes. Die Stelle der Verwachsung ist stets membranös und stellt das Trommelfell dar, das schon im embryonalen Zustande beiderseits vom Epithel bedeckt ist. Die Ohrmuschel ist anfangs eine kleine wulstförmige Erhabenheit, am hinteren Theile der äusseren Ohröffnung gelegen. Diese Erhabenheit besteht aus den Elementen des mittleren Keimblattes vom zweiten Kiemenbogen, die von den beiden Schichten des äusseren Keimblattes bedeckt sind. Die Erhabenheit wird allmälig höher und rückt mit der Ausbildung der Kopfkrümmung von hinten mehr nach vorne und oben. Bald darauf werden am ausgebildeten Ohrwulste zwei Theile unterschieden. Der eine wuchert mehr nach vorne, überragt zum Theile die äussere Ohröffnung und bildet die Ohrmuschel sammt dem kleinen spitzen Wärzchen (Darwin) am Helix beim Menschen, oder er ist die Grundlage für das dreieckige klappenförmige Ohr der Säugethiere. Der hintere Theil des Ohrwulstes wird beim Menschen zum Ohrläppchen, beim Säugethier kommt dessen Ausbildung nur mangelhaft oder gar nicht zu Stande. Man ersieht hieraus, dass das kleine Wärzchen am Helix, welches als Rest des gespitzten Säugethierohres zu betrachten ist, mit diesem eine gemeinschaftliche Anlage im Embryo besitzt.

Die Augenlider präsentiren sich bald nachdem der Bulbus angelegt ist. Sie sind anfangs als zwei von einander klaffende, breite, wulstartige Gebilde zu sehen. Sie zeigen sich gleich den vorigen Gebilden, den Extremitäten und dem äusseren Ohre ähnlich in der Anlage. Macht man einen Durchschnitt durch ein embryonales Augenlid, so sieht man dasselbe von den Gebilden des äusseren Keimblattes bedeckt, unter welchem die Elemente des mittleren Keimblattes liegen, welche die Hauptmasse des Augenlides ausmachen. Bald rücken die Augenlider von oben und unten einander näher, ohne dass man an ihnen mehr als vielleicht irgend welche Veränderungen in der Hautanlage beobachten kann. Sind sie nahe an einander, was ohngefähr der Mitte des embryonalen Lebens bei den meisten Wirbelthieren entspricht, so verwachsen sie mit einander, wobei nur die epitheliale Bedeckung, welche in der Tiefe Cylinderepithelien enthält, mit einander vereinigt ist. Erst mit der Trennung dieser Verwachsung treten die Anlagen der Augenwimpern und der Meibom'schen Drüsen auf. Die Letzteren zeigen sich als Fortsetzungen der Malpighi'schen Schichte in der Tiefe der Augenlider und sind vom Anfange an dicht mit Zellen des äusseren Keimblattes gefüllt, die vom mittleren Keimblatte umgeben sind. Durch die Wucherungen des mittleren Keimblattes gegen die ursprüngliche solide Zellenlage werden die seitlichen Acini gebildet. Dieser Vorgang ist in den letzten Tagen des Embryonallebens oder nach demselben zu beobachten. Die Bindehaut der Augenlider ist eine Bildung der epithelialen Bedeckung des äusseren Keimblattes und der darunter liegenden Gebilde des mittleren Keimblattes. Die Fortsetzung dieser Gebilde lässt sich bis an den Bulbus verfolgen, wo sie die embryonale Bindehaut des Auges gibt, andererseits gehen diese Gebilde von der Aussenfläche der Augenlider in die allgemeine Bedeckung des Thierleibes über.

In diesem Abschnitte sei auch Einiges über die Anlage der Nase erwähnt. Ihre Bildung hat schon mit der Ausbildung des Geruchsorgans begonnen, wo man, wie uns bekannt ist, nur zwei nach aussen offene Grübchen sieht. Die Gebilde, welche diese beiden Grübchen umringen, bestehen aus dem mittleren Keimblatte, welches vom äusseren bedeckt ist. Bei einer Reihe von Thieren bleiben diese Gebilde dauernd in dem Niveau, in welchem sie in der frühesten Anlage zu sehen sind. Bei den höheren Thieren, besonders beim Menschen, ragen jedoch diese oben bald stärker hervor, was auch bedingt, dass man bei den Embryonen des Menschen in den ersten Entwickelungsmonaten gewöhnlich eine mehr flache Nase findet, als diess bei den entwickelteren oder sogar reifen Embryonen der Fall ist.

Diese hervorragenden Gebilde in ihrer Vereinigung mit jenen welche von der Stirngegend entgegenwachsen, geben die über das Gesicht hervorragende typische Nase, wenn dieselbe bei der betreffenden Species ausgebildet wird. Die weitere Ausbildung dieser Organe bleibt der speciellen Beschreibung der Entwickelungsgeschichte sowohl in morphologischer als auch in genetischer Beziehung vorbehalten.

Zu den Organen, deren Gebilde aus dem äusseren und mittleren Keimblatte aufgebaut werden, gehören die Zähne des Menschen und der Säugethiere. Die Hornzähne vieler Wirbelthiere bieten keine auffällige Erscheinung in ihrer Entwickelung, man kann sie als über das Niveau des übrigen Hornblattes hervorragende Gebilde desselben ansehen, die im Verlaufe der Entwickelung verhornen.

Wir sahen oben, dass die Anlage des Ober- und Unterkiefers in den Veränderungen und dem Wachsthume des ersten Kiemenbogens zu suchen war. Ist die Mundhöhle nach aussen beim Menschen begrenzt und von der Nasenhöhle äusserlich getrennt, so ist der erste Kiemenbogen als Ober- oder Unterkiefer von den Gebilden des äusseren Keimblattes bedeckt und besteht im Uebrigen aus den Gebilden des mittleren Keimblattes. Bald sieht man am Alveolarrande eine Rinne entstehen, in der eine Reihe von Grübchen auftritt. Die Grübchen sind als Zahngrübchen bezeichnet worden und treten zuerst am 50.—65. Tage nach Robin und Margitot auf. Ein jedes Zahngrübchen ist von den bedeckenden Elementen des Kiemenbogens ausgekleidet. Diesen Elementen nach innen liegen die Gebilde des mittleren Keimblattes an, welche von vielen Gefässen durchzogen werden. Das Epithel ist die Grundlage für den Schmelz, das angrenzende Gewebe gibt das Dentin und den Cement des Zahnes. Das Gewebe des mittleren Keimblattes wächst papillenartig dem Epithel, welches das Zahngrübchen auskleidet, entgegen. Die Papille, Zahnpapille genannt, füllt das Zahngrübchen zum guten Theile aus. Wenn nun das Zahngrübchen abgeschlossen ist, dann liegt die Zahnpapille in einem Säckchen, welches den Namen Zahnsäckchen führt. Dieses liefert das Cement des Zahnes. Das Gewebe der Zahnpapille gibt sammt seinen Gefässen die Zahnpulpa und das Dentin. Die Epithelbedeckung wird zum Schmelzorgane.

Die Speicheldrüsen sind in ihrer ersten Anlage nicht gekannt. Mit Rücksicht darauf, dass die Mundhöhle vom äusseren Keimblatte ausgekleidet ist, dürfte zu erwarten sein, dass die Auskleidungsgebilde der Ausführungsgänge dem äusseren Keimblatte entnommen sind. Dagegen kann man über die Anlage der Enchymzellen in der Speicheldrüse selbst nicht einmal eine Vermuthung aufstellen. Soviel geht aus den bisherigen Untersuchungen hervor, dass beim Menschen im dritten Monate die Speicheldrüsen angelegt sind. Sie sollen in folgender Reihenfolge auftreten: zuerst die Submaxillaris, dann die Sublingualis und zuletzt die Parotis. Jener Theil der Speicheldrüse, welcher entfernter vom Ausführungsgange liegt, soll längere Zeit aus soliden Drüsenbläschen bestehend persistiren.

Die erste Anlage der **Milchdrüse** ist beim Menschen an Embryonen von ohngefähr 4 Cm. Länge zu sehen. Man beobachtet anfangs an der Stelle der künftigen Areolarfläche eine Fortsetzung der tieferen Schichten des äusseren Keimblattes, welche tief in die Cutis hineinragen (Langer). Bald darauf treten seitliche Anhänge auf, welche als kleine kolbenartige oder acinöse Ausbuchtungen der anfänglichen Einsenkung des Hornblattes sind. Zwischen den Ausbuchtungen befinden sich die Gebilde des mittleren Keimblattes, welche der Cutis oder dem subcutanen Gewebe angehören. Nach dem Auftreten der ersten Einsenkung vom Hornblatte beobachtet man bald mehrere Fortsetzungen desselben, die nach aussen auf der umschriebenen Fläche ein Areal bilden, welches als **Drüsenfeld** beschrieben wird (Huss).

Bald sieht man in der Mitte der Areolarfläche eine kleine Erhabenheit, in welcher eine Vertiefung zu beobachten ist die einem Nadelstiche ähnelt. Die Erhabenheit stellt die Papille dar. Sie entsteht als Erhebung des Drüsenfeldes, während die Zitze der Wiederkäuer aus dem sehr verlängerten Hautwall entsteht, der das Drüsenfeld umgibt. Dadurch wird in der Zitze der Wiederkäuer ein sogenannter Zitzenkanal gebildet, in dessen Grunde die Milchdrüsengänge ausmünden. Zitze der Widerkäuer und Papille des Menschen repräsentiren verschiedene Bildungstypen. Die Grundform, von welcher aus sich bezüglich der Entwickelung der Brustdrüse der Wiederkäuertypus (Zitzenbildung) und der menschliche (Papillenbildung) entwickelt hat, findet Gegenbaur beim Känguruh, bei welchem zu verschiedenen Lebensperioden beide Typen vorhanden sind. Bei Echidna und Ornithorhynchus verbleiben die ersten Bildungszustände in der Form von Ausmündungen der Milchdrüsengänge auf die Oberfläche (Drüsenfeld) ohne Papille oder Hauttasche.

Die Haut sammt ihren Drüsen wird gleichfalls wie die übrigen in diesem Kapitel geschilderten Organe aus dem äusseren und mittleren Keimblatte gebildet werden. Die Epithelschichten der Haut gehören dem äusseren Keimblatte (Nervenhornblatte) an. Die stellenweise vorkommenden Verdickungen, wie Nägel, Klauen und andere über die Körperoberfläche hervorragende härtere Gebilde, die dem Körper aufsitzen, können als Product aus dem äusseren Keimblatte angesehen werden. Hieher sind auch zum Theile die sogenannten Hartgebilde bei den Fischen zu rechnen, welche gleichsam ein äusseres Skelet derselben bilden, oder als harte Schutzorgane auf der Körperoberfläche zu sehen sind. Sie stehen am Rumpfe sehr oft in regelmässigen schrägen Reihen, dann entstehen sie auf Papillen der Lederhaut. Von dieser geht dann die etwaige Ossification aus, während die dieselben überziehende Epidermis zu einer schmelzartigen Schichte sich umgestaltet.

Die Cutis stammt vom mittleren Keimblatte. Remak nahm in demselben eine eigene Schichte an, die er als Hautplatte bezeichnete, welche aber nie als eine gesonderte Schichte des mittleren Keimblattes auftritt. Nach unseren bisherigen Kenntnissen ist die Cutis nur ein Theil der Urwirbelmasse, welche sich zu Bindegewebe metamorphosirt. Ob die Cutis dem centralen oder dem peripheren Theile der Urwirbel entnommen ist, kann bisher nicht mit Bestimmheit angegeben werden. Doch scheint es, dass der centrale Theil es ist, welchem auch die Bestimmung zukommt, die Cutisanlage zu liefern, da der periphere nur, wie schon Götte hervorgehoben, zu subcutanem Gewebe wird; ich kann hier hinzufügen, dass, wie ich aus den Präparaten von Forellenembryonen des Dr. Ehrlich entnommen habe, die erste Anlage der Bindegewebszüge zwischen den Muskeln (der Fascien und der Bindegewebszüge um die Fibrillenbündel) aus dem peripheren Theile der Urwirbel hervorgeht.

Die Papillen der Haut treten erst im sechsten Monate beim Menschen auf, bis dahin ist die Grenze zwischen Cutis und dem Epithelgebilde eine flache. Die Papillen, welche Meissner'sche Tastkörperchen führen, stehen beim Neugeborenen dichter an einander als beim Erwachsenen.

Die Haare und Drüsen findet man in der frühen Zeit (Talgdrüsen, Schweissdrüsen, Ohrschmalzdrüsen) der Entwickelung ähnlich der Milchdrüse angelegt. Man sieht zapfenförmige Fortsetzungen der Malpighi'schen Schichte, die man als Haarkeime bezeichnet. Sie treten beim Menschen im dritten Monate auf und stellen die Haare sammt den Wurzelscheiden dar. Nachdem das Haar bereits zu erkennen ist, findet man seitlich von demselben solide Sprossen aus der Malpighi'schen Schichte, welche die Anlage der Talgdrüsen darstellen, die in Haarbälge münden. Die Haarpapille wird aus den Elementen der Cutis gebildet. Nach Götte soll die erste Anlage der Haare in einer kleinen Erhabenheit der Cutis bestehen. Die Epidermis wird hierdurch zu einem Hügelchen emporgehoben, welches bald verstreicht, während vom *Rete Malpighii* eine Wucherung ausgeht, welche in die Tiefe der Cutis reicht. Jene Theile dieser Elemente, welche der Cutispapille anliegen, wachsen rasch zum Haarschafte und zur inneren Wurzelscheide heran.

Die Haare und Federn nehmen in der Thierwelt theils durch ihre Verbreitung in den beiden oberen Thierreihen, theils durch ihre eigenthümliche Erscheinung eine hervorragende Stelle unter den Horngebilden ein. Die Feder stellt nach Remak einen höckerförmigen Vorsprung über die Hautoberfläche in der Anlage dar, ähnlich den Höckerchen auf der Hautoberfläche mancher Amphibien. Nach Pernitza sind die ersten Federn sackförmige Einstülpungen des Hornblattes, deren Binnenraum von einer mächtigen Papille der Cutis eingenommen ist. Eine deutliche Oberfläche verhornter Epithelzellen schmiegt sich den Formveränderungen der unterliegenden Schichte an. Diese Schichte von Epithelzellen überzieht auch das neue Federchen als schlauchförmige Hülle. Einwärts von dieser Schichte folgt eine Lage grosser rundlicher Zellen mit deutlichem Kerne (Keimschichte der Feder). Diese Schichte setzt sich in das *Rete Malpighii* fort. Aus dieser Lage von Zellen wird das künftige Federchen gebildet. In die Papille tritt eine Gefässschlinge ein. — Bald darauf wächst das Federwärzchen zu einem stäbchenförmigen Gebilde aus und es bilden sich an ihm 12—16 Längsleistchen aus, die sich in die Keimschichte der Feder einsenken. Darauf treten an den Leistchen mehrere Einsenkungen auf, in deren Folge die Keimschichte in eben so viele Längssäulen zerfällt, die sich zu den Fäserchen des Erstlingsgefieders heranbilden.

Das Knochengerüste in seiner ersten Bildung.

Wir konnten die einzelnen Veränderungen des mittleren Keimblattes in der Anlage des Embryo nicht beschreiben, ohne jener Gebilde des Wirbelthierleibes zu erwähnen, die in späteren Entwickelungsstadien und beim ausgebildeten Thiere als härtere knöcherne Gebilde persistiren. So erwähnten wir bei der Beschreibung der Kiemenfortsätze die einzelnen Knochen, die das Gesicht, die Begrenzung der Augen, Ohren, Mund und Nasenhöhle bilden. Ferner lernten wir die Anlage der Extremitäten kennen und wollen jetzt noch hinzufügen, dass sämmtliche Gebilde anfangs knorpelig und später knöchern werden, wobei sie an den Extremitäten sowohl als auch am Gesichte die bezüglichen Skelettheile liefern. Die detaillirteren Angaben würden nach den bisherigen Kenntnissen an diesem Orte kaum etwas Neues bringen können.

Von den übrigen Skelettheilen wollen wir hier zunächst die Wirbelsäule mit Rücksicht auf die Ausbildung der knöchernen Theile aus den angelegten Gebilden des mittleren Keimblattes, die das Rückenmark umgeben, beschreiben. Ohngefähr in der zweiten Hälfte des zweiten Monates beim Menschen beginnt die Verknorpelung der Urwirbelmasse, die um die *Chorda dorsalis* gelagert ist. Im entsprechend vorgerückten Entwickelungsstadium findet derselbe Vorgang auch bei anderen Wirbelthieren statt. Die *Chorda dorsalis* bleibt sammt ihren Scheiden innerhalb des Wirbelkörpers liegen und ist an dieser Stelle stets dünner als innerhalb der Zwischenwirbelbänder. Seitlich vom Nervensystem beginnt um einige Zeit später die Verknorpelung der Bögen, die zuerst am Rücken und dann am Halse und in der Sacralgegend an der oberen Fläche des Centralnervensystems sich vereinigen. Nur bei den Stoissbeinwirbeln kommt es beim Menschen nicht zur Ausbildung und Vereinigung der Bögen, während im Körper des Wirbels gleich den übrigen Wirbeln, die *Chorda dorsalis* längere Zeit vorhanden ist.

Der erste Halswirbelkörper wird zum *Processus odontoideus* des zweiten Wirbels (Rathke), in dem auch Chordareste zu finden sind. Die Bögen des ersten Halswirbels vereinigen sich nach oben und unten vom Nervensysteme. Somit ist der Ring des Atlas gebildet, der keine Chorda an der Stelle besitzt, welche dem Körper desselben entsprechen würde. Im Anfange des dritten Monates beginnt die Verknöcherung der Wirbelsäule beim Menschen und bald darauf erscheint die Anlage der Fortsätze, an den Wirbeln.

Nachdem die Seitenplatten an der unteren Fläche des Embryo sich vereinigt haben, entstehen an den bezüglichen Stellen in der Höhe des Thorax beim Menschen, den Säugethieren, Vögeln und Batrachiern etc. die knorpeligen Anlagen der Rippen, die nach unten zu sich vereinigen. Die Vereinigung beim Menschen geht derart vor sich, dass die ersten sieben Rippen sich jederseits verbinden und auf diese Weise zwei knorpelige Streifen geben. Diese Streifen vereinigen sich und bilden das Brustbein. Der frühere Zustand des Brustbeines, wo dasselbe aus zwei Stücken besteht, entspricht jener Anomalie die man als *Fissura sterni* bezeichnet und die in manchen Fällen als Missbildung bleibend ist.

Die knöchernen Gebilde der Extremitäten und der Gesichtsknochen, welche knorpelig vorgebildet sind, verknöchern in dem Zeitraume vom dritten Monate angefangen bis zur Beendigung des embryonalen Lebens, ja zuweilen noch nach demselben.

Der knöcherne Schädel wird theils derart gebildet, dass die häutigen Theile direct knöchern und auf diese Weise zu sogenannten Belegknochen werden, während ein anderer Theil früher knorpelig angelegt wird, welcher erst in späteren Stadien knöchern wird. Dieser Abschnitt des Schädels macht daher drei Stadien durch, welche man als Stadium des häutigen, knorpeligen und knöchernen Schädels bezeichnet, während bei der ersteren Art der Bildung der Schädelknochen (Belegknochen) nur ein häutiger und knöcherner Schädel gebildet wird und das Stadium des knorpeligen entfällt.

Schenk. Embryologie. 10

Knorpelig sind die *Basis cranii*, welche einem Theile des Hinterhauptbeines und dem grösseren Theile der vorderen und hinteren Keilbeine entsprechen. Ferner gehören hieher die Pyramiden, die *Partes mastoideae* der Schläfenbeine, das Siebbein. — Diesem schliesst sich als Fortsetzung die knorpelige Nasenscheidewand an.

Ohne früher eine knorpelige Structur zu zeigen, sondern direct knöchern also zu Deckknochen werden: die inneren Lamellen der *Processus pterygoidei*, die *Cornua sphenoidalia*, der obere Theil der Schuppe des Hinterhauptes, die Scheitelbeine, das Stirnbein, die Nasenbeine, die Schuppen des Schläfenbeines, der *Annulus tympanicus*, welcher die Grundlage des knöchernen äusseren Gehörorganes ist, und endlich das Pflugscharbein und die Zwischenkiefer. — Sämmtliche erwähnten Knochen stammen aus jenem Theile der Urwirbelmasse, der um die Gehirnblasen und Sinnesorgane liegt.

Dreizehntes Kapitel.

Die Eihüllen der Wirbelthierembryonen. *Decidua vera*. *Decidua reflexa*. Die Entstehung der Decidua. Amnios. Amniosflüssigkeit. Anlage und weitere Ausbildung des Amnion. Abschliessen desselben am Rücken des Embryo. Das Amnion der späteren Stadien besteht aus drei Schichten. Abschliessen des Amnion an der Bauchfläche des Embryo. Ausbildung der Leibeswand. Primäres, secundäres und tertiäres Chorion. Bildung des Chorion. Bau desselben. Placenta. Nabelstrang. Dotterstrang.

Die Eihüllen und Placenta.

Der Embryo von einer Reihe von Wirbelthieren, die lebende Junge gebären, liegt nicht der Uteruswand direct an, sondern man trifft ihn in der Uterushöhle in einer oder mehreren Hüllen liegend, innerhalb welcher sich eine mehr weniger massenhafte, klare Flüssigkeit findet. Diese Hüllen können nach ihrer Entstehungsweise verschiedener Art sein. Entweder stammen sie vom Mutterboden, oder vom Embryo. Im letzteren Falle stammen sie aus dem Bildungsmateriale, welches dem Embryo zum Aufbaue dient.

Beim Menschen und den Säugethieren sind diese Hüllen, welche im Allgemeinen **Eihüllen** oder **Eihäute** genannt werden, am vollkommensten ausgebildet. Bei den Vögeln ist eine Hülle, die dem Embryo direct anliegt, ausgebildet, während die zweite nächst äussere als nicht abgeschlossen vorhanden ist. Vom Mutterboden kann selbstverständlich beim Vogelembryo, wie überhaupt bei allen jenen Thieren, deren Ei sich ausserhalb des Mutterleibes entwickelt, keine Hülle während der Entwickelung geliefert werden. Bei den niederen Klassen der Wirbelthiere trifft man bei den Lebendgebärenden im Embryonalleben Hüllen, deren Zusammenhang mit dem Embryo während der Entwickelung nicht nachweisbar ist, weswegen man auch diese als einen vom Mutterleibe dem Embryo beigegebenen Theil betrachten kann. Diese Embryonen besitzen blos eine Hülle, die ihnen vom Mutterboden mitgegeben wurde.

Beim Menschen findet man nach Eröffnung des Uterus, sobald die Eihüllen ausgebildet sind, drei Hüllen, die den Embryo umgeben. Jene Hülle, die der Uteruswand anliegt, ist dickwandig undurchsichtig und besteht aus der verdickten Schleimhaut des Uterus, sie stellt uns die Decidua dar. Hierauf folgen zwei durchsichtige bindegewebige Hüllen. Jene, die der Decidua anliegt, bildet das Chorion, die zweite, welche zwischen dieser und dem Embryo liegt, bildet das Amnion. Sie bildet um den Embryo einen Sack, in welchem eine Flüssigkeit — die Amniosflüssigkeit — sich befindet. An der Stelle des Nabels ist der Ausgangspunkt der zwei letzten Hüllen in der Entwickelung. Sie sind Producte aus dem Keime, der zum Aufbaue des Embryo gegeben ist.

Die Decidua ist die verdickte Schleimhaut des Uterus, welche mit dem Eintreten des Eichens in die Uterushöhle gefässreicher und hypertrophirt wird. Man unterscheidet nach vollständiger Ausbildung der Eihäute eine *Membrana decidua reflexa* und eine *Membrana decidua vera*. Die erstere geht an der Stelle, wo das Ei im Uterus festsitzt, in die innere Oberfläche des Embryo über und ist mit dieser im Zusammenhange. Dieser Theil der Decidua wird später durchsichtiger. Die *Decidua vera* ist die eigentliche hypertrophirte Schleimhaut. An jener Stelle im Uterus, wo die beiden Deciduae mit dem Chorion in Berührung und später zur Verwachsung kommen, bilden sie den Theil der Placenta, auf deren Besprechung wir bald kommen, welchen man mit dem Namen der *Placenta uterina* bezeichnet.

Die *Decidua vera* soll nach Kölliker beim menschlichen Embryo im vierten Monate bis in die Tubarmündung und die Schleimhaut des Cervix zu verfolgen sein. Sie bleibt gefässreich bis in die späteren Entwickelungsmonate, besonders an jener

Stelle, wo sie in die *Decidua reflexa* übergeht. Die Uterindrüsen bleiben an der Decidua bis in die Mitte der Schwangerschaft erhalten. Sie werden anfangs grösser und bekommen zahlreiche Schlängelungen. Das Epithel schwindet in späteren Stadien. — Die *Decidua reflexa* ist bezüglich ihres Baues mit der *vera* nahezu übereinstimmend, da man in beiden dasselbe Gewebe antrifft (embryonales Bindegewebe und Epithelialgebilde). Nur in den späteren Entwickelungsstadien, ohngefähr im dritten Monate beim Menschen, entbehrt die *Decidua reflexa* aller Gefässe (Kölliker) wird dünnwandig und wie bereits bekannt ist, durchsichtiger. An der inneren Oberfläche der *Decidua reflexa* finden wir schon in verhältnissmässig frühen Stadien kleine Zöttchen, die gefässhaltig sind. Von diesen werden wir bald erfahren, dass sie mit den Zöttchen, welche an der Aussenseite des Chorion auftreten, sich vereinigen und ein näher zu beschreibendes Organ, die Placenta bilden.

Was nun die Entstehung der *Decidua reflexa* betrifft, so liegen uns bisher die Angaben von E. H. Weber, Sharpey, Coste, Bischoff (Meerschweinchen), Robin, Funke, Kölliker und Reichert vor. Man kann nach diesen Autoren drei Lehren aufstellen, die wir im Kurzen folgendermassen zusammenstellen können.

Das Ei, in dem Uterus des Menschen oder des Säugethieres angelangt, kommt in das Gewebe der Uterusschleimhaut zu liegen. Hierauf treibt es dieselbe faltenartig vor, so dass das Eichen in diese Falte zu liegen kommt, die sich in die übrige Uteruswand fortsetzt. Dieser Theil der Uterusschleimhaut stellt die *Decidua reflexa* dar. Die übrige Uterusschleimhaut ist die *Decidua vera*. An der Uebergangsstelle der *vera* in die *reflexa* soll es zur Ausbildung der Zotten kommen, die wir als *Placenta uterina* bezeichnen. Diese Ansicht ist als gänzlich verlassen zu betrachten. Sie bildete ihrer Zeit den Uebergang von der ältesten Ansicht der Exsudatbildung um's Ei zur richtigeren Anschauung, deren wir sogleich erwähnen wollen.

Eine andere Angabe ist die einer vorgebildeten Falte in der faltenreichen Uterinschleimhaut *(Decidua vera)*, welche mit offener Mündung der Uterushöhle zugewendet ist. In diese Falte gelangt das Eichen. Indem die Ränder der Falte über dem Eichen sich vereinigen, bekommt dasselbe einen Ueberzug von der Uterusschleimhaut, der zur *Decidua reflexa* wird. An der Innenwand dieser ersten Hülle, die um den Embryo gebildet wird, entstehen kleine Zöttchen, durch welche die Verbindung zwischen Mutter und Embryo in Form einer Placenta hergestellt wird.

Endlich liegt uns die Angabe vor, der zufolge das Eichen in die Uterindrüsen gelangen soll, was nach Bischoff besonders für's Meerschweinchen gilt, um sich daselbst festzusetzen. Diese Anschauung ist nicht haltbar, da ihr erstens die Grössenverhältnisse zwischen Eichen und Uterusdrüsenmündung widersprechen, ferner dürfte auch das Flimmern in der Tiefe der Uterindrüsen (Nylander, Lott, Friedländer) dem Eichen bei seiner Befestigung in der Uterindrüse nicht sehr zuträglich sein.

Die Angabe, welche wir als die zweite anführten, kann als jene bezeichnet werden, die gegenwärtig die meisten Anhänger findet. — Nach Kundrat und Engelmann unterscheiden wir an der Uterusschleimhaut nach dem Eintreten und Festsetzen des Eichens in der Uterushöhle des Menschen drei Abschnitte:

1) die Schleimhaut, soweit sie die Wand des Uterus auskleidet, bis auf jene Stelle, wo das Ei aufliegt — *Decidua vera*;

2) jenen Theil derselben, wo das Ei aufliegt und die in der weiteren Entwickelung dann als *Decidua serotina* gekannt ist, und

3) denjenigen Theil, der das Ei umwallt und einschliesst — *Decidua reflexa*.

Der Bau aller erwähnten Abschnitte der Decidua ist nach Engelmann und Kundrat ein gleicher.

Bevor wir zu der Bildung des Ernährungsorganes des Säugethier- und Menschen-Embryos übergehen, müssen wir uns früher den Eihäuten zuwenden, welche um den Embryo gebildet und aus seinen Keimschichten aufgebaut werden.

Amnios.

Bis zur Bildung des Amnios präsentirt sich der Embryo der Amnioten als ein einfacher Streifen, der in der Längsachse des elliptischen Fruchthofes liegt. Innerhalb dieses Streifens sind bereits die Anlagen der einzelnen Organe im äusseren Keimblatte vorhanden. Im mittleren Keimblatte ist bereits die Sonderung in Chorda, Urwirbel und die Platten im peripheren Theile des motorisch-germinativen Blattes eingetreten. Alsbald wird dieser Streifen complicirter in seinem Baue und der Anordnung der Höhlen im Leibe des Embryo. Es treten eine Reihe von Falten

um den Embryo auf, die besonders am Kopfe und am Schwanze
ausgebildet sind, wo sie auch früher als an den Seitentheilen des
Embryo auftreten. Diese Falten schliessen sich einerseits am
Rücken des Embryo, andererseits am Bauche an der Stelle des
Nabels und so ist ein Sack um den Embryo gebildet, der aus dem
Keime des letzteren seine Wandung aufgebaut hat. Dieser Sack wird
Amniossack genannt und die Membran, welche die Wandung des
Amniossackes bildet, das Amnion. Das Amnion ist eine durchsichtige Membran, die an dem Nabel eingezogen erscheint. Der
Amniossack ist ellyptisch geformt und trägt in sich eine helle,
schwach weingelb gefärbte Flüssigkeit, die Amniosflüssigkeit genannt. Die Reaction der Amniosflüssigkeit ist alkalisch. Bei
mikroskopischer Untersuchung findet man kleine Partikelchen
in der Flüssigkeit suspendirt, die Trümmern von organischen Bestandtheilen ähnlich sind. Analysen dieser Flüssigkeit sind von
mehreren Chemikern angestellt worden. Besonders sind die Analysen von Berzelius und Vauquelin hervorzuheben, welche sich
auf die Amniosflüssigkeit späterer Stadien von grösseren Thieren
beziehen. Die hervorragenden Bestandtheile sind Eiweiss, Schleim,
zuweilen auch Gallenbestandtheile, die höchst wahrscheinlich vom
entleerten Darminhalte des Embryo stammen, der in die Amniosflüssigkeit gelangte. Dieser bedingt die weingelbe Färbung,
welche die Amniosflüssigkeit zuweilen hat. Von den anorganischen
Bestandtheilen findet man Kalium, Natrium, Phosphor und Chlor.
Claude-Bernard findet überdiess noch Zucker in der Amniosflüssigkeit, der sowohl bei Fleischfressern als bei Pflanzenfressern
nachzuweisen ist. — Bezüglich der Entstehung des Amnion war
man zu verschiedenen Zeiten verschiedener Meinung. Zu Anfang
als man diese Umhüllung des Embryo kennen lernte, glaubten die
Einen, dass der Embryo sich im Amnion bilde. Dieses hätte eine
Oeffnung, durch welche die Gebilde des Nabelstranges heraus-
treten. Die Anderen behaupteten, dass der Embryo ausserhalb oder
auf dem Amnion entstehe und sich dann rückwärts in dasselbe
einsenken solle. Baer war der erste, der durch seine Forschungen als unzweifelhaft festgestellt hat, dass das Amnion eine vom
Embryo ausgehende Bildung ist und beide aus dem Blastoderma
hervorgehen. Nach Baer ist die Entwickelung des Amnion
folgende: Das äussere Keimblatt (seröse Blatt) schlägt sich faltenartig über den Rücken des Embryo, die Falten berühren sich
und verwachsen mit einander. Dadurch entsteht eine Hülle, die

den Embryo in Form eines Sackes einschliesst. — Die Amnioshöhle steht vor dem Abschliessen mit der Umgebung in Communication. Dieser Ansicht schlossen sich auch die späteren Beobachter an, nur dass sie die Amniosbildung vom Standpunkte der Dreiblättertheorie schilderten, nach welcher nicht das ganze seröse Blatt oder äussere Keimblatt Baer's zur Verwendung für das Amnion gelangt, sondern nur eine bestimmte Schichte desselben. Bei Reichert finden wir, dass das Amnion jener Theil der *Membrana reuniens* ist, der über die Kopfabtheilung des Embryo und über die formirte obere Wirbelsäule sich verlängert. Die anfangs dicken Amniosplatten wachsen, sich mehr verdünnend, aufwärts und nach der Mittellinie. Hier haben sie nur eine geringe Höhe zu überwinden und vereinigen sich gegenseitig über der oberen Wirbelröhre zu einer geraden Linie zwischen der einander entgegenkommenden Kopf- und Schwanzscheide (Amniosnabel). Die Amnioshöhle ist fertig, ihre Wandung stellt die über die obere Wirbelröhre verlängerte und vereinigte *Membrana reuniens inferior* des Bauches dar.

Nach Remak bilden das äussere Keimblatt und die Hautmuskelplatte des mittleren Keimblattes, nach ihrer Vereinigung am Rücken und Bauche des Embryo, das Amnion. Sowohl das Kopfende als die dem Kopfende näher gelegenen Theile des Embryonalleibes sind vom Amnion früher bedeckt als der übrige Körper.

His lässt das Amnion aus seinem oberen Keimblatte und der oberen Nebenplatte hervorgehen.

Man ersieht bald aus dem Angeführten, dass die Kenntnisse über die Entwickelung des Amnion noch eine Reihe von Lücken zeigen, zunächst über die Art und Weise des Abschliessens des Amnion. Ferner erweisen sie sich als mangelhaft bezüglich des Bildungsmateriales, welches aus der Embryonalanlage zum Aufbaue des Amnion verwendet wird. Wir wissen mit Remak, dass das Amnion aus dem über den Rücken des Embryo zurückgeschlagenen äusseren Keimblatte und der Darmfaserplatte des mittleren Keimblattes hervorgeht. Diese Angabe genügt uns aber nicht, um zu erklären, woher denn das Material für die im Amnion ausser den Epithelstratis befindlichen Gewebe kommt. Es ist bekannt, dass das äussere Keimblatt nur den Horngebilden, dem peripheren und centralen Nervensystem zur Grundlage dient. Von der Hautmuskelplatte ist es durch meine Untersuchungen dargethan, dass die Elemente derselben blos zur ersten Auskleidung der Pleuroperitonealhöhle dienen. Da die Hausmuskelplatte nirgends im Embryo zu Bindegewebe metamorphosirt wird, so ist es a priori sehr unwahrscheinlich, dass die Fortsetzung derselben, welche an der Bildung des Amnion als dessen äussere Lamelle Antheil nimmt, hier ausnahmsweise in Bindegewebe metamorphosirt werde. Abgesehen davon kann man die Elemente der Hautmuskelplatte in späteren Entwickelungsstadien als flache Epithelialgebilde des Amnion finden, die auf ihrem Durchschnitte Bilder liefern, welche Längsschnitten von Spindeln ähnlich sind.

Wir wollen hier zunächst auf die Art des Abschliessens des Amnions am Rücken des Embryo näher eingehen, da wir uns nicht damit begnügen können, dass die Amniosfalten sich am Rücken des Embryo vereinigen.

Um die Art und Weise der Vereinigung der Amniosfalten auf Durchschnitten näher kennen zu lernen, genügt es, eine Reihe aufeinanderfolgender Durchschnitte zu gewinnen, die in der Gegend jener Ebene des Embryonalleibes liegen, in der das Amnion eben im Abschliessen begriffen ist.

Diese Ebene liegt am dritten Tage der Entwickelung beim Huhne ohngefähr in der Höhe des Mitteldarmes. Man sieht auf der ununterbrochenen Reihenfolge von Schnitten in dieser Gegend solche, wo nur die sich erhebenden Falten zu sehen sind. Dem Kopfende näher findet man das Amnion am Rücken vereinigt. Zwischen beiden bekommt man die Uebergänge zur Vereinigung zu sehen. An Embryonen (Huhn) vom Ende des vierten Tages, beobachtet man am Rücken des Embryo ein kleines Grübchen vom Amnion, das von einem wulstigen Rande umgeben ist. Dieses Grübchen, welches in der Höhe der hinteren Extremitäten liegt, ist nichts anderes als die Communicationsöffnung zwischen der Amnioshöhle und dieser Umgebung des Eies. Die auf einanderfolgenden Durchschnitte in der Höhe geben gleichfalls eine Uebersicht über den Abschliessungsvorgang an der Kopf- und Schwanzfalte des Amnion. In beiden Falten ist das Abschliessen des Amnion gleich.

Die erste Faltenbildung ist an der Grenze des Fruchthofes zu sehen. Ist die Falte bis zur Höhe der Urwirbel an den Rücken des Embryo gelangt, so findet man sie aus zwei Zellenlagen bestehend, deren eine die directe Fortsetzung des äusseren Keimblattes (α), die andere eine Fortsetzung der Hautmuskelplatte des mittleren Keimblattes ist. Sobald die Falten bis über die Höhe der Urwirbel reichen, so dass sie nahezu in der Mittellinie zusammentreffen, so sieht man an Querschnitten (Fig. 77) die Uebergangsstelle (u) jenes Theiles der Falte, welche dem äusseren

Fig. 77.

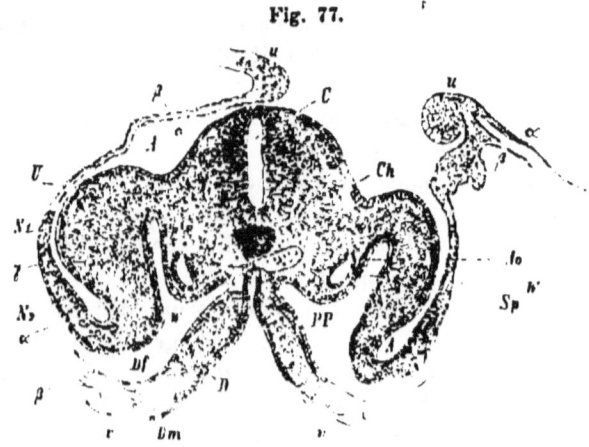

Querschnitt eines Hühnerembryo in der Höhe des Amniosnabels am vierten Tage der Bebrütung. C Centralnervensystem. Ch Chorda dorsalis. Ao Aorta. D Darmdrüsenblatt. Dm Darmplatte. Df Darmfaserplatte. W Ausführungsgang des Wolff'schen Körpers. Kh Keimhügel. PP Pleuroperitonealhöhle. Sp Seitenplatte. U Urwirbel. U_1 Urwirbelmasse in der Seitenplatte als deren mittlerer Theil. U_2 Fortsetzung derselben in das umbiegende Amnion. α Inneres Epithel des Amnion als Fortsetzung des äusseren Keimblattes. β Aeusseres Epithel als Fortsetzung der Hautmuskelplatte in's Amnion. A Amnionhöhle als unvollkommen abgeschlossen. uu Die Verdickung im äusseren Keimblatte am Amnion. Die Oeffnung am Rücken des Embryo ist der Amniosnabel. v Durchschnitte der Vasa omphalo-mesaraica.

Keimblatte angehört, verdickt. Diese Verdickung (u) besteht bei in Chromsäure gehärteten Hühnerembryonen aus polyedrischen Zellen, mit einem körnigen Protoplasma, deutlichem Kerne und Kernkörperchen. Die Elemente der Verdickung (u) können lediglich nur durch den Process der Theilung der Elemente des Amnion an dieser Stelle angehäuft sein. Da wir im Amnion dieses Stadiums keine Gefässe haben, so können wir nicht von einem Austritte der Elemente aus den Blutbahnen sprechen, die an der in Rede stehenden Verdickungsstelle sich angehäuft hätten. Andererseits kennen wir auch im äusseren Keimblatte, an dem die Zellenvermehrung stattfand, keine Gefässverzweigungen, durch deren Wandungen die Elemente austreten könnten, um längs des äusseren Keimblattes an die benannte Stelle hinzuwandern. —

Es wäre allenfalls noch denkbar, dass etwa aus den Räumen der Gefässe im Frucht- oder Gefässhofe Elemente ausgetreten wären und diese könnten längs der Innenfläche der inneren Lamelle des Amnion bis zum verdickten Theile *(u)* hinwandern.

Abgesehen davon, dass der letzte Vorgang nicht Gegenstand der directen Beobachtung sein kann, möchte ich nur bemerken, dass man in früheren Stadien, wie ich schon erwähnt habe, ausser den Elementen, welche den Fortsetzungen des äusseren Keimblattes und der Hautmuskelplatte des mittleren Keimblattes entsprechen, keine anderen Elemente zwischen beiden finden kann. Die verdickten Stellen des Amnion *(u)* kommen einander näher und man findet an Schnitten in jenen Ebenen, die dem noch nicht ganz abgeschlossenen Amnion näher liegen, die Communications-Oeffnung der Amnioshöhle mit ihrem wulstigen Rande ver-

Fig. 78.

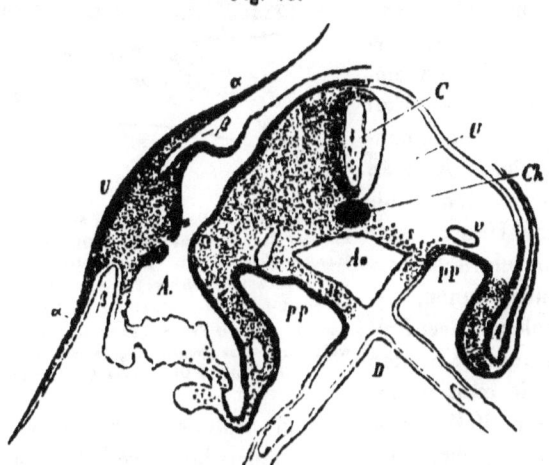

Querschnitt durch den Amniosnabel eines Hühnerembryo nach der Vereinigung der verdickten Stellen der Amniosschlinge. *u* Vereinigung der Amniosschlinge im äusseren Keimblatte. α Aeusseres, β inneres Keimblatt, noch als Schlinge sich umbiegend. *A* Amnioshöhle. *C* Nervensystem. *Ch* Chorda dorsalis. *v* Gefässdurchschnitte. *Ao* Aorta. *PP* Pleuroperitonealhöhle. *D* Darmrinne.

schwunden (Fig. 78). Die verdickten Stellen sind von beiden Seiten mit einander vereinigt. Man sieht vom Amnion die Schlingen des äusseren Keimblattes vereinigt, während jene des mittleren Keimblattes noch nicht vereinigt sind, sondern umbiegen und nur der erwähnten Vereinigungsstelle anliegen. — Die verdickte Stelle wird allmälig dünner, wobei die Schlingen der

Hautmuskelplatte einander näher zu liegen kommen. Man kann jetzt auf den Durchschnitten beobachten, dass jene Zellen der Verdickung, die der Amniosflüssigkeit näher liegen, ein feinkörniges Protoplasma bekommen, in welchem der Kern zumeist fehlt. Das Schicksal der Zellen, welche die Verdickung ausmachen, ist noch nicht bekannt. Es scheint als wenn sie im *Liquor Amnii* aufgehen und ihre Zerfallsproducte bilden dann zum guten Theile manche Bestandtheile der Amniosflüssigkeit.

Die dünner gewordene Verbindungsbrücke der Amniosschlingen im äusseren Keimblatte ist längere Zeit zu sehen. — Nach dem endlichen Schwinden dieser Brücke bekommen wir über dem Rücken des Embryo zwei Zellenlagen, zwischen denen noch die Amniosschlingen des mittleren Keimblattes liegen (Fig. 79). Diese stehen bei äusserlich scheinbar geschlossenem Amnion noch nahezu um die Distanz der Verbindungsbrücke von einander entfernt. — Erst später ist an den einander entgegenkommenden Umbiegungsstellen der Falten der Hautmuskelplatten eine schwache Verdickung zu erkennen, vermittelst welcher diese Falten sich vereinen. An den Bildern, die man weiter entwickelten Stellen des Amnion entnimmt, sieht man aus diesen an einander gerückten Falten neuerdings zwei Zellenstrata hervorgegangen. Die innere derselben, d. i. die dem Embryo näher gelegene, bildet die äussere Lage des Amnion. Sie ist die Fortsetzung der Hautmuskelplatte ins Amnion. Die äussere bildet einen Theil der Amniosfalte, welche sich vom Amnion, das den Embryo im vorgerückteren Stadium umgibt, abgeschnürt hat.

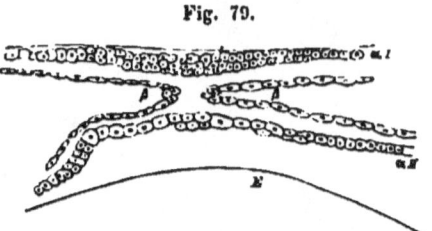

Fig. 79.

Stellt nur jene Stelle des Amnion dar, welche ein späteres Stadium des Amniosnabels erklärt. Die Verdickung im äusseren Keimblatte ist geschwunden, und man sieht an deren Stelle zwei Schichten des äusseren Keimblattes aI, aII. aII stellt das innere Epithel des Amnion dar. ββ Sind die Durchschnitte der Falten, welche der Fortsetzung der Hautmuskelplatte ins Amnion angehören und noch nicht vereinigt sind. E Die Grenze des Embryonalleibes.

Das Amnion, welches in dem eben geschilderten Entwickelungsstadium am Rücken des Embryo vollkommen abgeschlossen ist, kann insoferne nicht als vollendet betrachtet werden, da man nur die Epithellagen des Amnion an der äusseren und inneren Oberfläche vor sich hat. Ferner haben wir nur die Vereinigung des Amnion an der Rückenseite, ohne dass sich dasselbe an der Bauchseite durch Vereinigung der einander entgegenkommenden Falten in der Nabelgegend abgeschlossen hat, um den vollendeten Amniossack, um den ganzen Embryonalleib auszudehnen.

Ausser den bisher genannten Zellenlagen findet man in vorgerückteren Entwickelungsstadien (Fig. 77) noch eine dritte, welche zwischen beiden früheren (α β) liegt. Diese dritte Lage (γ) steht mit den Urwirbeln *(U)* in Verbindung und ist erst am Anfange des vierten Tages beim Huhne zu sehen. Sie kann als Grundlage sämmtlicher Gewebselemente, mit Ausnahme der Epithelien, welche im Amnion vorkommen, betrachtet werden. Die Urwirbelmasse also, welche sich in die Seitenplatte zwischen Hautmuskelplatte und äusseres Keimblatt bei Vermehrung ihrer Elemente vorschiebt, bildet die mittlere Schichte des Amnion. Man kann dieses Vorschieben in verschiedenen Stadien der Entwickelung allmälig weiter im Amnion vorgerückt antreffen, bis sie sich im ganzen Amnion ausgebreitet hat, was mit dem Ende der vollständigen Ausbildung des Amniossackes erreicht ist.

Am besten ist das Gesagte aus Fig. 77 zu ersehen. Die Zeichnung gibt auch jenen Theil des gewonnenen Querschnittes der zur Erklärung des eben Erwähnten dienen soll. Man sieht zunächst den Waldeyer'schen Keimhügel *(K h)* und dessen Fortsetzung in's Amnion *(H m)*. Ferner findet man die Fortsetzung des äusseren Keimblattes in's Amnion (α), die an ihrer Umbiegungsstelle *(A)* verdickt ist. Zwischen dem äusseren Keimblatte (α) und der Hautmuskelplatte (β) des Amnion sieht man die Gebilde der Urwirbel (γ) bis γ reichen. Diese Formation (γ) wird nun weiter in's Amnion vorgerückt gefunden, bis man sie endlich so weit sieht, als überhaupt die beiden früheren Lagen des Amnion reichen; so dass ein Durchschnitt durch das Amnion von jeder beliebigen Stelle seiner Ausdehnung die oben geschilderten Lagen darstellt. Später wird man die Fortsetzung der Hautmuskelplatte in's Amnion allmälig atrophirt finden, die Zellen werden flacher, bis sie schliesslich schwinden und das Amnion entbehrt der äusseren Zellenlage. Fig. 80 stellt einen Durchschnitt durch das Amnion der späteren Entwickelungsstadien dar, welches um einen Extremitätsstumpf geschlungen ist. An demselben sind die Schichten α γ deutlich zu sehen. In der mittleren Schichte γ sind die Elemente zu embryonalem Bindegewebe metamorphosirt. Die äussere Schichte ist atrophirt und das innere Blatt des Amnion zeigt das wohlerhaltene innere Epithel desselben. Die in's Amnion vorgeschobene Formation der Urwirbelmasse besteht vorwiegend aus den vermehrten Elementen des centralen Theiles der embryonalen Urwirbel, dabei sei aber auch bemerkt, dass die Annahme nicht ausgeschlossen bleibt, dass sich wahrscheinlich zum guten Theile auch Elemente, welche aus den Gefässbahnen ausgewandert sind, neben den ersteren vorfinden.

Das Amnion, wie es bisher geschildert wurde, stellt uns eine Hülle dar, die den Embryo über dem Rücken umschliesst, während es nach unten, bei abgeschlossenem Darme, einen weit offen stehenden Zugang zur Pleuroperitonealhöhle bietet.

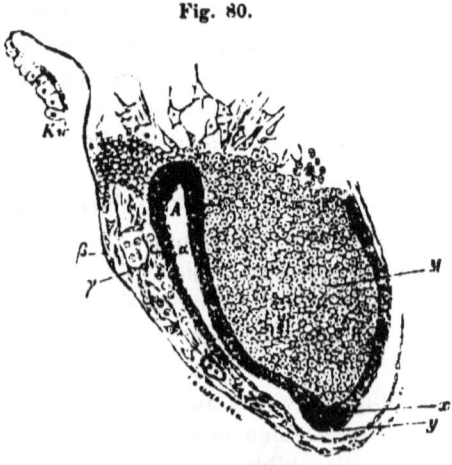

Fig. 80.

Längsschnitt einer Extremität des Hühnerembryo, mit einem Amnionüberzuge. *Kw* Keimhügel, α inneres Epithel des Amnion, β äusseres Epithel des Amnion, γ Gebilde des mittleren Keimblattes im Amnion. *M* Elemente des mittleren Keimblattes, welche die Hauptmasse der Extremität ausmachen. *x* Innere Lage. *y* Aeussere Lage des äussern Keimblattes, welches an der Spitze der Extremität besonders verdickt erscheint.

Dieser Zugang ist von den Umbiegungsstellen der Seitenplatten in's Amnion begrenzt. Mit dem Kleinerwerden und endlichen Schwinden dieses Zuganges rückt der Amniossack der vollständigen Ausbildung näher. Dabei kommt es auch zum Abschliessen der Leibeswand und zur Bildung des sogenannten Hautnabels des Amnion. — Der Vorgang hiebei ist folgender: Nachdem der Darm zu einem cylindrischen Rohre umgestaltet wurde und sowohl der Kopf als auch der Schwanzdarm mit einander vereinigt sind, so sieht man durch die offene Pforte des Amnion an der Bauchfläche zunächst die Allantois und ihren Stiel austreten. Diese führt eine Reihe von Gefässen mit sich, welche der Aorta entstammen. Die Gefässe sind die späteren *Arteriae umbilicales*. Aus den Gefässen der Allantois wird das Blut durch die *Venae umbilicales* zurückgeführt. Nebst der Allantois tritt noch ein längliches hohles Gebilde durch den weiten Nabel, es ist diess der Stiel der bereits zum Theile schon verkümmerten

Dotterblase, durch den die letztere mit dem Darme zusammenhängt.

Die Umschlagränder der Seitenplatten im Amnion treten um die erwähnten Gebilde zusammen und bilden eine über die Bauchfläche des Embryo hinaus verlängerte Scheide, die sämmtliche durch den Nabel austretenden Gebilde umgibt. Die Scheide besteht aus den Schichten des Amnion, von denen vorwiegend die mittlere zur besonderen Ausbildung gelangt und sehr reich an embryonalem Bindegewebe wird. Dieses ist die Grundlage für die sogenannte Wharton'sche Sulze, welche den Nabel umgibt. Dadurch, dass die Seitenplatten mit einander von beiden Seiten des Embryo in der Gegend des Nabels vereinigt werden, kommt es zum Abschliessen der Bauch- und Beckenwandung. Dieser Theil der Leibeswand besteht aus drei Schichten der ursprünglichen Keimanlage. Nach aussen sind es die beiden Schichten des Nervenhornblattes, an diesen liegt der in die Seitenplatte vorgeschobene Theil der Urwirbelmasse, die Grundlage für die Gewebe der Bauchwandung und des *Peritonaeum parietale*, nach innen endlich liegt die Hautmuskelplatte, deren Gebilde zu Plattenepithelien transformirt wurden. Sie bilden das erste Epithel des Peritonealüberzuges bei sämmtlichen Thierklassen. Bei jenen Thieren, wo die Bildung des Amnion fehlt, wird die Leibeswand in einer anderen Weise, als wir soeben mittheilten, abgeschlossen. Namentlich bei Rana, Bufo, Triton ist das leicht zu beobachten. Bei den Embryonen dieser Thiere sind die Anlagen der drei Schichten, welche die Leibeswand formiren, rings um den Embryo schon in der frühesten Anlage vorhanden. Es braucht hier nicht mehr zur Verschiebung der Formation zu kommen, um die Vereinigung an der Stelle des Nabels zu Stande zu bringen, sondern die einzelnen Schichten der Keimanlage befinden sich schon an der Stelle, wo sie zu den Geweben der Leibeswand transformirt werden. Es entbehren daher diese Thiere eines Nabels, als Rest der Vereinigung der Leibeswand während des Embryonallebens. — Bei diesen Thieren dehnt sich der Abschluss der Leibeswand sowohl auf die Brustregion als auch auf die Bauchregion aus. Nicht so verhält es sich bei den Säugethier- und Vögelembryonen, besonders bei sämmtlichen Anamnien. Die letzteren haben nach Abschluss der Bauchwandungen das Herz frei aus der Brusthöhle heraushängend und nur von dem vorüberziehenden Amnion bedeckt. Erst nachdem die Bauchwand vollständig abgeschlossen und der Amniossack ausgebildet ist, streben die Seitenplatten in der Brustgegend einander näher zu kommen und schliessen die in der Brusthöhle liegenden Organe ein. Sie vereinigen sich in einer Linie von vorne nach hinten in der Gegend des künftigen Brustbeines. Die Gebilde der Seitenplatten in der Brustgegend führen die Anlagen für die Knochen, Knorpel, Bindegewebe und Muskeln etc. in der Brustwand des Thieres. Mit der Beendigung dieses Vorganges ist auch das Wirbelthier bis auf das Grössenwachsthum der Organe und die Ausbildung einiger Gewebe ausgebildet.

Chorion.

Die zweite Hülle, die aus der Keimanlage des Embryo gebildet wird und die nach aussen vom Amnion liegt, ist das Chorion. Unter diesem Namen kannte man zu verschiedenen Zeiten verschiedene das Ei umgebende Gebilde. Bischoff sah an der Oberfläche der Säugethiereier kleine Zöttchen, von denen er behauptete, dass sie in den Drüsen der Uterinschleimhaut stecken und so den ersten Contact zwischen dem Mutterboden und dem Embryo zu Stande brächten. Die Zöttchen sammt den Resten der *Zona pellucida* sollten das Chorion darstellen.

Später glaubte man in jenem Stücke der Amnionschlingen, welche sich an dem Rückentheile des Embryo von dem sich abschliessenden Amnion abschnürten und um das Ei herum gelagert sind, das Chorion zu erblicken. — Allein bald stellte sich das Verhalten der beiden angeführten Hüllen derart heraus, dass bei dem Chorion die Zöttchen aus Epithelien bestehen, die dem Ei anhängen. Diese rühren möglicherweise von den Epithelien, die das Eichen im Graaf'schen Follikel umgeben, her oder sie sind Epithelien der Uterindrüsen, die dem Eichen anhaften. Das erste Chorion bezeichnet Coste als primäres Chorion. Das zweite, welches von Coste als secundäres Chorion bezeichnet wird, bildete nach den Angaben der Alten eine seröse Hülle um das Ei, welche bei fortschreitender Entwickelung des Embryo atrophiren soll und endlich gänzlich schwinde. — Das dritte oder das tertiäre Chorion von Coste ist dasjenige, welches wir als eine der bleibenden Hüllen um den Embryo in späteren Stadien finden. Sie bildet die Hülle um den Embryo, welche die Ernährung desselben vom Mutterboden aus vermittelt, indem sie den innigen Contact zwischen dem Embryo und der Uterinschleimhaut bewirkt. —

Die Entwickelung desselben hängt mit jener der Allantois zusammen, an welcher wir, wie uns bereits aus dem Früheren bekannt ist, in späteren Stadien zwei Abschnitte unterscheiden. Der erste liegt innerhalb, der zweite ausserhalb der Leibeshöhle des Embryo. — Aus dem ersteren Abschnitte des Allantois geht die Harnblase und der Urachus hervor. Der zweite bildet das Substrat für das bleibende oder das tertiäre Chorion. Die Allantois führt grössere Gefässe, die aus der Bauchaorta stammen. An ihrer Bildung sahen wir das mittlere und innere Keimblatt participiren. Ihre mittlere stärkste Lage sehen wir als eine vorgeschobene Formation der Urwirbelmasse an. Mit dem Wachsen der Allantois ausserhalb der Leibeshöhle bildet dieselbe einen grösseren Sack, in welchem eine mehr weniger klare Flüssigkeit enthalten ist, in der man verschiedene Formelemente oder Trümmer derselben suspendirt findet. Die Allantoisflüssigkeit enthält die Secretionsbestandtheile der embryonalen Nieren. Der Hauptbestandtheil derselben ist ein stickstoffhaltiger Körper, das Allantoin, welches auch als Zersetzungsproduct der Harnsäure gewonnen wird. Allmälig kommen die Wände des Allantoissackes einander näher zu liegen und bilden auf diese Weise eine ausgebreitete Membran, die, zur Zeit wo die Leibeshöhle vollkommen abgeschlossen ist, den Embryo sammt seinem Amniosüberzuge umwächst, und so bei dem Menschen- und Säugethierembryo eine gefässreiche Hülle darstellt, in der die Gefässe mehr an der Oberfläche gelagert sind als in den tieferen Lagen der Hülle. Diese Hülle ist das Chorion. — Das Chorion führt an seiner äusseren Fläche eine grössere Anzahl von Zotten, die anfangs ringsherum auf seiner ganzen Oberfläche verbreitet sind und die *Placenta foetalis* oder das *Chorion frondosum* darstellen. Später verschwinden stellenweise oder auch auf einem grösseren Flächenraume die Zotten. Man bezeichnet diesen glatten Theil des Chorion als *Chorion laeve*. Bei genauerer Besichtigung sieht man auch an diesem kleine Zöttchen, die aber nicht so vollkommen ausgebildet sind als die des *Chorion frondosum*. Jedes Zöttchen des Chorion führt eine kleine Gefässschlinge, die einem Aestchen angehört, welches von den Gefässen des Chorion stammt. Das Chorion nimmt gewöhnlich die Form der Uterushöhle an, längs deren Wandungen es sich ausbreitet. Sind mehrere Embryonen in einem Uterus, so besitzt jeder sein eigenes Chorion.

Bezüglich des mikroskopischen Baues des Chorion beim Säugethier ist Folgendes zu erwähnen. Das Chorion zeigt im Wesentlichen denselben Bau, wie das Amnion (Winkler). Man findet auf seiner Oberfläche ein mehrschichtiges Plattenepithel. Das Substrat wird gegen die Placenta zu mächtiger und besteht vorwiegend aus Bindegewebe. Dieses fällt in späteren Stadien beim Menschen nach Winkler der Verfettung anheim, bis auf jenen Theil, welcher sich in die Zotten der *Placenta foetalis* fortsetzt. Ferner werden in den Zotten von diesem Autor Saftkanäle beschrieben, die denen im Amnion ähnlich sind und bis an die Wandungen der Blutgefässe reichen sollen. Die Epitheldecke der Zotten besteht aus grossen Zellen, welche ein homogenes Protoplasma und einen grossen Kern besitzen.

Placenta.

Die Placenta bildet ein blutreiches Organ, welches der Uterinwandung anliegt und an dessen Aufbau sowohl vom Mutterboden als auch vom Foetus Gebilde sich betheiligen. Vom mütterlichen Boden ist es derjenige Theil des Fruchthälters, welcher als Decidua dem Eichen anliegt. Der fötale Theil der Placenta wird vom Chorion und zwar von den vollkommeneren oberflächlichen Zotten desselben gebildet.

Bei jenen Thieren, die keine Placenta besitzen, findet man das Chorion respective die Allantois ohne zottenförmige Gebilde auf der Oberfläche. Sie führt nur die bezüglichen Gefässverzweigungen und legt sich nach dem Erlangen einer bestimmten Grösse der Eischale an, wahrscheinlich um hier den Sauerstoff, der durch die poröse Schalenwand eintreten kann, aufzunehmen und denselben dem Embryo zuzuführen. Dieser Modus der Sauerstoffaufnahme ist bei den Placentarthieren dahin geändert, dass der Sauerstoff nicht direct aus der atmosphärischen Luft aufgenommen wird, sondern nach der Aufnahme desselben in das mütterliche Blut aus dem letzteren in jenes des Embryo übergeht. Der Placenta soll noch überdiess eine nutritive Function zukommen, die allerdings höchst wahrscheinlich ist, jedoch fehlen die hinreichenden Experimente, welche nach dieser Richtung uns des Näheren belehren würden. Die *Placenta foetalis* besteht aus zottenförmigen Gebilden, durch welche die ernährende und respiratorische Oberfläche des Embryo vergrössert wird. Ein jedes dieser Zöttchen trägt eine kleine Gefässschlinge oder, wie Schröder van der Kolk nachgewiesen hat, mehrere capillare Verzweigungen, welche im Capillarnetz ein Hauptstämmchen bilden. Diese Gefässverzweigungen sind Aeste der beiden *Arteriae umbilicales* und der *Vena umbilicalis*. Die Zöttchen der *Placenta foetalis* haben überdiess ein bindegewebiges Gerüste, welches vom Bindegewebe des Chorion stammt und mit den Gefässen in die Zöttchen ragt. Die Gefässe selbst liegen der Wandung der Zotten nicht direct an, so dass um dieselben noch ein perivasculärer Raum bleibt.

Den Ueberzug der Zöttchen bildet ein Pflasterepithel, über welchem nach Jassinsky ein Cylinderepithel liegt. Dieses rührt nur daher, dass das Epithel aus den Uterindrüsen, in welchen die Zotten des Chorion auf den isolirten Zöttchen der *Placenta foetalis* haften bleibt. Nach den Untersuchungen von Chrobak sind Zotten zu finden, die von einem Cylinderepithel überzogen sind, ohne dass man unter denselben ein Pflasterepithel findet, sondern die Cylinderepithelien grenzen direct an die Zotten. — Die jungen Zotten in der Placenta sollen nach Chrobak gänzlich epithelfrei sein und sollen blos aus Protoplasma mit eingestreuten Kernen bestehen. Die Zotten in dieser Form senden eine Reihe von Fortsätzen aus, die zumeist fadenförmig sind. Diese bilden die Anlage für die später auftretenden Zotten. Sie sind bald solide, bald mit einem Hohlraume versehen, bald sind sie mehr bald weniger dick. Erst später beobachtet man einen Mantel rings um die Zotte, welcher aus Cylinderepithelien besteht. Ferner wird auf den Zotten, unmittelbar am Zottengewebe, eine homogene Membran beschrieben (Goodsir, Schröder van der Kolk). Diese Membran existirt wahrscheinlich an der lebenden Zotte nicht. Sie scheint ein Product der Behandlungsweise zu sein, entstanden durch die Einwirkung verschiedener macerirender Reagentien.

Die *Placenta uterina* ist ein Theil der Decidua, welcher dem Chorion gegenüber liegt. Die grösser gewordenen Uterindrüsen, welche normaler Weise von Flimmerepithelien ausgekleidet sind (Lott, Nyländer, Chrobak), bieten den Chorionzotten die Möglichkeit, dass sie in dieselben gelangen und mit diesen in Zusammenhang treten. Alsbald kommt es zur genauen Verbindung zwischen Decidua und Chorionzotten, welche bei den Placenten mancher Thiergattungen eine solch' innige wird, dass man keine Spur einer Trennung zwischen beiden beobachten kann. Zuweilen bleiben aber beide Abschnitte der Placenta vollständig von einander getrennt, so dass selbe nur mit ihren gegenüberstehenden Oberflächen sich berühren. Ein geringer mechanischer Eingriff bedingt dann die Trennung beider Theile der Placenta mit grösster Leichtigkeit. — Der hauptsächlichste Theil bei der mütterlichen Placenta sind die auffällig grossen Zellen, welche zuerst in's Auge fallen, sobald man über den Bau der Placenta Untersuchungen anstellt. Sie sind mannigfach gestaltet mit grossen runden Kerne und Kernkörperchen, ihr Protoplasma ist feinkörnig. Sie besitzen zuweilen einen oder mehrere Fortsätze. Zwischen diesen Zellen sieht man blasenförmige Gebilde mit mehreren kleineren Protoplasmastücken, gleichsam als wären Zellennester in diesen Blasen vorhanden. Die Grösse und Form, überhaupt ihr ganzes Aussehen erinnert an den Bau der Ganglienzellen. — Unter den anderen Elementen in der *Placenta uterina* wären noch die organischen Muskelfasern zu erwähnen (Ecker, Jassinsky). Ihr Vorkommen soll nur an der äusseren Oberfläche der Placenta, welche der Uteruswand anliegt, beobachtet worden sein. Die Placenta zeigt alsbald Abgrenzungen, die zur Bildung von Colyledonen führen. Zwischen diesen befinden sich Bindegewebszüge, die als Fortsätze tief in die Placenta, bis in den fötalen Antheil derselben ragen.

Während man die Gefässe der *Placenta foetalis* als Bluträume mit eigenen Gefässwandungen bis in deren feinste Verzweigungen verfolgen kann, sieht man, dass die *Placenta uterina* nur in den grösseren Stämmen Gefässe mit eigenen Wandungen besitzt. Arterien und Venen gehen bei den letzterer nicht in einander über durch ein Stromgebiet von Capillaren, sondern statt derselben sieht man ein Netz von Bluträumen, die mit dem Blute der Mutter stets gefüllt vorgefunden wird. Durch diese Räume stehen die Arterien mit den Venen der mütterlichen Placenta in Verbindung (E. H. Weber, Schroeder, van der Kolk). Diese Räume communiciren nicht mit den Gefässverzweigungen der *Placenta foetalis* wovon man sich durch Injectionen von den mütterlichen Gefässen oder denen des Embryo überzeugen kann, sondern sie umspülen die Zotten, welche vielfach baumförmig verzweigt sind, mit dem mütterlichen Blute. Es liegt hier nahe, an einen Ernährungsvorgang beim Embryo zu denken, welcher vermittelst eines Diffusionsprocesses zwischen dem Blute der Mutter und dem des Embryo eingeleitet wird. — Die Bluträume der mütterlichen Placenta sollen von einer dünnen Membran ausgekleidet sein, behaupten manche Forscher, deren Existenz aber zweifelhaft ist. Vielmehr bildet das Gewebe der Placenta die directe Wandung, welche den Bluträumen angrenzt. Die Arterien der *Placenta uterina* treten an der convexen Seite der Placenta ein, die Hauptvenen befinden sich am Rande derselben Seite. Es scheint, dass der Blutstrom in der Richtung von der convexen Seite gegen die concave und von hier gegen den Rand zu geht. Dass bei einem Stromgebiete, wie das der Placenta ist, manche Unregelmässigkeiten vorkommen, ist begreiflich. — Die Placenta bildet einen kuchenförmigen Körper, welcher an einer umschriebenen Stelle im Uterus sich befindet, oder ihre Theile liegen zerstreut in Form von Cotyledonen auf der ganzen Oberfläche der Uteruswandung. Diese Verschiedenheiten, auf welche wir im nächsten Kapitel zu sprechen kommen, sind manchen Classen der Säugethiere eigen.

Die Kaninchenplacenta zerfällt von der dem Foetus zugewandten Seite her nach J. Mauthner durch viele sich kreuzende Furchen in mehrere einzelne Läppchen, von denen jedes vollkommen sämmtliche Gebilde der Placenta des Menschen birgt. Jedes Läppchen besitzt eine starke Arteria und eine dünnwandige Vene, welche durch die Bluträume mit einander anastomosiren. Die letzteren sind beim Kaninchen eng und fein wie Capillaren. Mauthner zeigte, dass diese von den Räumen der mütterlichen Placenta des Menschen nicht verschieden sind, obgleich sie auf den ersten Blick so ausserordentlich different zu sein scheinen. In beiden Fällen entbehren die mütterlichen Bluträume besonderer Wandungen und werden vom Zottenepithel begrenzt.

Wird in den engen Bluträumen der Kaninchenplacenta der Blutdruck verstärkt, so werden die Blutbahnen erweitert, die aus Zottenepithel gebildeten Substanzbrücken werden rareficirt und reissen. Einzelne Zotten werden sogar von einander getrennt, und dann vom mütterlichen Blute umspült, wie beim Menschen. Es ist ferner nicht unwahrscheinlich, dass auch beim Menschen sich aus dem Zottenepithel der *Placenta foetalis* Verbindungsbrücken bilden und dass sich hier in ähnlicher Weise, wie beim Kaninchen, während des Lebens die Blutbahnen abgrenzen.

Nabelstrang. Dotterstrang.

Die äussere Oberfläche der Placenta ist uneben, höckerig, während die innere glatt und von dem Chorion und Amnion überkleidet ist. An der letzteren findet man mehr weniger central die Insertion eines strangförmigen Gebildes, welches die Verbindung zwischen dem Embryo und der Placenta herstellt. Dieses Gebilde stellt uns den Nabelstrang dar. Die einzelnen Stücke, welche denselben zusammensetzen, haben wir zum guten Theile in anderen Kapiteln in ihrer Entwickelung verfolgt. Hier können wir nur im Allgemeinen aussagen, dass sämmtliche Schichten der Keimanlage sich am Aufbaue des Nabelstranges betheiligen.

Die Bestandtheile des Nabelstranges sind folgende: Die verkümmerte Dotterblase, welche zwar später zwischen die Eihäute hinausrückt, sammt ihrem Stiele und den darin befindlichen verkümmerten *Vasa omphalo-mesaraica*, ferner zieht in denselben der Stiel der Allantois (Urachus), sammt den *Vasa umbilicalia*, zwei Arterien und eine Vena. Um diesen herum befindet sich ein gallertartiges Gewebe, welches aus embryonalem Bindegewebe (Virchow) besteht. Der ganze Nabelstrang ist, wie wir schon erwähnten, von einer Scheide des Amnion überzogen, die auf die Innenfläche der Placenta übergeht. Ueberdiess sollen im Nabelstrange Nervenverzweigungen nachzuweisen sein (Valentin). In der Placenta inserirt sich der Nabelstrang mehr weniger entfernt von ihrer Mitte, zuweilen rückt seine Insertionsstelle so weit gegen den Rand der Placenta, dass man sie eine marginale nennen kann. Zuweilen sind auch Insertionen des Nabelstranges am zottenfreien Theile des Chorions beobachtet worden. Diese stellen die sogenannte *Insertio velamentosa* dar. Die Gefässe des Nabelstranges sind schwach spiralig von links nach rechts gewunden. Die Ursache dieser Windung ist bisher noch nicht bekannt. Die Meinungen hierüber sind verschieden.

Berücksichtigen wir die Gebilde, welche bei den Vögeln aus dem Embryonalleibe austreten und ähnliche Bestandtheile enthalten, wie der Nabelstrang der Säugethiere, so beobachten wir, dass bei den Vögeln diese Gebilde nicht in einen runden Strang eingeschlossen sind, sondern sie liegen neben einander ohne Wharton'sche Sulze. Die Bestandtheile, denen wir hier begegnen, sind folgende: Die Dotterblase sammt dem Dottergange mit den Gefässen, welche sich auf derselben verbreiten, ferner der Stiel der Allantois sammt dessen Gefässen, welche sich an die Schalenhaut der Eischale anlegen. Ueber diese Gebilde zieht eine Scheide des Amnion, welche ihnen aber nicht so dicht anliegt, wie diess beim Nabelstrange der Säugethiere und des Huhnes der Fall ist.

Bei den Knochenfischen sehen wir den Dotter vom Keime umwuchert, welcher in Form eines kurzen Stieles anhängt. Der Stiel führt Gefässe, die sich auf die Dotterblase verbreiten. Es fehlt hier ein Stiel der Allantois zugleich mit der Allantois selbst. Ferner ist keine Wharton'sche Sulze vorhanden.

Bei den Knorpelfischen ist dieser Strang länger als bei den Knochenfischen. Man beobachtet auf dem Querschnitte zunächst eine Fortsetzung der ganzen Seitenplatte (das äussere Keimblatt, die Urwirbelmasse und die Hautmuskelplatte), ferner sieht man die Darmwand (Darmfaserplatte, Darmplatte und Darmdrüsenblatt) nach innen vom Seitenplattentheil liegen. Zwischen beiden ist noch ein spaltförmiger Raum zu sehen, welcher der Pleuroperitonealhöhle des Embryo entspricht.

Bei den Vögeln und Fischen bezeichnen wir sämmtliche Gebilde, die den Embryo verlassen und zum Dotter ziehen, mit dem Namen des Dotterstranges zum Unterschiede vom Nabelstrange bei den Säugethieren und dem Menschen.

Vierzehntes Kapitel.

Bemerkenswerthe Vorgänge bei der Entwickelung der verschiedenen Wirbelthiere, nebst einigen Nachträgen in der Entwickelung einzelner Organe.

Obgleich man im Allgemeinen die Vorgänge bei der Entwickelung der verschiedenen Wirbelthiere auf allen Wirbelthieren gemeinsam zukommende zurückführen kann, sind wir doch genöthigt, gewisse Merkmale hervorzuheben, die dem einen oder anderen der Wirbelthiere ausschliesslich zukommen.

Es sei, dass diese Verschiedenheiten im Embryo selbst, in der Anordnung der einzelnen anhängenden Theile desselben oder in dem Verhältnisse, welches zwischen dem Mutterboden und dem Embryo stattfindet zu bemerken sind, immerhin sind diese Vorgänge weit von einander verschieden und wir müssen die

Ursache dieser Verschiedenheiten zu dem uns gänzlich Unbekannten zählen.

Fische.

Bei den meisten Fischen finden wir, dass sie ihre Eier in's Wasser legen, die sich darin so weit entwickeln, bis sie, mit den Resten des Nahrungsdotters in der Dotterblase, an der Bauchseite in Verbindung sich im Wasser frei bewegen und vollkommen ausbilden. Sie verlieren ihren Dottersack erst mit der vollständigen Entwickelung der Gliedmassen.

Manche Fische gebären lebendige Junge. Hiezu sind viele Syngnathen und *Blennius viviparus* (Rathke) zu zählen.

Bei *Blennius viviparus* ist es nach Rathke sehr auffällig, dass das Ei in dem Eierstocke sich entwickelt, bis das Thier die Eihülle durchbricht, worauf es im Eierstocke noch einige Zeit weiter verweilt. — Bei den Syngnathen ist dasselbe der Fall, nur dass sich die Eier dieser Thiere in einer dazu bestimmten Höhle am Schwanzende ausbilden.

Unter den Knorpelfischen gebären manche Haie und Rochen lebende Junge. — Die Verbindung zwischen Ei und Mutter ist aber bei den verschiedenen Thieren dieser Klasse nicht gleich.

Beim Zitterrochen und manchen Haien liegt das allmälig grösser werdende Ei nur locker im Eileiter von einer dünnen Flüssigkeit umgeben. Bald bricht der Embryo seine dünne Hülle durch und entschlüpft darauf dem Mutterleibe. Bei *Spinax niger* und *Scymnus lichia* bleibt der Embryo, nach Durchbruch der Kapsel, im Eileiter zurück. — Bei anderen Haifischen (*Mustelus levis* und der Gattung Prionodon) bilden sich gefässreiche Falten an der Dotterblase, welche in gefässhaltige Falten des Eileiters eingreifen und auf diese Weise eine der Säugethierplacenta ähnliche Verbindung zwischen Frucht und Mutter herstellen. — Die hartschaligen Eier vom Rochen (*Raja quadrimaculata*) sind an den kleineren Kanten durch eine suturähnliche Verbindung mit einander vereinigt, wie man das an Längsschnitten durch dieselben am besten wahrnehmen kann. Es scheint, dass mit dem Reiferwerden des Embryo die Schale an dieser Stelle zuerst auseinanderweicht, bevor der Embryo dem Eie entschlüpft. In den ersten Stadien der Entwickelung beobachtet man bei *Raja quadrimaculata* innerhalb der Eileiter, dass der Keim im Dotter als planconvexes scheibenförmiges Gebilde liegt. An der Stelle des geschwundenen Keimbläschens beobachtet man während kurzer Zeit einen Raum, der gegen die obere Fläche des Keimes mit einer kleinen Lücke mündet. — Bald darauf spaltet sich der Keim in zwei Schichten, welche einen kleinen spaltförmigen Raum (die künftige Dotterhöhle) zwischen sich fassen. Diese beiden Schichten bestehen jede aus einer feinkörnigen Masse und stellen den noch ungefurchten Keim dar. Die Furchung tritt in dem oberen Theile des Keimes zuerst auf und kann daselbst bereits so weit vorangeschritten sein, dass man die einzelnen Furchungskugeln sieht, ohne dass am unteren Theile noch von einer stattgehabten Furchung etwas beobachtet worden wäre. — Man kann diesen letzteren Theil des Keimes mit dem Basaltheile des Keimes von Knochenfischen oder mit der unteren Hälfte des Eies der Batrachier vergleichen, indem an diesen Abschnitten der Eier von den erwähnten Thieren der Furchungsprocess später eintritt und langsamer voranschreitet als in der oberen Hälfte des Keimes.

Die Verwendung der Kiemenbögen zur Bildung des Kiemenapparates, des Operculum der *Membrana branchiostega* mit den Kiemenhautstrahlen ist auch bei verschiedenen Fischen verschieden. Die Verschiedenheit hängt offenbar mit der mehr weniger vollkommenen Ausbildung der einzelnen Theile zusammen, die überhaupt aus den Kiemenbögen gebildet werden.

Unter den anhängenden Theilen der Fische entsteht zuerst der Schwanz, der bei den meisten Fischen am frühesten und ziemlich mächtig ausgebildet ist. Die Flossen sind nur unvollkommen ausgebildet, man kann sie nur als Hautfalten bezeichnen. — Auf dem Durchschnitte sieht man sie aus den beiden Schichten des äusseren Keimblattes bestehend, innerhalb welchen sich zerstreut stehende Gebilde des mittleren Keimblattes finden. — Die Flossen entstehen nach Rathke in folgender Reihenfolge: zuerst die Brustflosse, nachher die Schwanzflosse und zuletzt die Bauchflosse.

Das Gehirn füllt bei den Grätenfischen anfangs die Schädelhöhle vollkommen aus, später findet man zwischen beiden ein weiches, mit Fett getränktes Gewebe. Der Kopf bildet eine sehr schwache Krümmung mit dem Nacken und ist anfangs ein wenig zusammengekrümmt, doch sind diese Krümmungen bei den Fischen zuweilen nur angedeutet, und da man sie in den späteren Stadien in der Regel gar nicht findet, so können wir sie füglich bei den Fischen ohne weitere Bemerkung übergehen.

Das Hornblatt besteht, wie wir bereits bei der Besprechung der Anlagen im äusseren Keimblatte erwähnten, aus zwei gesonderten Schichten, einer Hornschichte und einer gesonderten Nervenschichte. Das Centralnervensystem ist bei den Salmonen als solider Zellenstrang zu sehen, in welchem erst später durch Dehiscenz ein Centralkanal entsteht, welcher nicht, wie bei den Batrachiern, von der isolirten Hornschichte ausgekleidet ist. — Die meisten anderen Höhlen sind in ihrer frühesten Anlage nicht als Hohlgebilde auf den Querschnitten zu erkennen, da die Begrenzungswände dicht aneinander liegen, so sieht man keine Höhle in der Anlage des Darmkanales, obgleich man das Cylinderepithel desselben frühzeitig ausgebildet findet. — Bei den Plagiostomen-Embryonen kann man leicht die Entwickelung des Spiraldarmes verfolgen. Dabei beobachtet man, dass sich an der Bildung desselben das Darmdrüsenblatt und die Darmplatte betheiligen. Anfangs sieht man den Darm am langen und dünnen Mesenterium hängen. Bald darauf sieht man bei *Mustelus vulgaris* von der linken Seite her gegen das Lumen des Darmes eine leistenartige Hervorragung, die allmälig höher wird, bis sie sich dem Darme anpasst und spiralig legt. An dieser Spiralklappe beobachtet man zunächst einige Querschnitte von Gefässen, die besonders an der innersten Partie derselben in grösserer Anzahl zu finden sind. Beide Seiten der Spiralklappe sind flach und von Cylinderepithel bedeckt. In vorgerückteren Stadien bekommt die obere und untere Fläche kleine Erhabenheiten, die durch die Wucherungen der mittleren Schichte der Spiralklappe bedingt sind. In den vordersten kuppelförmigen Theil des *Intestinum valvulare* mündet der Dottergang ein, an welcher Stelle er seinen Seitenplattentheil nicht mehr besitzt, da dieser in die Seitenplatte des Embryo übergegangen ist. An der Einmündungsstelle desselben ist eine Falte während einer kurzen Zeit des Embryonallebens zu beobachten, die in der Wand der Spiralklappe liegt.

Erst in späteren Stadien schwindet dieselbe und man sieht ein kleines erhabenes Wärzchen, ähnlich dem Wärzchen an der Einmündung des *Ductus choledochus* und *pancreaticus* bei Vögeln.

Umstehende Abbildung (Fig. 81) eines Embryo von *Mustelus vulgaris*, ohngefähr 2·5 Cm. lang, zeigt auf dem Querschnitte den Spiraldarm *(Sp)*. An diesem Querschnitte sieht man überdiess folgende Gebilde: den Querschnitt des Centralnervensystems (*C*), an dem schon das Cylinderepithel, welches den Centralkanal auskleidet, deutlich sichtbar ist. Um dasselbe herum ist die Urwirbelmasse gelagert, welche bereits zu Gewebe metamorphosirt

Fig. 80.

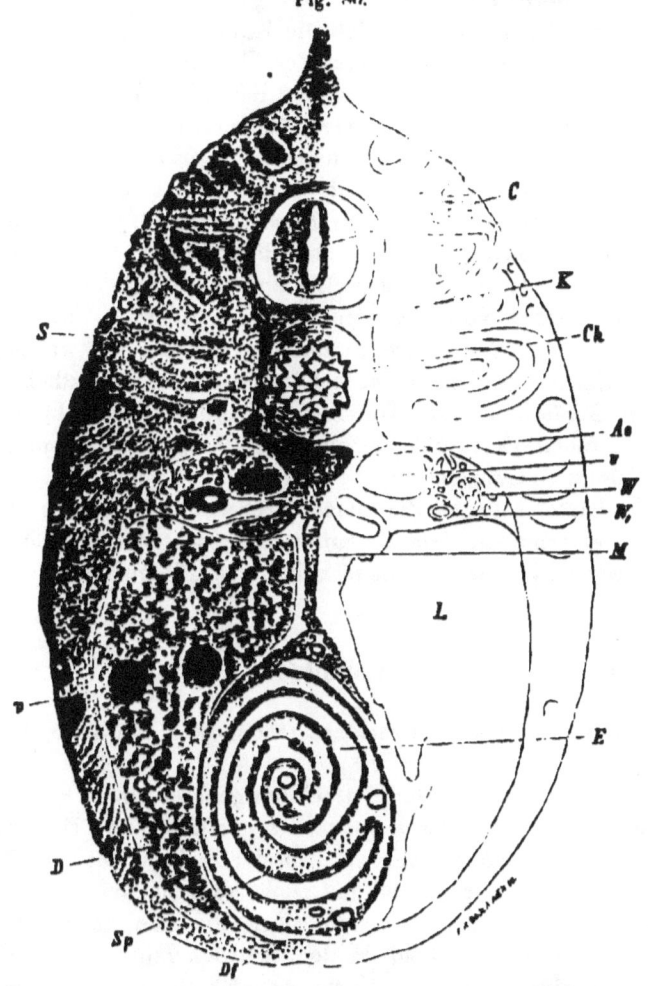

erscheint. Ueber dem Centralnervensystem am Rückentheile des Embryo sieht man den Durchschnitt eines kammförmigen Gebildes. Zu beiden Seiten des Nervensystems in der ganzen Seitenplatte sind Querschnitte von Muskelzügen, die als ineinander geschichtet erscheinen.

Die helleren Partien zwischen denselben entsprechen wahrscheinlich den Bindegewebszügen zwischen den Muskeln. Unterhalb des Nervensystems befindet sich die *Chorda dorsalis* *(Ch)* mit ihrem skeletogenen Theile und der eigentlichen Chorda.

In letzterer sieht man grössere geschrumpfte Zellen. Dem skeletogenen Theile schliesst sich die Knorpelmasse *(K)* an, welche das Nervensystem umgibt. Unter der Chorda erscheint die Aorta *(Ao)*. Zu beiden Seiten derselben liegt der Wolff'sche Körper *(W)*, mit dem Querschnitte eines grösseren Ganges *(W,)*. Unter der Aorta setzt sich die Urwirbelmasse einerseits gegen den Darm *(D)* fort in Form eines schmalen bandartigen Gebildes, welches dem Darme anhängt. Dieses Gebilde ist das Mesenterium *(M)*. An seiner Anheftungsstelle, entsprechend der künftigen Wirbelsäule, sieht man zwei häutige Fortsätze nach rechts und links vom Mesenterium, deren Bedeutung vorläufig nicht festgestellt ist. Am Mesenterium hängt der Spiraldarm *D* mit der Klappe *Sp*, welche, wie wir erwähnten, eine Epithelbedeckung von Cylinderepithelien *(D)* und ein Gerüste, aus den Gebilden des mittleren Keimblattes bestehend, führt. Beide Flächen der Spiralklappe sind vom Darmdrüsenblatte überzogen.

In letzterer liegen die Gefässdurchschnitte. Rechts und links vom Spiraldarme und dem Mesenterium befindet sich die Leber *(L)*, in welcher man grössere Querschnitte von Blutgefässen *(v)* sieht.

Amphibien.

Bei sämmtlichen Batrachiern fehlen die Dotterblase, das Amnion und die Allantois.

Von den geschwänzten Batrachiern gebären einige Salamander lebende Junge. Bei *Salamandra atra* zeigte Czermak einen höchst interessanten Vorgang, nach welchem der Embryo mit dem Mutterboden in Verbindung tritt und sich während der embryonalen Periode ernährt. Unter mehreren Eiern, die man im Eileiter findet, ist eines, welches bald in der Entwickelung voranschreitet. Dieses Ei wird zuletzt das einzig entwickelte und gibt den Embryo, welcher auffällig lange Kiemen besitzt, in denen sich ein feines Netz von capillaren Blutbahnen findet. Die übrigen Eier gehen zu Grunde und dienen als Nahrungsmaterial für den sich entwickelnden Embryo. Dieser sendet seine feinstrahligen Kiemen in diese Masse hinein, aus der er während des intrametralen Lebens sein Nahrungsmaterial bezieht. Es scheint auf diese Weise ein Ei auf Kosten des anderen sich zu entwickeln. Andere Batrachier, wie die Molche, legen Eier, aus welchen die Embryonen mit Schwanz und Hautkamm entwickelt sich ausbilden. Extremitäten treten verhältnissmässig spät auf, hinter der Mundhöhle finden sich zwei paarige Organe, die mit einem zähen Schleim bedeckt sind und zum Anhaften der Thiere dienen. Derartigen Anheftungsorganen begegnen wir nahezu bei den meisten Batrachiern, die aus der Anlage für die Horngebilde gebildet werden. Der Darmkanal der Molche ist kurz. Die Geschlechtswerkzeuge bilden sich später als die Harnwerkzeuge (Rathke) aus.

Beim *Siredon pisciformis* (Axolotl) beobachtete Török in neuerer Zeit, dass die Dotterplättchen des Nahrungsdotters nicht zur Nahrung während des Embryonallebens dienen, sondern er legt ihnen eine formative Function bei. — Die Dotterplättchen sollen nach Török zu Gruppen angeordnet auftreten. Diese sollen sich im Embryoleibe mit ihren Rändern berühren und an den Berührungsstellen verlöthen. Der periphere Theil dieser vereinigten Plättchen soll bald zum Zellleibe metamorphosirt werden, während central die Plättchen längere Zeit persistiren. — In solcher Weise entstandene Zellen sollen besonders in der Haut zu finden sein. Bei Salamander und Triton-Embryonen will Török das Gleiche beobachtet haben.

Die schwanzlosen Batrachier verlassen ohngefähr am sechsten Tage, nachdem die Eier ins Wasser gelegt wurden, die Eihülle mit der umgebenden gallertigen Hülle, an der sie kurze Zeit hängen, bis ihr Schwanz einige Bewegungen ausführt, worauf sie frei werden und im Wasser herumzuschwimmen beginnen. — Innerhalb der Eihülle beobachtet man rotirende Bewegungen der Embryonen von *rana temporaria* um einer Axe von oben nach unten in der Richtung des Zeigers in der Uhr. Die Ursache dieser Bewegungen sind Flimmerhärchen auf der Oberfläche des Embryo, die bemerkbar werden zur Zeit des Auftretens der Rückenfurche. Die Mundhöhle ist ausgebildet als länglicher, von oben nach abwärts gehender Spalt, Geruchsgrübchen, drei bis vier Kiemenbögen an jeder Seite sind bemerkbar. Die Froschlarven tragen in der Mundhöhle Papillen, welche Schleimhautfortsätze sind und innerhalb welcher mehrere verzweigte Fasern ziehen, die als Nervenfasern angesehen werden und mit leichten Anschwellungen aufhören.

Zu beiden Seiten der Mundhöhle bilden sich die napfartigen Anheftungsorgane anfangs in Form länglicher Spalten, später stehen sie frei hervor. Der Darmkanal ist von einer grösseren Zellenmasse umgeben, welche wir oben als Drüsenkeim bezeichneten. — Später wird der Darm länger gewunden, in seinem Lumen findet man nebst einigen Pflanzenresten häufig anorganische, zuweilen krystallinische Gebilde, welche ähnlich den Krystallen sind, die man beim ausgebildeten Frosche in der Umgebung der Ganglien findet. Nach Zusatz von stärkeren Säuren zerfallen die Krystalle unter Aufbrausen zu einer feinkörnigen Masse; sie bestehen wahrscheinlich aus kohlensaurem Kalk.

Die Wolff'schen Körper treten früh auf und sind sammt dem Ausführungsgange ohngefähr am fünften Tage angelegt. Die Harn- und Geschlechtswerkzeuge werden erst in der frei im Wasser herumschwimmenden Larve ausgebildet.

Von den Ophidiern und Sauriern gebären nur wenige, wie die Vipern und Blindschleichen, lebende Junge. Die Eier derselben besitzen meist harte Schalen. Bei der Natter (Rathke) geht die Entwickelung des Embryo zum Theile, bevor die Eier gelegt werden, von sich. — Bei gewöhnlicher Temperatur und ziemlich grosser Feuchtigkeit entwickeln sich die Eier der Schlangen in der Dauer von drei Monaten. Bei den Eidechsen ist zu beachten, dass zwischen den Zehen an den frühsichtbaren Extremitäten eine ausgebreitete Schwimmhaut zu finden ist, die in der zweiten Hälfte der Entwickelung schwindet, zumeist dadurch, dass die Zehen weit hinaus wachsen.

Die Schildkröten legen ihre mit harten Schalen versehenen Eier in den Sand an sonnigen Stellen. Der Embryo hat in früher Entwickelungsperiode einen langgestreckten Körper, gleich den Eidechsen. Der Schwanz ist auffällig kürzer als bei allen bisher besprochenen Thieren. In der zweiten Hälfte der Entwickelung tritt erst die Abplattung des Körpers und die Ausbildung des Rücken- und Bauchschildes ein.

Reptilien.

Die Reptilien besitzen sämmtliche einen Dottersack ein Amnion und eine Allantois. Der Nabel ist demzufolge bei diesen

Thieren vorhanden. Allein er ist nur bei den jungen Thieren ziemlich lange als Narbe erhalten.

Das Amnion reisst, wie Rathke angibt, meist in der Nähe des Nabels. Es liegt dem Embryo dicht an. Die Allantois wird gefässhaltig und breitet sich an der Schalenhaut aus, bei manchen Thieren dieser Classe ist die Ausbreitung grösser, bei anderen kleiner. Bei den Eidechsen und Schlangen dehnt sie sich über die Dotterblase und das Amnion aus, und umgibt dieselben als zweiblätterige membranöse Ausbreitung. Am äusseren Blatte ist eine ausgebreitete Gefässverzweigung. Sowohl die Allantois wie das Amnion bleiben nach dem Ausschlüpfen des Embryo in der Eischale zurück.

Vögel.

Die Vögel legen sämmtlich hartschalige Eier, die entweder von der Mutter, oder abwechselnd vom Männchen und dem Weibchen durch die Körpertemperatur bebrütet werden. Manche Vögel legen ihre Eier in den Sand an Stellen, wo sie der Sonnenhitze ausgesetzt sind, um durch die letztere ausgebrütet zu werden. Andere, wie der Kukuk, legen ihre Eier in fremde Nester und lassen sie durch andere Vögel ausbrüten. Die Schale der gefleckten Eier der Vögel soll Gallenbestandtheile enthalten.

Der Vogelembryo zeigt in seiner Entwickelung die meiste Aehnlichkeit mit dem Säugethierembryo. Er besitzt von den umhüllenden Gebilden ein vollständig geschlossenes Amnion mit einer Amniosflüssigkeit. Am 5.—6. Tage liegt das Amnion nicht so dicht an, als in den späteren Entwickelungsstadien, wo die Amniosflüssigkeit sehr spärlich vorhanden ist.

Die Allantois bildet schon am 4. Tage ein kleines Bläschen, das an einem Stiele hängt und mit freiem Auge zu sehen ist. In den Wandungen der Allantois verzweigen sich eine Reihe von Gefässen. Die Allantois wird grösser und bildet ein doppelt membranöses Gebilde, welches sich an die Schalenhaut des Eies anlegt, so dass man den Embryo (des Hühnereies) an einer bestimmten Stelle an der Schalenhaut anhaftend findet.

In den ersten Tagen der Bebrütung kann man den Embryo im Hühnerei an jeder beliebigen Stelle in der Mitte des kleinen Eiumfanges, nach dem Durchbrechen der Schalenhaut, finden, während er in späteren Stadien durch die Allantois an jener Wand befestigt gehalten wird, welche während der Brütezeit nach oben gerichtet war. — Zur Bildung eines vollständig geschlossenen Chorion aus der Allantois, wie diess bei den Säugethieren zu sehen ist, kommt es nicht. Die membranöse Ausbreitung der Allantois, sowie das Amnion bleiben, nachdem das Hühnchen dem Eie entschlüpft, innerhalb der Eischale zurück. Beim Huhne ist noch besonders auffällig, dass die Gehirnblasen und überhaupt der ganze Kopf im Verhältniss zu dem übrigen Körper während des embryonalen Lebens auffallend gross ist. Dieses Verhältniss ist beim Säugethier nie in ähnlicher Weise ausgesprochen. Der Nahrungsdotter wird weniger und dem entsprechend wird auch die Dotterblase allmälig kleiner. Einen geringen Theil des gelben Dotters bringt auch der Embryo des Huhnes aus der Eischale mit. Das Gewicht des neugeborenen Huhnes ist stets kleiner, als das des befruchteten und der Bebrütung übergebenen Eies.

Wir wollen an diesem Orte, bevor wir zu den Säugethier- und Menschen-Embryonen übergehen, einige Untersuchungen von Mihalkovics, welche in letzterer Zeit publicirt wurden, mittheilen. Dieselben beziehen sich auf die Entwickelung der Zirbeldrüse und des Gehirnanhanges.

Die Zirbeldrüse beginnt sich beim Hühnerembryo am vierten Tage der Bebrütung zu entwickeln. Man beobachtet an jener Stelle der Decke des Zwischenhirnes, die vor dem Mittelhirne liegt, eine kleine Erhebung als taschenförmige Ausstülpung, welche von dem das Centralnervensystem umgebenden Gewebe des mittleren Keimblattes überzogen ist. Von dieser kleinen Ausstülpung geht die Entwickelung der Zirbeldrüse aus. Reichert kannte die Ausstülpung und bezeichnete selbe als *Recessus pinealis*. Bei weiterer Entwickelung zeigt es sich, dass die peripher gelegenen Zellen der Aussackung, welche dem umgebenden Gewebe anliegen, rundlich werden, während im umgebenden Gewebe eine reichliche Gefässwucherung auftritt.

Nun treten von der Ausstülpung seitliche Aeste auf, die mit der ersteren anfangs communiciren. Bald werden dieselben, nachdem sie einige Zeit durch einen dünnen Stiel mit der ersten Aussackung in Verbindung waren, von derselben losgelöst, und finden sich ringsherum als rundliche Bläschen. Jedes Bläschen enthält im Inneren eine Flüssigkeit. Die Wand der Bläschen besteht nach aussen aus runden Zellen, nach innen finden sich radiär angeordnete Cylinderzellen. Die Anzahl der Bläschen nimmt in den darauf folgenden Tagen zu. — Bei Kaninchen-

Embryonen von 2 Cm. Länge beobachtete Mihalkovics ebenfalls die Anlage der Zirbeldrüse, in späteren Stadien geht sie in derselben Weise vor sich, wie beim Huhne. Man ersieht aus dem Gesagten, dass die Zirbeldrüse als ein Gebilde des äusseren Keimblattes anzusehen ist, welches von den Elementen des Centralnervensystems gebildet und von den Gebilden des mittleren Keimblattes umgeben wird.

Der Hirnanhang wird von Mihalkovics als aus dem äusseren Keimblatte hervorgegangen geschildert, und zwar aus dem Epithel der Mundschleimhaut. Bei Vogel- und Säugethier-Embryonen sieht man, dass die blindsackförmige Kuppe des Vorderdarmes, die gewöhnlich für den Ausgangspunct der Bildung des Hirnanhanges angesehen wird, sich nicht zur Schlundtasche gestaltet, sondern verstreicht, während die eigentliche Schlundtasche sich aus der Bucht bildet, die zwischen der Rachenhaut und der Basis des Vorderhirnes liegt.

Die Rachenhaut geht bei 5 Mm. langen Kaninchen-Embryonen vom Vorderhirne unter einem rechten Winkel ab. Nach der stärkeren Ausbildung der Kopfkrümmung wird der Winkel ein mehr spitzer, so dass der Raum zwischen der Gehirnbasis und der Rachenhaut ein sehr kleiner wird. Die obere Fläche der Rachenhaut ist vom äusseren Keimblatte bedeckt, ebenso der ganze Raum zwischen der Basis der Gehirnblasen und der Rachenhaut (das Schlundsäckchen). Der Durchbruch der Rachenhaut findet derart statt, dass die Gebilde des mittleren Keimblattes in derselben atrophiren, worauf in den sich berührenden Epithellagen ein Durchbruch eintritt. Nun steht das Schlundsäckchen mit dem Darme in Communication und die oberste Kuppe desselben liegt der Schädelbasis an. Das mittlere Keimblatt, welches der Epithelauskleidung des Schlundsäckchens anliegt, besteht aus einer Zellenlage. Diese Zellen sammeln sich um die Seitenwandungen des Säckchens an, das obere blinde Ende desselben bleibt fortwährend unmittelbar in der Nähe des Zwischenhirnes, das bald eine kleine Ausstülpung (den Trichter) über und hinter dem Säckchen auswachsen lässt. Durch die Verbindung des obersten Chordaendes mit dem Epithel der Mundbucht kommt das Schlundsäckchen zu Stande.

Die ersten Vorgänge bezüglich des Durchbruches der Analöffnung wurden in neuerer Zeit von Gasser an Längsschnitten von Hühnerembryonen genauer untersucht. Er zeigte, dass in der

Nähe von der Umbiegungsstelle der Amniosfalte am Schwanzende, ohngefähr am dritten Tage der Bebrütung das Nervenhornblatt dem Darmdrüsenblatte anliegt, ohne dass zwischen beiden Zellenlagen die Gebilde des mittleren Keimblattes lägen. Diese Stelle welche Bornhaupt bereits kannte, wird in späteren Stadien durchbrochen und auf diese Weise kommt das Nervenhornblatt mit dem Darmdrüsenblatte zu Vereinigung und das *Orificium ani* wäre hergestellt.

Säugethiere und Mensch.

Die Säugethiere gebären sämmtlich lebende, vollkommen entwickelte Junge, nur die Beutelthiere bleiben längere Zeit nach der Geburt in einem unvollkommenen Zustande. Bei keiner Classe der Vertebraten sind die ersten Entwickelungsvorgänge so schwer zu beobachten und zu verfolgen, als bei den Säugethieren, was zumeist desswegen der Fall ist, weil dieselben auffällig rasch einander folgen. Im Allgemeinen kann man von den Säugethieren aussagen, dass die einzelnen Organe verhältnissmässig viel früher bei ihnen zur Ausbildung gelangen, als bei anderen Wirbelthieren, dagegen vergehen (Rathke) die *Chorda dorsalis* und die Wolff'schen Körper früher.

Die Sinnesorgane bieten in ihrer Anlage keine auffällige Verschiedenheit von jener bei den anderen Wirbelthieren. Sie verhalten sich im Ganzen derart, wie wir im Allgemeinen von den Amnioten mittheilten.

Das Colloboma bleibt nur kurze Zeit während des Embryonallebens. Es verwachsen bald die Begrenzungsränder des Augenspaltes von unten und innen nach aussen und oben, ohne dass man bei ihnen ähnliche Gebilde wie den Pecten beim Vogelauge oder den *Processus falciformis* beim Fischauge zu sehen Gelegenheit hat. Die letzte Spur des Chorioidealspaltes erscheint als ein Einschnitt in den Pupillarrand der bereits verwachsenen Blätter der secundären Augenblase.

Die Ohrmuschel zeigt sich bei allen Säugethieren als kleine wulstförmige Erhabenheit, welche am hinteren unteren Umfange einer grubenförmigen Vertiefung (äusserer Gehörgang) zu finden ist. Dieser Wulst kommt bei der Kopfkrümmung des Embryo so zu liegen, dass er nach hinten vom Grübchen liegt und später scheinbar nach oben rückt. Bei näherer Betrachtung zeigt es sich, dass die Vertiefung sammt dem Wulste bei der Kopfkrümmung nur eine Raddrehung machte.

Der grösste Theil des Wulstes bildet sich beim Säugethiere zur Ohrmuschel mit einer Spitze aus, die den Gehörgang wie eine dreieckige Klappe bedeckt, ja bei einigen Säugethieren selbst längere Zeit nach der Geburt denselben verschliesst.

Beim Menschen bildet sich aus dem untersten Theile des Ohrwulstes das Läppchen aus, während der obere grössere Theil sammt dem kleinen von Darwin an der Ohrmuschel beschriebenen spitzen Knöpfchen am Helix zur Ohrmuschel wird. Aus diesem Theile des ursprünglichen Ohrwulstes, der beim Menschen zur Ohrmuschel umgestaltet wird, bildet sich die klappenartige mit der Spitze versehene Ohrmuschel der Säugethiere aus.

Der Hals entwickelt sich bei den verschiedenen Säugethieren frühzeitig mit der Ausbildung der Kiemenbögen. Bei einigen erreicht er bald eine beträchtliche Länge, bei anderen (fleischfressende Cetaceen) bleibt seine Länge nur eine sehr geringe.

Der Rumpf des Säugethierembryo ist nach relativ kurzer Entwickelungsdauer bereits auffallend dick. Die Ursache der unförmlichen Dicke liegt hauptsächlich in der Leber des Thieres, welche bei sämmtlichen Säugethieren im embryonalen Zustande das grösste und massenreichste Organ ist.

Der Säugethierembryo macht eine schwache Krümmung nach der Bauchseite, so dass der Kopf dem Schwanzende näher rückt. Die Krümmung ist aber nicht so stark ausgesprochen, wie beim Hühnerembryo.

In neuerer Zeit sind von Toldt Untersuchungen über das Wachsthum der Nieren des Menschen und der Säugethiere angestellt worden, die zu folgenden Resultaten führten. Es wird zunächst der Nachweis geliefert, dass die Harnkanälchen sich continuirlich aus dem Epithel des Nierenbeckens entwickeln. Ferner wird gezeigt, dass die *Tubuli contorti* an der Peripherie der Niere aus den geraden Harnkanälchen sich entwickeln, während die Glomeruli aus dem Zwischengewebe (Urwirbelmasse) und dem Blutgefässnetze hervorgehen.

Der Schwanz ist beim Menschen- und Säugethier-Embryo frühzeitig ausgebildet. Nur ist er beim Menschen nicht so stark entwickelt und schwindet auch frühzeitig.

Die Horngebilde (Haare) entwickeln sich bei den Säugethieren während des Fruchtlebens. Nur manche Beutelthiere verlassen ganz haarlos die Uterushöhle.

Die Nabelblase oder Dotterblase findet sich bei allen Säugethieren, sie communicirt mit der Darmhöhle. Nachdem der *Ductus omphalo-mesaraicus* kleiner wurde und endlich die Communication mit dem Darme unterbrochen ist, wird die Nabelblase dennoch bei manchen Thieren noch grösser. Sie hängt dann an einem längeren Stiele und liegt zwischen Amnion und Chorion. Wo wir einer beziehungsweise mässigen Grösse der Dotterblase begegnen, findet man in der Regel die Dotterblase an der linken Seite des Amnion. Bei den Nagern soll sie nach v. Baer derart ausgebreitet vorgefunden werden, dass von ihr das Amnion zum guten Theile rechts und links bedeckt wird.

Die Form der vergrösserten Nabelblase ist bei den verschiedenen Ordnungen der Säugethierklassen verschieden. Beim Menschen ist dieselbe anfangs rundlich, später oval, bei den Fleischfressern ist sie später nahezu cylindrisch. Bei den Wiederkäuern und beim Schweine ist sie zu einer bestimmten Zeit flaschenförmig, später sendet sie zwei dünne zugespitzte Hörner nach entgegengesetzten Richtungen aus (Rathke), die ziemlich lang werden und dann, von ihren Enden angefangen, absterben.

An jener Stelle des Bauches der Menschen- und Säugethier-Embryonen, wo wir die Dotterblase aus der Leibeswand austreten sehen, findet sich das am Bauchtheile offene Amnion, welches an der erwähnten Stelle eine rundliche Vertiefung bildet. Durch diese tritt ausserdem noch jener Theil des Stieles der Allantois aus, der ausserhalb des Embryonalleibes zu finden ist, woran die Allantoisblase hängt. Mit diesen zugleich gehen die *Vasa umbilicalia* aus dem Embryonalleibe an das Chorion.

Diese Gebilde werden von einer sulzigen Gewebsmasse, der Wharton'schen Sulze, umgeben. Sämmtliche erwähnte Gebilde bilden sammt der Wharton'schen Sulze bei den verschiedenen Säugethieren einen längeren oder kürzeren Strang, den Nabelstrang. Die sulzige Masse, welche den Nabelstrang umgibt, besteht aus embryonalem Bindegewebe. Nachdem wir nun, wie oben erwähnt wurde, wissen, dass das Bindegewebe des Amnion aus der Urwirbelmasse stammt, so dürfte auch anzunehmen sein, dass die sulzige Masse, die den Nabelstrang umgibt, insoferne als auch vielleicht das Amnion an ihrer Bildung sich betheiligt, zum grössten Theile der Urwirbelmasse entnommen ist.

Das Ei des Menschen und der Säugethiere kommt bald, nachdem es in die Uterushöhle gelangt, mit der Wandung der-

12*

selben in Verbindung. Die Form und Gestalt dieser Befestigung ist bei den verschiedenen Säugethieren verschieden.

Die Uterushöhle ist mit Drüsen versehen *(Glandulae utriculares)*, die nach den neuesten Untersuchungen in ihrer ganzen Ausdehnung mit Flimmerepithel ausgekleidet sind (Lott, Friedländer). Die Drüsenschichte wird blutreicher und schwillt an, dabei überwuchert sie das Ei und so ist nun das Eichen von der Uterusschleimhaut umgeben und an dieser befestigt. Zugleich sieht man an der äusseren Oberfläche des Eichens kleine Zöttchen, deren erste Bildung noch nicht genau gekannt ist, die vollkommen gefässlos sind und in die Uteruswandung eingreifen sollen. Diese Zöttchen bilden das *Chorion primitivum* (Bischoff), das bald nach seinem Auftreten wieder schwindet.

Erst später, mit dem Auftreten der gefässreichen Allantois und der Ausbildung des Chorions (Seite 159), treten auf der Oberfläche dieses, wie bereits erwähnt wurde, gefässhaltige Zotten auf, die in Vertiefungen der Uterusschleimhaut eingreifen und so die Grundlage zur Bildung der Placenta geben. Dadurch entsteht nun beim Menschen und dem Säugethiere eine bleibende Verbindung zwischen dem Eichen und dem Mutterboden, durch welche die Ernährung und Respiration des Embryo vermittelt wird.

Nach den Angaben von Eschricht sollen zweierlei Zotten auf der Oberfläche des Chorion beim Schweine, Delphine und den Wiederkäuern vorkommen, die einen sind blumenkohlförmig, die anderen knopfförmig. Die Verbindung stellt die ausserhalb der Eihäute gelegene Placenta dar, welche wohl bei allen Säugethieren gleich gebaut, nur in der Form und Ausbreitung verschieden ist. Man unterscheidet darnach eine *Placenta disseminata* und eine *Placenta agglomerata*. Die *P. disseminata* ist bei dem Solipedes, dem Dromedar, Kameel, Lama und Schweine vorhanden. Man findet hier mehrere zerstreute Cotyledonen, das sind stellenweise angehäufte Zotten, wie dies bei den Wiederkäuern zu sehen ist, oder es ist die Ausdehnung der Placenta an der ganzen Umgebung zerstreut, wie beim Schweine. — Die *Placenta agglomerata* besteht aus platten, kuchenförmig angeordneten Zottenanhäufungen, oder es sind die Placentagebilde gürtelförmig angeordnet. Das Erstere ist bei dem Menschen, Affen, Kaninchen, Maulwurf, Ratten und Mäusen der Fall, die andere Art der Anordnung findet bei den Raubthieren, namentlich beim Hunde und der Katze statt.

R. Owen beschreibt eine Placenta des Elephanten in der Mitte der Schwangerschaft und bemerkt hierbei, dass man dieselbe in ähnlicher Weise gürtelförmig abgelagert findet, wie bei den Carnivoren. Ueberdiess sei noch das Chorion bei diesem Thiere mit einer diffusen Placenta bedeckt, wie bei den Pachydermen.

Bei der Zergliederung fötaler Lemurinen (Propithecus) fand Milne-Edwards, dass die Placenta nicht so wie bei den übrigen Affen und Menschen ein discoide ist, sondern dass fast die ganze Oberfläche des Eies an der Innenfläche des Uterus haftet und das Chorion fast vollständig mit Zotten bedeckt ist. Die Placenta kann als eine glockenförmige betrachtet werden. Am buschigsten und längsten sind die Zotten des Chorion am oberen und mittleren Theil desselben; gegen den Kopfpol zu sind sie vermindert und an einer umschriebenen Stelle fehlen sie sogar gänzlich. Eine entsprechende Beschaffenheit zeigt die Schleimhaut des Uterus. Bei *Lepilemus* und *Hapalemus* zeigt die Placenta dasselbe Verhalten. Man findet in dieser Placenta eine Uebergangsform zwischen den *Lemurinen* und den *Carnivoren*.

Die Placenta der Cetaceen findet Turner ähnlich der des Pferdes. Das Chorion der Cetaceen bleibt frei von Zotten an seinen langgestreckten Polen und an der Stelle, die dem inneren Muttermunde anliegt. — Am Amnion desselben sind kleine Excrescenzen zu beobachten, welche dasselbe bedecken. Die Dotterblase schwindet bei den Cetaceen kurze Zeit vor der Geburt.

Höchst merkwürdig und für die vergleichende Anatomie von hohem Interesse sind die nur zum geringen Theile bekannten Entwickelungsvorgänge der Beutelthiere. Diese Thiere kommen höchst unvollkommen zur Welt. Man findet bei ihnen keine nach aussen liegende Allantois. Auch sollen die Thiere so frühzeitig die Uterinhöhle verlassen, dass es noch gar nicht zur Bildung der Placenta kommen konnte (Rathke).

Beim Meerschweinchenei gestalten sich nach Bischoff's und Reichert's Untersuchungen die Verhältnisse sowohl in der Uterinhöhle als auch in der Lage der Keimblätter verschieden von jenen der übrigen Säugethiereier, die uns bisher bekannt sind. Im Uterus des Meerschweinchens findet man an jener Stelle, an der ein Eichen nach der Befruchtung zu liegen kommt, eine Ausbauchung der Uterinwand. Die Schleimhaut an dieser Ausbauchung zeigt eine verengtere Stelle, an welcher ein Stiel seitlich absteht, dessen Ende ein kleines Bläschen trägt das die oben genannten Forscher als Ei bezeichnen. Die Uterinschleimhaut verwächst an der Stelle, wo das zapfenförmige Gebilde sich befindet und bildet einen Wulst. Dann liegt das Ei mit dem zapfenförmigen Gebilde in der wulstförmigen Verdickung der Uterinwand. Bischoff meint, der grössere Theil des Zapfens sei das Meerschweinchenei, während Reichert in der Spitze dieses Zapfens das Ei findet. Bezüglich der Keimblätter im Meerschweinchenei ist hervorzuheben, dass die Anordnung derselben verschieden ist von den anderen Säugethier- und überhaupt Wirbelthiereiern. — Die Keimblätter sind nach Bischoff ineinander geschachtelte Bläschen, die in umgekehrter Lagerung angeordnet sind, so dass das äussere Keimblatt nach innen und das innere nach aussen am zapfenförmigen Gebilde gelagert ist, was die genauer verfolgten Umgestaltungen des Eies in späteren Stadien bestätigen sollen.

Erklärung der Abbildungen auf den Tafeln*).

Tafel I.

Fig. 1. Die aus der Decidua herausgenommene bläschenförmige Frucht eines 12—13 Tage schwangeren Mädchens, etwa viermal vergrössert. (Nach Reichert.) — Die Frucht liegt auf der freien Wand und die Figur gewährt die Ansicht vom Embryonalfleck und der Randzone

Fr. die bläschenförmige Frucht, vornehmlich deren basilare Wand mit dem Coste'schen Embryonalfleck, an welchem der Embryo sich entwickelt.

Fw₁. Die Randzone der bläschenförmigen Frucht, vorzugsweise ausgezeichnet durch die zum Theil in Verästelung begriffenen Zotten.

r. Von Reichert als Hohlzotten der Umhüllungshaut bezeichnete Gebilde. Durch keine besonderen Merkmale von den anderen Zotten unterschieden.

m c. Der Coste'sche Embryonalfleck.

Fig. 2. Ein menschlicher Embryo dessen natürliche Grösse ohngefähr eine Linie beträgt. (Nach Thomson.) Alter von ohngefähr 15 Tagen.

a, a. Die Rückenwülste klaffen noch in ihrer ganzen Länge. An der Stelle, die dem späteren Gehirne entspricht, finden sich Ausbuchtungen.

b. Die Bauchplatten stehen offen, so dass der Embryo der

c Dotterblase aufliegt,

d soll die Stelle des Herzens bezeichnen,

e stellt ein Stück des abgerissenen Amnion dar.

---

*) Die folgenden drei Tafeln enthalten Abbildungen von den Embryonen des Menschen und einiger Wirbelthiere aus den frühesten Stadien der Entwickelung. Fig. 1—5 sind Embryonen vom Menschen, Fig. 6—9 stellen Embryonen von Säugethieren dar, Fig. 10—14 sind Abbildungen von Hühnerembryonen, Fig. 15-17 von *Emys Europaea*, Fig. 18—20 vom Frosche und endlich Fig. 21 bis 23 sind Embryonen von der Bachforelle.

Der vorliegende Embryo soll längere Zeit abgestorben in der Uterushöhle gelegen sein.

Fig. 3. Ein menschlicher Embryo, ohngefähr aus dem Ende der dritten Woche. (Nach Leuckart.) Dreimal vergrössert. Der Embryo ist vom Chorion umgeben, jedoch ohne Amnion. Am Kopfe sind deutlich die Gehirnblasen, das Gehörorgan und das Auge zu sehen.

k. Die vier Visceral- (Kiemen-) Bögen. Vor denselben ist der *Processus orbitalis* zu sehen. Er erreicht die Hälfte des ersten Visceralbogens.

a Die vordere Extremität ist bedeutend länger als

b die hintere Extremität. Zwischen den beiden hinteren Extremitäten liegt die Schwanzspitze.

u Urwirbel.

c Andeutung der Contouren der Leber, welche durch die Leibeswand sichtbar sind.

g Ist die Stelle, an welcher das Amnion abgerissen ist.

e Die Dotterblase an einem Stiele hängend.

f Reste der abgerissenen Allantois und Umbilicalgefässe.

Fig. 4. Ein durch Abortus abgegangenes Ei mit dem Embryo von ohngefähr $4\frac{1}{2}'''$ Länge (Ecker, Icones physiol. 1851—9).

d v *Decidua vera* eröffnet. Man sieht dieselbe bei *b* in die *Decidua reflexa*

d r umschlagen.

c Das zottige Chorion.

a Amnion geöffnet.

Zwischen Chorion und Amnion befindet sich ein zartes Gewebe.

Bei *m n* Nabelbläschen am Stiele hängend.

Fig. 5. Menschlicher Embryo von $2'''$ Länge, 15 mal vergrössert. (Nach Coste.)

a der Stiel der Allantois abgetrennt.

r die Dotterblase der ganzen Länge nach eingeschnitten und die beiden Lappen aus einander gezogen, so dass man die Darmrinne, die nach vorne und hinten in blinde Verlängerungen (Vorderdarm *d*, Schwanzdarm *d,*) ausgeht, wahrnimmt. — Auf der Allantois sind die *Vasa umbilicalia* (*u*) sichtbar.

Die *Venae omphalomesentericae* (o') gehen in die unteren Herzschenkel *(H)* über. Die aus der Theilung des Aortenstammes hervorgehenden doppelten *Art. vertebrales* sowie die von diesen entspringenden *Arteriae omphalo-mesentricae (o)* wurden für diese Figur von Ecker beigefügt.

Fig. 6 stellt ein Ei des Kaninchens während des bläschenförmigen Zustandes dar. Es ist nach einer Frucht gezeichnet, die 2 Tage 6 Stunden nach der Begattung mit zwei anderen gleich beschaffenen im engsten Theile des Eileiters aufgefunden wurde. Sie zeigt ohngefähr zwanzig Dotterkugeln. (Nach Reichert.)

a Das um die *Zona pellucida* während des Aufenthaltes des beobachteten Eies im Eileiter bei Kaninchen abgelagerte Eiweiss. Letzteres zeigt concentrische lineare Zeichnungen, die möglicherweise mit der schichtweisen Ablagerung des Eiweisses in Verbindung zu bringen sind. Eine besondere Consistenz der einzelnen Eiweissschichten lässt sich nicht nachweisen.

z Im Eiweiss eingeschlossene Spermatozoën.

Zp Zona pellucida.

c e' der Bildungdotter, bestehend aus

n Furchungskugeln mit körnigem Protoplasma und deutlichem helleren Kerne.

Fig. 7. Ein Embryo von einer Katze im bläschenförmigen Zustande. Die Zeichnung stellt ein Eichen dar, welches sich im Eileiter befand. Seine Lagerungsstätte war äusserlich noch nicht durch eine Anschwellung des Uterushornes bemerkbar. Im Inneren des Uterus war dasselbe nicht befestigt. Das Alter der Frucht war nicht zu ermitteln. Sie hat eine langgezogene Form. Der lange Durchmesser mass 3 Mm., der kurze 2.4 Mm.

Zp Zona pellucida.

me Der Embryonalfleck Coste's, an dessen Rande noch einige grössere Bildungsdotterzellen zu beobachten sind.

em Gebilde, die um den Coste'schen Embryonalfleck liegen. (Nach Reichert sind diess die Elemente der Umhüllungshaut.)

Fig. 8. Stück der Keimblase des Kanincheneies mit dem Fruchthofe, in welchem sich die Primitivrinne eben gebildet hat. (Nach Bischoff.)

a Heller und durchsichtiger Fruchthof (wegen der dunklen Unterlage dunkler erscheinend), der eigentliche Fruchthof.
b Dunkler Fruchthof oder Gefässhof. In dem hellen Hofe ist
c die Primitivrinne entstanden und zu beiden Seiten derselben sind
d Massenansammlungen; die erste Anlage des Embryonalkörpers.

Tafel II.

Fig. 9. Hundeembryo aus einer Hündin, die am 24. Tage nach der ersten Begattung getödtet worden war. (Ecker, Icones physiol.)
a Keimblase. Jener Theil, der über die
b Dotterblase sich fortsetzt.

Rings um den Embryo sieht man das äussere Blatt, welches in den Rand des Embryonalleibes übergeht. Dasselbe ist rund herum bei
b b' da abgerissen, wo es sich an die äussere Eihaut angelegt hatte, was, mit Ausnahme des Fruchthofes, im ganzen Umfange des Eies geschehen war.

Ueber das hintere Ende des Embryo geht eine Falte, die Amniosfalte, herüber. Der vordere Theil des Embryo ist schon von der Ebene der Keimblase (Dotterblase) abgehoben und liegt noch nicht in der Amniosfalte.

d Falten, vom Rande der *Fovea cardiaca* ausgehend, in welchen
   die *Venae omphalo-mesaraicae* liegen.
e Urwirbelplatte.
m Das geschlossene Medullarrohr.
c III Dritte Gehirnblase.
c II Zweite Gehirnblase.

Die übrigen Gehirnblasen sind wegen der stattgehabten Kopfkrümmung an diesem Embryo nicht zu sehen.
o Gehörbläschen.

Fig. 10. Eine Ansicht der Keimscheibe (1. Tag) vom Hühnerei in natürlicher Grösse, zur Erläuterung der Bildung des Frucht- und Gefässhofes. Der Fruchthof hat eine ovale biscuitähnliche Form. Der weisse Saum, als Rand der Keimhöhle, tritt deutlich hervor. Der Gefässhof hat noch eine ovale, der Kreisform sich nähernde Begrenzung.
a Andeutung des Embryo (Primitivstreifen).

b Rand des ovalen (biscuitähnlichen) Fruchthofes.
c Anlage des *Sinus terminalis* im Gefässhofe.
d Ein kreisförmiger weisser Saum, der Rand der Keimhöhle, welcher leicht für die Anlage des *Sinus terminalis* gehalten werden kann.
m Der Fruchthof.
n Der Gefässhof oder Bluthof.
o Nach Remak als Mittelhof bezeichnet. Das Stück zwischen dem Gefässhofe und dem Rande der Keimhöhle.
p Der Halonenhof. Ein kreisförmiger Abschnitt ausserhalb des Mittelhofes (*o*).

Fig. 11. Der Embryo eines Huhnes (älter als der vorige) ausgeschnitten. Der ovale Fruchthoftheil der Keimscheibe in der Rückenlage, d. h. die untere Fläche dem Beschauer zugewendet. (Nach Remak.)
c h Die in dem Mittelraume in der Axe der unteren Schichte des axialen Theiles entstandene Chorda.
x Eine spindelförmige Anschwellung derselben.
A p Die Seitenhälften der Axenplatte, die über dem Kopfende der Chorda bogenförmig in einander übergehen und nach hinten sich in die Keimscheibe verlieren.
u w Der dunkle, über die durchsichtigere Medullarplatte ein wenig hinausragende Rand der Urwirbelplatte.
s p Die durch einen hellen Saum von der Axenplatte getrennten Seitenplatten, welche ebenfalls am Kopfende bogenförmig in einander übergehen.
y Die Grenze des Fruchthofes.

Fig. 12. Ein Hühnerembryo vom zweiten Tage der Bebrütung in der Rückenlage. Die Kopfdarmhöhle ist sehr vergrössert und verhüllt den ganzen Kopftheil des Medullarrohres. Auch ist an ihr der Gegensatz zwischen Schlundhöhle und Vorderdarm schon deutlich. Sie ist absichtlich von Remak durchsichtiger dargestellt, als sie in der Regel erscheint, um das Lageverhältniss ihrer beiden Abtheilungen, der Schlundhöhle und des Vorderdarmes, zu dem Medullarrohre zu veranschaulichen. (Nach Remak.)
s h Von Remak als Schlundhöhle bezeichnet. Sie stellt den vorderen grösseren Theil der an der Spitze der Chorda in

Form eines halbovalen Blindsackes endigenden Kopfdarmhöhle dar.

v d Der hintere Theil der Kopfdarmhöhle, der von dem durch eine Querlinie angedeuteten Umschlagrande der Kopfscheide *(x)* bis zur vorderen Darmpforte *(z)* reicht. *s h* und *v d* zusammen bilden den Abschnitt des Darmes, welchen wir als Vorderdarm bezeichnen.

x Der Umschlagsrand der Kopfscheide, der oberen Schichte der Kopfkappe.

z der Umschlagsrand der tieferen, die Herzhöhle bedeckenden Schichte der Kopfkappe, zugleich der freie Rand der vorderen Darmpforte und *z* stellen den über den Kopf des Embryo sich zurückschlagenden Theil der Keimanlage dar.

u Fünf gesonderte Urwirbel, die bereits eine mehr quadratische Form zeigen und in ihrer Mitte einen dunklen Fleck, die Andeutung des centralen Theiles der Urwirbel, erkennen lassen.

u p Der noch nicht in Urwirbel zerfallene Theil der Urwirbelplatten, die nach hinten an Breite zunehmen und mit den Seitenplatten verschmelzen.

S p Die Seitenplatten, am Rumpfe durch einen hellen Saum von den Urwirbeln getrennt, am Kopfe mit den Urwirbelplatten verschmolzen.

Fig. 13. Das Medullarrohr mit den Urwirbeln desselben Embryo (Fig. 12) in der Bauchlage (die Rückenfläche dem Beschauer zuwendend). An dem schon zu einem Rohre geschlossenen Kopftheile erkennt man eine ovale Erweiterung *(m r)*, die nach vorne, wo sich der noch offene Eingang *(o)* befindet, in drei Zacken ausläuft. Da das Rohr im frischen Zustande durchscheinend ist, so lässt sich die innere Begrenzung der verhältnissmässig dicken Wand *(w)* wahrnehmen. Der geschlossene Theil geht bei *(x)* in den noch offenen und ebenen Theil der Medullarplatte *(mp)* über. Die Letztere zeigt im Schwanztheile eine ansehnliche Erweiterung, und durch den schmäleren Rumpftheil schimmern die fünf Urwirbel *(u)* hindurch, welche mit ihren äusseren Rändern den sich erhebenden Rand der Medullarplatte überragen.

Fig. 14. Ein ohngefähr 36stündiger Embryo des Huhnes mit der *Area pellucida* in der Rückenlage.

a Die Augenblase als Austülpung aus dem Rohre des Centralnervensystems (Vorderhirnes).
m h Mittelhirn.
h h Hinterhirn.
g b Anlage des Labyrinthbläschens in die Abgangsstelle der Kopfscheide von der Wand der Kopfdarmhöhle, zugleich die Grenze zwischen Schlundhöhle und Vorderdarm.
p a Die primitive Aorta, jederseits an der äusseren Hälfte der Bauchfläche der Urwirbelreihe verlaufend.
n Die Stelle, wo die primitive Aorta in die weiten Gefässräume der *Area pellucida* mündet und wo alsbald die *Arteria omphalo-mesaraica* sich bildet.
x Undurchsichtige (gelbrothe) Blutgerinnsel (Blutinseln), welche sich sehr leicht in den weiten Gefässräumen zwischen den durchsichtigeren theils runden, theils ovalen, theils unregelmässigen Substanzinseln *(s)* bilden. Die letzteren sind in dem Schwanztheile des Fruchthofes grösser als in dem Rumpftheile.

Tafel III.

Fig. 15. Der durchsichtige Fruchthof der Keimhaut aus einem erst wenig entwickelten Ei von *Emys Europaea*, zwölfmal im Durchmesser vergrössert. (Nach Rathke.)
a a Die Rückenplatten des in der Entstehung begriffenen Embryo's.
b Die Rückenfurche.
c Die erste Anlage der Kopfkappe oder überhaupt des Amnion.

Fig. 16. Ein sehr junger Embryo von *Emys Europaea*, mit einem Theile seines Fruchthofes so gelegt, dass die obere Seite beider übersehen werden kann. Die Vergrösserung ist zwölfmalig im Durchmesser. Kopf und Hals ist mässig stark nach unten gekrümmt.
a Der Kopftheil.
b Diejenige Gegend des Körpers, wo die ersten Theile erscheinen, welche das Rückenmark und die Rückenseite umgeben, so dass sie selbe rechts und links umfassen und die ersten Andeutungen der Urwirbel sind.
c Hinterer Theil des Rumpfes.

d Beginnende Bildung der Kopfkappe, die nur erst von unten und vorne den Kopf bedeckt.

e Durchsichtiger Hof.

f Gefässhof, in welchem kleine Flecken und Streifen von Blut zu beobachten waren (Blutinseln).

Fig. 17. Ein weiter entwickelter Embryo von *Emys Europaea*, sechsmal vergrössert. Das Amnion ist an der Stelle, wo es von der Bauchwandung abging, ringsum abgeschnitten, von dem Beutel aber, in dem das Herz liegt, ist nur die linke Hälfte entfernt worden.

a Herz.

b Linker Cuvier'scher Gang.

c Leber.

d Anfang des Dünndarmes.

e Gekröse.

f Der mit dem Darme zunächst zusammenhängende und zur Bildung des Dottersackes bestimmte Theil der Keimhaut.

g Allantois.

e x Vordere Extremität.

e x, Hintere Extremität.

h Geruchsgrübchen.

i Auge.

k Erster Kiemenfortsatz mit dem *Processus orbitalis*. Gegen den Rücken des Embryo mit dem ersten Kiemenfortsatze in gleicher Höhe das Labyrinthbläschen.

k, Die übrigen Kiemenfortsätze.

Am Kopftheile sind überdiess die Gehirnblasen ausgeprägt.

Fig. 18. Eine Froschlarve mit bereits ausgebildeter Nahrungshöhle innerhalb der Dotterhaut.

d h Dotterhaut.

r a Rusconi'scher After.

m w Die Medullarwülste.

k h Die Stelle, an welcher die Sinnesplatten zur Entwickelung gelangen. An diesem Eie ist ferner noch zu bemerken, dass die beiden Schenkel, welche die Rückenfurche begrenzen, nach vorne weiter auseinanderstehen und die Anlage der Gehirnblasen darstellen.

Fig. 19. Eine ältere Froschlarve während der Schliessung des Medullarrohres und der ersten Anlagen der Kiemenfortsätze.

r Vorderhirn.
a b Augenblasen.
k p Kiemenfortsätze.

Am Schwanztheile dieses Embryo ist bereits eine schwache Andeutung des bei den Froschlarven später breiten und langen Schwanzes.

Fig. 20. Eine ältere lebende Froschlarve in einem mit Wasser gefüllten Uhrglase in schiefer Seitenlage. (Nach Remak.)
r Ein dunkles Grübchen oberhalb der Augenblasen *(a b)*, die Anlage der Geruchgrübchen bezeichnend.
y Die Einsenkung der Sinnesplatte, aus welcher die Geschmackshöhle sich bildet.
h Der sogenannte Mundhöcker, das vordere Ende der Sinnesplatten.
x Die hintere Grenze derselben.
k p Die drei Kiemenfortsätze.
y Ein bemerkbarer Knoten hinter der Augenblase *(Ganglion Gasseri?)*.
u n Der obere Theil der Urniere als eine kleine Hervorragung bemerkbar.

Der Embryo ist bereits in die Länge gezogen und der angelegte Schwanz ragt mehr hervor.

Fig. 21. Flächenansicht eines Embryo der Bachforelle vom 22. Tage. (Nach Oellacher.)
R f Rückenfurche.
V s Seitlich von der Rückenfurche in der hintersten Partie des Kopftheiles gelegene Grübchen, der Gegend entsprechend, wo sich später das Ohrbläschen zeigt oder dieselbe Stelle an den Durchschnitten.
D k Die Decke der Keimhöhle. Nach Oellacher ausserhalb des Embryonalleibes liegend.
V V′ V″ Vertiefungen und Erweiterungen der Rückenfurche.
E s Embryonalsaum.
S Schwanzknospe. Eine Hervorragung am Keime an seinem Schwanzende.
E Embryonalschild, Embryo.

Fig. 22. Flächenansicht eines Embryo der Bachforelle vom 24. Tage. Die Gehirnabschnitte sind nicht mehr so deutlich von aussen zu sehen, wie in der vorigen Figur. (Nach Oellacher.)

V^1 V^2 V^3 Vertiefungen und Erweiterungen der Rückenfurche in der Richtung von vorne nach hinten numerirt.

s R f Secundäre Rückenfurche, die der eigentlichen Rückenfurche nur bezüglich ihrer Lage entspricht und auf der Oberfläche des Embryo sichtbar ist.

E s Embryonalsaum.
S Schwanzknospe.
R Rumpftheil des Embryo.
E Embryonalschild.

Fig. 23. Ein Embryo der Bachforelle vom 27. Tage von oben gesehen, nach Aufhellung mit Terpentin. (Nach Oellacher.)

A p Primitive solide Anlage des Auges (Augenknospe, Oellacher).
u w Urwirbel.
M s Medullarstrang.
S Schwanzknospe.

SACHREGISTER.

A.

Aequatorialfurchen 16.
Aeussseres Keimblatt 34, 44, 77.
Afterdarm 114, 115.
Allantois 64, 65, 66, 83, 87, 160, 161, 171, 173, 174, 179.
Allantoisflüssigkeit 160.
Allantoisstiel 128.
Alveoli 100.
Ambos 81.
Amnion 49, 83, 149, 150, 151, 154, 155, 157, 171, 173, 174.
Amniosfalten 62, 152.
Amniosflüssigkeit 150.
Amniosgrübchen 152.
Amnioshöhle 151.
Amniosnabel 153.
Amniossack 150, 156.
Amnioten 24.
Amyloide Zellen 6.
Anamnien 24.
Anaplasis 2.
Anus, 118, 119, 176.
Aorta 69, 70.
Archiblast 21.
Area opaca 59.
— pellucida 59.
Arteria centralis retinae 41.
— mesenterica 70.
— pulmonalis 70.
— subclavia 70.
Arteriae umbilicales 157, 162.
Atlas 145.

Augenblasen 39, 42, 62.
Augenmuskeln 79.
Augenlider 139.
Augenspalte 40, 62.
Auriculo-ventricular-Lippe 69, 70.
Axiler Theil des Keimes 22.
Axiale Theile des mittleren Keimblattes 50.

B.

Basis cranii 87.
Bauchmuskeln 75.
Belegknochen 145.
Becken 84.
Bildungsdotter 8, 9.
Bildung der Keimblätter 26.
Blätter 19.
Blastoderma 13, 32, 61.
Blutinseln 59.
Boden der Höhle 28.
Bronchi 99.
Brunner'sche Drüsen 118.
Brustbein 75, 145.
Brückenkrümmung 38.
Bulbus arteriosus 70.

C.

Canalis auricularis 69.
Cardinalvenen 71.
Carotis 70.
Cartilagines arytenoideae 102.
Cavum pharyngeale 101.
Centralnervensystem 21, 35, 36, 169.
Centrale Dottermasse Reichert's 25, 86.
Chalazien 6.

Chorda dorsalis 51, 73, 79, 85, 103, 171.
Chordaknopf 79.
Chorioidea 62.
Chorioidealspalt 40, 42, 177.
Chorion 32, 158, 161.
— frondosum 160.
— leve 160.
— primitivum 32, 179.
Cloake 119, 125, 127, 128.
Cloakenschenkel 128.
Clitoris 133.
Coelom 54.
Colobom 40, 42, 177.
Colon ascendens 116.
— descendens 116.
— transversum 116.
Cornea-Epithel 46.
Corpus callosum 38.
— ciliare 44.
Corpora striata 38.
Cotyledonen 163.
Curvatur 115.
Cuticulare Chorda 51.
Cutis 75, 142.

D.

Darm 25, 31, 64, 75, 77, 89, 90, 114, 115, 116, 117, 172.
Darmdrüsenblatt 21, 25, 73, 75, 77, 78, 89, 93, 103.
Darmfaserplatte 54, 62, 63, 75, 77, 78, 85, 98.
Darmplatte 76, 77, 105, 118.
Decidua 147—149.
Decke 23.
Deutoplasma 130.
Dotter 5, 7, 8, 172, 175.
Dotterblase 64, 90, 171, 178.
Dotterhöhle 168.
Dotternabelgang 83.
Dotterstrang 165, 166.
Drüsen 142, 143.
Drüsenfeld 141.
Drüsenkeim 25, 86.
Dreiblätteriger Keim 20.
Ductus Botalli 70.
— choledochus 93, 96, 108, 110.

Ductus Cuvieri 71.
— omphalo-mesaraicus 64, 90, 110.
— pancreaticus 107, 110.

E.

Ectopia cordis 94.
Ei 2, 3, 30, 123, 130.
Eichen der Amphibien 3, 7.
— der Fische 3, 7, 8, 29.
— des Menschen 3, 4.
— der Säugethiere 3, 4, 9.
— der Vögel 3, 6, 9.
Eierstock 123.
Eihüllen 146, 147.
Eikapsel 9.
Einkerbungen 17.
Eipole 24.
Eischale 8.
Eiweiss 6, 32.
Embryologie 2.
Embryonalfleck 33.
Embryonalschild 29.
Entwickelungsader 10.
Entwickelungsgeschichte 1.
Epithel des Amnion 21, 155.
— an der Linsenkapselwand 46.
— des Ovariums 123, 129.
— der Pleura 98.
Elemente des äusseren Keimblattes 24.
— des mittleren Keimblattes 28, 50.
— am Boden der Höhle 28.
— des Nervensystems 36.
Elektrische Organe 82.
Epidermis 24, 49.
Extremitäten 75, 84, 135, 137, 136, 145.

F.

Fascien 143.
Federn 49, 143.
Finger 137.
Fissura sterni 145.
Flexura sigmoidea 116.
Flossen 137, 168.
Fornix 38.
Fruchthof 31.
Furchung beim Amphibienei 15.

Der Furchungsprocess am Forellenkeime 17.
Furchung beim Säugethiereichen 14.
Furchung beim Vogelei 14.
Furchungskugel 16, 17, 22.
Furchungshöhle 16, 22, 23, 25.
Furchungsprocess 13, 14, 19, 25, 168.
Fussknochen 138.

G.

Gallenblase 93.
Gallengänge 93.
Gallertklümpchen 7.
Ganglien 37.
Gärtner'scher Kanal 120.
Gefässe 57, 58, 62, 70, 71.
Gefässblatt 20, 58.
Gefässe der Placenta 163.
Gefässhof 31.
Gehirnblasen 37, 38, 78, 168, 174, 175.
Gehirnanhang 175.
Gelber Dotter 6, 8.
Genitalien äussere 132.
Geruchsorgan 48.
Gesichtsknochen 79, 81.
Giralde'sches Organ 120.
Glaskörper 62.
Graaf'sche Follikel 4.
Grenzblatt 59.

H.

Haare 49, 143.
Hahnentritt 6, 7.
Hemisphären des grossen Gehirnes 37.
Hals 79.
Halswirbelkörper 145.
Hammer 81.
Harnblase 128.
Harnkanälchen der Urniere 132.
Harnsack 64.
Harn- und Geschlechtswerkzeuge 119.
Haut 142.
Hautmuskelplatte 54, 62, 63, 75, 77, 85, 152, 155.
Hautnabel des Amnion 157.
Herz 63, 66, 85.
Herzhöhle 63.

Herzohren 62.
Herzschlauch 63.
Helix 139.
Hinterdarm 63.
Hinterhirn 37.
Hoden 120, 121, 123.
Hodensack 133.
Hohlvenen 71.
Holoblastische Eier 10.
Hornblatt 169.
Horngebilde 21, 49.

I.

Intestinum valvulare 116, 169.
Iris 44, 62.
Ingularis externa 72.

K.

Kalkschale 6.
Kataplasis 2.
Kehlkopf 100, 102.
Keimbläschen 5, 7, 8, 12, 13.
Keimblätter 22.
Keimblatt, mittleres am Kopfende 78.
Keimepithel 55, 120, 129, 130, 134.
Keimfleck 5.
Keimhaut 13.
Keimhügel Waldeyer's 32, 76.
Keimhaut 32.
Keimlager 13.
Keimwall 27.
Kern der Urwirbel 72.
Kernzone 46.
Kiemenfortsätze 79, 80, 168.
Kiemenschlagadern 62.
Kiemenspalten 80.
Klappendarm 116, 169.
Kleinhirn 38.
Knochengerüste 144.
Kopfdarm 85.
Kopfdarmhöhle 61.
Kopfende 61.
Kopfkappe 61, 62, 63, 85.
Kopfkrümmung 62, 79, 85.
Kopfplatten 44, 62.

L.

Labyrinth 47, 62.
Labyrinthblase 79.

Labyrinthgrube 47.
Längsfurchen 17.
Latebra 6.
Leber 93—96, 177.
Lebercylinder 96.
Leberzellen 93.
Lieberkühn'sche Krypte 117.
Linse 21, 44.
Linsenblase 45.
Linsengrube 45.
Lobulus der Leber 96.
Lunge 96—100.
Lungenpfeifen 100.
Lymphdrüsen 113.
Lymphräume 58, 113.

M.

Macula germinativa 6.
Männliche Geschlechtsdrüse 131.
Magen 115.
Magenschleimhaut 117.
Malpighi'sche Schichte 49, 143.
Malpighi'sche Körperchen 112, 131.
Markhaltige Fasern 37.
Mastdarm 127.
Meckel'scher Fortsatz 81.
Medulla oblongata 38, 78.
Meibom'sche Drüsen.139.
Meridionalfurchen 15.
Meroblastische Eier 10.
Mesenterium 75, 103, 104, 111, 113.
Mesogastrium 111, 118.
Metaplasis 2.
Membrana branchiostega 168.
— corticalis 32.
— decidua vera 147.
— decidua reflexa 147.
— intermedia 20.
— reuniens inferior 73, 74, 77, 151.
— vitellina 32.
Micropyle 9.
Milchdrüse 141.
Milz 94, 103, 104, 111, 112.
Mitteldarm 85, 114.
Mittelhand 138.
Mittelhirn 37.
Mittleres Keimblatt 21, 25, 30, 50, 75, 85.
Mundbucht 81, 91, 92.

Munddarm 114, 115.
Mundhöhle 81, 91, 92, 172.
Mundrachenhöhle 92, 115.
Muscularis submucosa 116, 117.
Müller'scher Gang 120, 122, 127, 134.

N.

Nabel 77, 158, 173.
Nabelbläschen 90.
Nabelstrang 112, 165, 179.
Nackenkrümmung 38.
Nachhirnblase 37.
Nägel 49.
Nahrungsdotter 9.
Nase 140.
Nasenhöhle 81.
Nasengrübchen 82.
Nebenhoden 120, 123.
Nebenplatte 22.
Nervenhornblatt 21, 29.
Nervus opticus 39, 41.
Nieren 123—127, 178.
Nierenkanal 127.

O.

Obere Nebenplatte 54.
Oesophagus 100.
Ohr äusseres 138, 177.
Oken'sche Niere 119.
Ontogenie der Bionten 1, 2.
Orbita 79.
Organanlagen 33.
Ovarial-Epithel 123, 129.

P.

Pancreas 94, 104, 105, 106, 112.
Parallelfurchen 17.
Parthenogenetische Vorgänge 18.
Paukenhöhle 82.
Pecten 39, 42.
Penis 133.
Pepsindrüsen 117.
Peritoneum 75, 77, 116, 118, 158.
Pfropf von Ecker 24, 25, 31.
Phylogenie 1, 50.
Pigment der Iris 44.
Placenta 146, 147, 160, 161, 162, 164, 167, 179, 180.

Pleuroperitonealhöhle 54, 55, 63, 83, 85, 98.
Plica urogenitalis 127, 129.
Porenkanälchen der Zona pellucida 4.
Präparationsmethode 3, 4.
Primitivrinne 34.
Primitivstreifen 31.
Processus falciformis 39, 42, 43, 44.
— odontoideus 145.
— orbitalis 81.
— styloideus 82.
— vermiformis 116.

R.

Rachenhaut 91, 176.
Rachenhöhle 82.
Rathke'sche Balken 87.
Recessus pinealis 175.
Regressive Metamorphose 18.
Remak's Keimblättertheorie 20.
Rete Malpighii 144.
Retina 39, 42.
Ringfaserhaut des Darmes 117.
Rippen 75, 145.
Rumpf 79.
Rundes Feld 23.
Rücken 75.
Rückenfurche 31, 34.
Rückenmark 38.
Rückensaite s. Chorda 51.
Rückenwülste 34, 36.
Rhythmische Contractionen 68.
Rhythmus der Furchung 15.

S.

Sacralgegend 145.
Sclerotica 62.
Schale 167.
Schamlippen 133.
Schädel 145.
Scheitelkrümmung 38.
Schienen 87.
Schilddrüse 102.
Schleimblatt 20.
Schlüsselbein 138.
Schnecke 48.
Schwanz 84, 88, 178.
Schwanzdarm 63, 65, 83, 85.

Schwanzende 63, 85.
Schwimmhaut 173.
Sehhügel 38.
Sehnerv 42.
Seitenkammern des Grosshirns 36.
Seröses Blatt 20.
Sinnesorgane 79, 177.
Sinnesplatte 62.
Sinus terminalis 57.
— urogenitalis 122.
Spalt am unteren Eipole 24.
Speicheldrüsen 141.
Spermatoblasten 121.
Spiraldarm 91, 169, 171.
Steigbügel 82.
Steissbeinwirbel 145.
Stratum intermedium 20, 77.
— pigmentosum chorioideae 21, 39, 40.
Saugnäpfe 40.

T.

Tâche embryonaire 32.
Trabekeln 114.
Trachea 100, 102.
Tuba 120, 123.
Tuba Eustachii 82.

U.

Umhüllungshaut 20, 24, 29.
Unbefruchtete Eier künstlich bebrütet 18.
Untere Nebenplatte 54.
Unterkiefer 80.
Urachus 128, 165.
Ureter 128.
Urniere s. Wolff'sche Körper 119, 123, 124.
Urnierengang 121, 124, 128.
Urwirbel 52, 53, 72, 78, 85.
Urwirbelmasse 73, 75, 77, 78, 83, 84, 86, 90, 92, 98, 100, 111, 166.
Urwirbelplatte 52.
Uterinmilch 33.
Uterus 120, 123.

V.

Valvulae conniventes Kerkringii 117.
Vasa omphalo-mesaraica 69, 76.
— umbilicalia 69, 165, 179.

Vas deferens 120, 123.
Vena azygos 72.
— haemiazygos 72.
— mesenterica 72.
— omphalo-mesaraicae 72.
— umbilicalis 157, 162.
Venensinus 69.
Verdickung im axialen Theile 34.
Vesicula geminativa 5, 6, 8, 12, 13.
— prostatica 120, 123.
Vierhügel 38.
Vorderdarm 61, 78, 91, 92, 97, 101, 115.
Vorderhirn 37.
Vorhofsseptum 70.

W.

Wharton'sche Sulze 158, 165, 179.
Weibliche Sexualdrüse 129.

Wirbelkörper 74.
Wirbelsäule 145.
Wolff'sche Körper 56, 119, 122, 127, 130, 173.

Z.

Zähne 140.
Zerklüftung des Zooplasma 13.
Zeugung 1.
Zirbel 175.
Zitzenbildung 142.
Zöttchen der Placenta 162.
Zona pellucida 4, 5, 32.
Zotten des Chorion 162.
Zunge 80.
Zungenbein 82.
Zweiblättertheorie 21.
Zwischenhirn 37.

www.ingramcontent.com/pod-product-compliance
Lightning Source LLC
Chambersburg PA
CBHW032224230426
43666CB00033B/1097